地理信息系统理论与应用丛书

ArcGIS Server 开发指南
——基于 Flex 和 .NET

贾庆雷　万　庆　邢　超　编著

科 学 出 版 社
北　京

内 容 简 介

本书以 ArcGIS Server 10 为示范软件、以 Flex 为客户端、以 .NET 为服务器端，全面、系统地讲解 WebGIS 应用开发，包含大量的代码实例。主要内容包括 WebGIS 技术发展现状及趋势、ArcGIS Server 的体系架构、各种 API 对比、GIS 服务的发布与管理、GIS 服务的 REST API、客户端 API（ArcGIS API for Flex）的用法、Flex Viewer 2 框架的解析和模块定制、定制 GP、调用 ArcObjects 定制 Web 服务、ArcGIS API for Flex 与开源软件 GeoServer 的交互等。本书重点是 Flex 开发，难点是调用 ArcObjects 定制 Web 服务。本书作者根据多年的项目实施和授课经验，尽可能全面地将 WebGIS 项目涉及的技术流程介绍给读者，并且针对常见的技术问题提出了一些实用的建议。

本书可供地理信息系统或相关专业本科生、研究生等阅读，也可以作为科研院所、企事业单位 WebGIS 开发人员的参考资料使用。

图书在版编目（CIP）数据

ArcGIS Server 开发指南：基于 Flex 和 .NET / 贾庆雷，万庆，邢超编著．—北京：科学出版社，2011

（地理信息系统理论与应用丛书）

ISBN 978-7-03-032444-3

Ⅰ．①A… Ⅱ．①贾… ②万… ③邢… Ⅲ．①地理信息系统－应用软件，ArcGIS Server－软件开发－指南 Ⅳ．①P208-62

中国版本图书馆 CIP 数据核字（2011）第 198114 号

责任编辑：朱海燕 韩 鹏 陈婷婷 马云川 / 责任校对：陈玉凤
责任印制：徐晓晨 / 封面设计：王 浩

科学出版社出版
北京东黄城根北街 16 号
邮政编码：100717
http://www.sciencep.com

北京中石油彩色印刷有限责任公司 印刷
科学出版社发行 各地新华书店经销

*

2011 年 10 月第 一 版 开本：787×1092 1/16
2016 年 1 月第二次印刷 印张：15 3/4
字数：357 000

定价：69.00 元（含光盘）

（如有印装质量问题，我社负责调换）

前　言

自 ESRI 在 2004 年发布 ArcGIS Server 以来，已经过去了七个年头。这七年中，地理信息系统（Geographic Information System，GIS）领域发生了巨大的变化：从早期盛行的桌面应用逐渐发展到现在流行的 Web 应用与移动设备应用，从以二维地图为主发展到三维应用流行，WebGIS 的开发方式从简陋的 html 页面发展到精美的 RIA；ArcGIS Server 逐渐取代了 ArcIMS，企业级应用从原来的堆积功能模块发展到现在的面向服务的架构等。最为可贵的是，GIS 领域仍处于不断革新、快速进步的发展进程之中。

与客户端/服务器端（Client/Server，C/S）架构的 GIS 程序开发相比，WebGIS 应用的开发更为复杂，它涉及客户端页面的开发和服务器端代码的编写，而且要求浏览器和 Web 服务器之间异步传输数据，这会遇到各种网络传输问题。因此，对于 WebGIS 开发爱好者尤其是初学者而言，若要全面地掌握 WebGIS 开发技术绝非一朝一夕之功。本书系统地总结了作者多年的 WebGIS 应用项目实施和相关软件培训授课经验，同时有侧重地介绍开发过程中会涉及的技术问题。本书以易读、实用为原则，希望能帮助读者加快 WebGIS 学习进度，解决读者在学习 WebGIS 过程中遇到的问题。

本书共 15 章，内容按照从总体到局部、从应用到开发的思路分章节撰写，以 ArcGIS Server 10 版本为例。第 1 章是 WebGIS 概述，包括作者对 WebGIS 国内外技术发展现状与趋势的介绍与分析，为读者迅速了解行业概况提供一个视角。第 2 章是 ArcGIS Server 介绍，包括相关概念、软件体系架构、开发环境的准备、多种开发 API 的对比分析。只有对软件的整体构架具有清晰的认识，才能准确地诊断出问题所处的位置并在多种 API 中做出合理的选择。第 3 章和第 4 章主要介绍服务的发布、管理、缓存等，属于应用层面，不涉及编写代码。第 5 章介绍 GIS 服务的 REST API。REST API 是地图和数据的源头，没有了 REST API，基于 Flex 开发的 WebGIS 客户端应用就成了无源之水、无本之木。第 6 章到第 10 章介绍 ArcGIS API for Flex 的各个功能模块，包括地图交互、矢量图形绘制、数据查询、空间分析等，涉及大量的 Flex 代码编写。第 11 章介绍 GP 服务的发布和调用、自定义 GP 工具，内容涉及 C#和 Flex 代码编写，学习难度比较大。第 12 章主要介绍矢量数据的编辑，涉及要素服务的发布、客户端的编辑功能，这些功能是在 ArcGIS Server 10 版本增加的。第 13 章介绍 ArcObjects API，涉及 ArcObjects 在桌面端和服务器端调用方法的差别，内容比较复杂，在 ArcGIS Server 提供的几种 GIS 服务类型无法满足需求时才会用到，开发难度大，部署烦琐。第 14 章介绍 Flex Viewer 应用框架以及快速搭建 WebGIS 应用系统的方法。第 15 章介绍 ArcGIS API for Flex 调用 GeoServer发布的 OGC 服务。需要说明的是，书中涉及的代码全部收录于光盘，随书附赠，或通过网址（http://www.geocommon.net/download/agsbook.zip）免费下载。

要通过快速阅读本书学习 WebGIS 开发，读者可以选择性阅读第 3 章、第 4 章、第

7 章、第 8 章、第 9 章。在阅读本书之前，建议读者能够熟悉 ArcGIS Desktop 应用，同时了解 ASP .NET 和 Flex 开发，这些对于学习本书内容具有事半功倍的效果。

本书是集体智慧的结晶，参与本书编写的人员有贾庆雷、万庆、邢超、陈洁、张煜、王志刚等。在本书编写和出版的过程中，得到了许多师长、同学和朋友的关心与支持。在此，特别感谢中国科学院地理科学与资源研究所资源与环境信息系统国家重点实验室陆锋研究员的指导和美国田纳西大学地理系 Shih-Lung Shaw 教授的关怀，感谢北京星球数码科技有限公司市场总监李晓帆女士的照顾，感谢北京市劳动保护科学研究所户文成主任、噪声地图专家刘磊的支持。

由于作者知识水平和工作经验有限，书中难免出现缺漏，敬请广大读者批评指正。联系方式：jiaqinglei@ gmail. com。

贾庆雷

2011 年 9 月 1 日

目　　录

第 1 章　WebGIS 技术介绍

1.1　Web + GIS 概述

当前，地理信息系统（Geographic Information System，GIS）已经逐渐被社会认识、认可，并且开始广泛地在各行各业发挥价值。回顾 GIS 的发展历程，最初从实验室诞生，主要为科研院所的研究工作提供专业的技术支撑，属于少数高学历人群的专业工具，这从美国环境系统研究所（Environmet System Research Institute，ESRI）总裁 Jack Dangermond 自身的经历就可以得到佐证。国内的 GIS 发展亦是如此，已故中国科学院院士陈述彭先生早在 20 世纪 80 年代中期在中国科学院地理研究所就提出要发展中国的地球信息科学，其中包含地理信息系统、遥感、人文、环境等与地学交叉的多学科发展（陈述彭等，1999）。随着 GIS 的大力发展与推广应用，其价值逐渐被政府部门和有关企业所认识，并且逐步和政府部门、企业业务相结合，因此，众多 GIS 行业应用系统不断涌现，GIS 业界出现了百花齐放的局面。当然，Google Earth、Google Map 等面向公众信息服务的 GIS 产品的出现也对 GIS 的推广与普及起到重要的促进作用。关于谷歌的相关 GIS 产品会在本章的 1.2 节介绍。

目前，大多数商用 GIS 软件功能庞杂、价格昂贵。当大众对 GIS 有迫切的渴望时，相对简单易用、价位适中的 GIS 产品就显得格外的贴心。谈到易用性，在信息技术（Information Technologies，IT）领域，万维网（World Wide Web）当属首屈一指。当今人们已经非常熟悉如何浏览网页，如何查看新闻。当人们需要获知一些与地理位置有关的信息时，人们对于网页中配色美观的地图、简单易用的地理位置查询与检索等功能的需求就变得十分迫切。正因为如此，WebGIS 才能如此迅速发展壮大。

WebGIS 亦即 Web + GIS，顾名思义，它是 GIS 和 Web 技术结合的产物（Kennedy，2001）。WebGIS 帮助 GIS 插上 Web 的翅膀并迅速扩大其影响范围。一方面，由于 Web 架构遵循 HTTP 协议，而 HTTP 协议采用基于浏览器/服务器（Browser/Server，B/S）的请求/应答机制，因此，Web 支持在其前端浏览器上显示文字、图形、图像等多媒体数据。另一方面，以图形、图像方式表现的空间数据是 GIS 的重要数据源，用户通过 GIS 交互操作，可以对空间数据进行查询、分析和制图。借助 Web 媒介，GIS 实现了从单机运行环境到万维网运行环境的战略转移，这一重大举措使得人们不必受制于昂贵专业的 GIS 软件，便可以灵活自如地操作 Web 来搜索有用的地理信息。从这个角度来说，GIS 中引入 Web 所构建而成的 WebGIS 恰好成为一种集两者技术优势为一体的新型 GIS 应用方式。对于 GIS 而言，基于 Web 的应用程序与单机应用程序相比，在运行模式和开发方式上都有较大的区别。前者复杂度高，开发周期长，开发人员常常需要在浏览器

（Browser）和服务器（Web Server）两端同时编写代码，并且还要负责处理两端之间的数据交互。因此，对于本书读者而言，如果您已经具有一定的 Web 开发经验，如了解 ASP .NET、html、javascript 等，那么学习 WebGIS 将会事半功倍。

目前，常见的商业 WebGIS 软件主要有 ESRI 旗下 ArcGIS Server 和 ArcIMS，超图旗下 Supermap IS，MapInfo 旗下 MapXtreme 等。此外，网上开源社区也提供了一些 WebGIS 软件，如 MapServer、GeoServer、SharpMap 等。

1.2 技术发展现状及趋势

GIS 的技术发展一直紧紧跟随整个主流 IT 技术发展步伐。从商业软件 ArcGIS 的发展历史来看，它的快速发展是从 20 世纪 80 年代桌面端软件 Arc/Info 问世开始，当时该软件用 C ++ 编写，其核心类库都被封装成 COM 组件，这样做是为了便于用户基于 Arc/Info 进行灵活定制和二次开发。支持二次开发的语言有 VBA、VB、VC ++ 等。现在看来，虽然采用 COM 标准来封装这些核心的 GIS 类库并非最佳方案，但在当时则是不二之选。GIS 桌面端软件自产生到 20 世纪末，吸引了大量的用户，并且这些用户集中在科研领域。

进入 21 世纪以来，随着主流 IT 技术的发展，GIS 软件的发展也经历着深刻的变革。这一时期，GIS 发展主题是组件式 GIS，最具代表性的是 ESRI 旗下的 ArcGIS Engine。这一时期 GIS 用户的需求也有明显变化，从原先较为单一、大众化的需求逐渐向更为复杂、个性化的需求转化，尤其是对于软件定制的需求越来越多。2004 年，ArcGIS Engine 产品的推出正好迎合了市场的需求，在很短的时间内得到用户的接受与广泛认可。需要说明的是，ArcGIS Engine 的热销不仅仅因为技术上的革新，关键是源于商业策略上的一种转变，由原先的面向单一用户群体的思路转变成为面向不同用户群体的创新思维。新的策略不仅能为 GIS 项目的开发、部署提供良好的技术支持，并且能为用户降低一定的软件采购成本。

与 ArcGIS Engine 同年发布的 ESRI 旗下另一款产品 ArcGIS Server 是 ESRI 公司紧跟 IT 领域面向服务的架构（Service Oriented Architecture，SOA）发展的结果。该产品把 GIS 的核心功能（专题图、空间分析等）以服务的形式体现出来，为用户提供更加便捷的企业级 GIS 解决方案，并且可以和其他的业务系统较好地融合在一起。ArcGIS Server 软件的第一个版本是 9.0，这一版本的 ArcGIS Server 软件围绕 Web Service 体系搭建，并采用 SOAP、WSDL 等协议。采取上述构建方式源于当时的技术现状。2004 年主流 IT 领域中 Ajax 技术开始流行，微软也推出了 Ajax Extension，但是搭建在 .NET Framework 基础之上的 Application Developer Framework for .NET Framework（ADF for .NET）发布时间会有一点滞后。因此，9.0 版本的 ArcGIS Server 没有在软件开发包的设计上直接支持 Ajax，直到 9.2 版本的 ArcGIS Server 才在应用开发框架（Application Developer Framework，ADF）中实现了对 Ajax 技术的支持。从 9.0 到 9.2 版本，WebGIS 应用系统的开发主要使用 ADF。然而，ADF 开发技术复杂度较高，直接导致这一阶段的 WebGIS 应用项目开发时间成本较高。随着 9.3 版本的 ArcGIS Server 软件的正式发布，转机出现了。

9.3 版本的 ArcGIS Server 不仅提供简单对象访问协议（Simple Object Access Protocal, SOAP）API，还新增加了 REST API，Flex API 等。当时，RESTful Web Service 在整个 Web 领域已经被大家认可，并且在亚马逊、雅虎、Google 等网站大面积使用，其“简单、易用”的优势也在实践中得到了充分的体现。ESRI 公司在 9.3 版本的 ArcGIS Server 推出 REST API 算得上是紧跟时代步伐的重要举措，它为开发人员提供了很大便利，开发人员使用 REST API + Flex API 开发 WebGIS 应用系统的效率大大提高，9.2 版本的 ArcGIS Server 所使用 ADF 开发效率与它不可同日而语。

近年来，GIS 领域的新动向主要包括以下四个方面。

（1）富互联网应用（Rich Internet Application，RIA）以迅雷不及掩耳之势在 WebGIS 领域“攻城略地”。

（2）三维 GIS 越来越受到用户的青睐，并且正在影响现有的商业 GIS 软件格局。

（3）混搭（Mashup）在面向公众的 GIS 领域被广泛应用。

（4）众包（Crowdsourcing）思想被引入地理信息获取领域。

其中，RIA 也是 Web 开发领域一大趋势。RIA 的具体实现技术主要有 Adobe Flex 和 Microsoft Silverlight 等。两者从 2008 年开始便展开了激烈的竞争。9.3 版 ArcGIS Server 之前的 WebGIS 开发都是使用 ADF、javascript、html 等技术，调试很不方便，界面友好程度也不理想。9.3 版 ArcGIS Server 提供的 Flex API 在这两个方面都有很大程度的改进，同时也把 Web 领域热门的 REST + Flex 组合引入 WebGIS 领域。这一组合不负众望，为 ESRI 公司在 WebGIS 市场上攻城拔寨立下汗马功劳，因此，从市场角度进一步印证了 9.3 版 ArcGIS Server 在其诸多版本中的表现十分出色。2010 年，ArcGIS Server 10 版本推出，该版本在 REST + Flex 组合基础上又有明显增强，它不仅提供地图浏览、几何体分析的功能，还提供支持矢量数据编辑的 REST API。总之，使用 RIA 开发 WebGIS 应用已经成为大家所追捧的时尚。

除了 Web 之外，GIS 发展的另一大趋势是三维（3D），这已经毋庸置疑；并且，Web 和三维大有结合在一起的势头，市场上一些商业 CIS 软件公司已经陆续推出了一些 Web 和三维结合的产品，也更加证实了这一点。3D 技术目前主流还是 OpenGL 或者 Direct3D，虽然也有一些其他技术制作的 3D 应用，如 flash、WebGL 等。但是，flash 对于显卡硬件加速的支持较弱，遇到大数据量的场景渲染、碰撞分析等问题仍然需要使用 OpenGL 或者 Direct3D 来解决；WebGL 在各个浏览器之间的支持程度不一。包含海量地理信息（包括 DOM、DEM、三维模型等）的场景渲染正是 3DGIS 应用的一个显著特点，这一特点决定了 3DGIS 需要使用 OpenGL 或者 Direct3D。单机版程序可以直接在C ++，C#，VB .NET 等多种语言下开发并且部署，Web 版本的程序以插件的形式安装在用户的终端机器上，Google Earth 的 plugin 就是这种技术实现的一个例子。

自从 2005 年 Google Map 发布以来，随着其 API 的不断升级和完善，在 WebGIS 开发领域，Mashup 应用是越来越流行。关于 Mashup，来自维基百科的解释是：Mashup 是一种 Web 应用，该应用中涉及多种来源的数据，这些数据源结合在一起使用，形成的 Web 程序就是 Mashup。常见的 Mashup 应用大部分都与地图有关，而与地图相关的应用常常会使用大量的基础地理数据，这些基础地理数据购买费用昂贵，运营成本可观，也就催生了一些超大型公司如谷歌、微软、雅虎等开发了一系列基础地理数据的开放 API，为网络用户提供无偿或有偿的数据使用服务。基于地图 API 的 Mashup 应用在网络上随处可见，下面列举两个应用实例。

（1）Oakland 犯罪地图（图 1-1）：

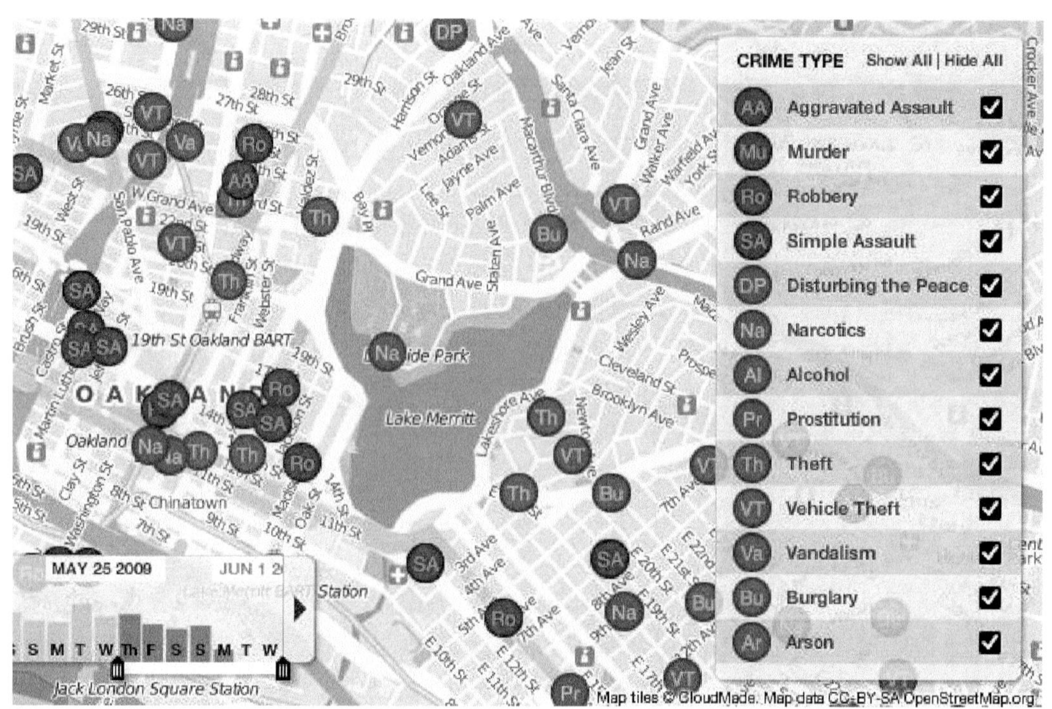

图 1-1　Oakland 犯罪地图

该应用是以 Google Map 地图作为背景底图，然后在底图上叠加犯罪事件的地理数据，这些地理数据包括犯罪事件的发生地点、事件类型（如抢劫、谋杀、盗窃等）以及事件发生的时间。用户可以根据犯罪事件类型、发生时间来对犯罪事件的地理分布进行浏览和分析。该应用的开发过程仅需要开发人员使用常见的数据表格存储事件地点经纬度坐标（x,y）、事件时间、事件类型等信息，并且在前端采用 Google Map API 把上述点数据加载到地图上，形成犯罪事件空间分布专题图展现给用户。相对一般的企业级 WebGIS 应用而言，该应用开发具有操作简单、部署方便、成本低廉等特点。

（2）迈克尔·杰克逊歌迷地图（图 1-2）：

迈克尔·杰克逊歌迷地图也是一个以 Google Map 地图作为底图，然后在底图上叠加歌迷所在地理位置数据而成的应用。由于歌迷数据较多，该应用需要具有同时加载与显示大规模 marker（歌迷所在地理位置标识点）的能力。当 marker 超过 1500 个时，浏览器上密集显示众多 marker 对客户端的绘制压力过大。因此，该程序采用了格网聚类（Grid-based cluster）的算法，将每个空间堆积的点集合转换为一个聚类点（cluster

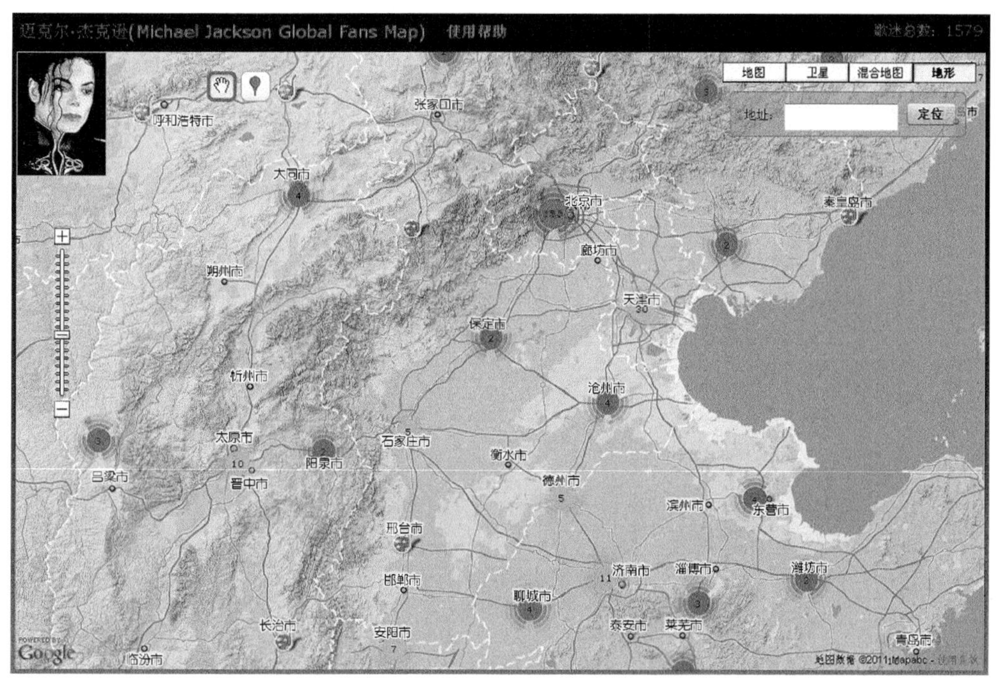

图 1-2　迈克尔 · 杰克逊歌迷地图

point），并且用一个数字标明该位置的 marker 数量，随着用户对地图的缩放再计算每个聚类点的分裂与聚合。程序的后台也是类似于上面的 Oakland crime map，只需要用传统的数据库表格来存储歌迷点位信息，用标准的 Web service 来为浏览器端提供数据服务。

Google Map 的发布催生了 Mashup 应用的快速流行，而 OpenStreetMap 网站的上线则把众包思想引入 GIS 行业。众包是因互联网而诞生的一种生产组织形式。传统的软件或者服务一般是由某个商业公司开发或者提供，而众包则是充分发挥广大网友的积极性，合众人之力形成的有价值的成果，类似于维基百科的机制，人人都可以通过网络提交数据、修改数据，经过时间的检验，最后形成产品或者数据资源。之所以提出众包是因互联网而诞生，是因为互联网彻底改变了人们协同工作的方式，人们可以很容易地跨越时空约束，即使两个人在不同的国家、不同的时间点，仍然可以面向同一个目标而工作。

OpenStreetMap（www. openstreetmap. org）网站（图 1-3）采用维基思想收集地理信息数据，构建人人都可以免费使用和参与制作的网上世界地图。该网站运营的思路是志愿者以个人行走、骑车、开车等方式记录 GPS 踪迹并完成数据上传、编辑与制图。该开源项目从启动至今的短短几年内便风靡全球，数据增长的速度惊人，其中涉及的开源技术和维基思路都非常值得学习。本书作者开发的一个小工具 OSMDataMiner 可以把 OpenStreetMap 数据（xml 格式）转换为 Shapefile，可以从这里下载：

GeoCommons（www. geocommons. com）也是一个依靠广大网友上传各种地理数据用于制作地图的网站（图 1-4），该网站的口号是 Visual Analytics through Maps（通过地图进行可视化分析），目的是要让没有 GIS 专业背景的普通百姓也可以查看地理信息、分析地理现象并进行决策。简言之，GeoCommons 是一个非常易用的在线专题图制作工具，可以接收用户上传的各种专题数据，提供便捷的专题地图制作工具。该网站的特点是地图精美，制图过程简单。

图 1-3　OpenStreetMap 网站

图 1-4　GeoCommons 网站

GIS 技术的发展不是凭空产生的，是随着社会发展、科技发展、IT 产业发展而变化的。当下触摸屏设备（如平板电脑、手机等）逐渐开始流行，其用户体验与传统的鼠标键盘操作相比发生了革命性的变化，基于触摸屏设备的 GIS 应用肯定会越来越多。近年来空间定位技术发展日趋成熟，应用范围越来越广，实现手段越来越多，如 GPS 定位、Wifi 定位、RFID 定位、Zigbee 定位等。带有定位功能的设备大量涌现，含有时间序列的轨迹数据每时每刻都在大量产生，其中手机的轨迹数据就是一个非常典型的代表。这些海量的轨迹数据中蕴藏着无数宝贵的信息可以挖掘。这些新技术的出现都为 GIS 的发展提供了很好的契机。

第 2 章 ArcGIS Server 介绍

2.1 ArcGIS Server 概述

ArcGIS Server 是一个基于 Web 的企业级 GIS 解决方案。用户可以使用 ArcGIS Server 在企业内部网或整个互联网范围内共享 GIS 资源（如专题地图、地理数据、专业的空间分析工具等），可以把地图或者其他的地理信息资源无缝地集成到普通的网站页面中。它从 ArcGIS 9.0 版本开始加入 ESRI 的产品家族，ArcGIS Server 为创建基于 Web 的 GIS 应用提供了一个框架平台。它充分利用 ArcGIS 的核心组件库 ArcObjects，并且基于工业标准提供 WebGIS 服务（SOAP 服务和 REST 服务）。ArcGIS Server 将两项技术——GIS 和网络技术结合在一起，GIS 擅长与空间相关的分析和处理，网络技术则提供全球互联，促进信息共享。这两项技术协同工作，相得益彰。

ArcGIS Server 与过去的 WebGIS 产品（如 ArcIMS）相比，除了具备发布地图服务的功能外，还具备灵活的编辑和分析能力，这对于 WebGIS 应用而言具有重要的意义。ArcGIS Server 基于核心组件库 ArcObjects 搭建，并且以主流的网络技术作为其通信手段，具有如下特点。

（1）集中式管理，降低系统升级和维护成本。无论是从数据的维护和管理上还是从系统升级上来说，只需要在服务器端进行集中的处理，而无需在每一个终端用户上做大量的维护工作，这不但能节约时间成本和人力资源，而且有利于提高数据和应用系统的一致性。

（2）瘦客户端也可以使用复杂的 GIS 功能。过去只能在庞大的桌面软件上才能实现的复杂 GIS 功能，现在也可以在使用浏览器（Firefox，IE，Chrome 等）的客户端实现。

（3）使 WebGIS 具备灵活的数据编辑和复杂的 GIS 分析能力。用户在野外作业时可以通过移动设备直接对服务器端的数据库进行维护和更新，大大减少了回到室内后的重复工作量，为野外调绘和勘察提供便利。

（4）支持大量的并发访问，具有负载均衡能力。ArcGIS Server 采用分布式组件技术，可以将大量并发访问均衡地分配到多个物理服务器上，可以大幅度地降低响应时间，提高并发访问量。

（5）可以根据工业标准很好地与其他的企业系统整合。例如，GIS 和客户关系管理系统（CRM）整合，发挥 GIS 的独特优势，使得企业可以打破地域的限制，更好地开发客户资源，提供客户满意的产品和服务。

开发人员可以使用 ArcGIS Server 在 Web 应用上实现的常用 GIS 功能简要列举如下：①在浏览器中显示地图，控制各个图层的显示与隐藏；②在浏览器中缩放、漫游地图；

③在地图上点击、拉框查询信息；④显示文本标注；⑤在地图上叠加航片和卫片影像；⑥使用 SQL 语句查询要素；⑦使用多种渲染方式渲染图层；⑧通过 Internet 编辑空间要素的坐标位置信息和属性信息；⑨动态加载图层；⑩显示实时的空间数据；⑪几何要素的空间分析（如缓冲区分析）；⑫坐标的投影变换。

ArcGIS Server 还包括了一些扩展模块，如网络分析，空间分析等，通过这些扩展模块可以完成一些行业的专业分析功能。

2.2　ArcGIS Server 体系架构

ArcGIS Server 是一个分布式系统，由分布在多台机器上的各个角色协同工作。使用 ArcGIS Server 搭建的 WebGIS 应用程序支持多种类型的客户端，包括 ArcGIS Desktop、ArcGIS Engine Application 、Web 浏览器等。图 2-1 主要描述利用 ArcGIS Server 搭建的 WebGIS 应用的各个组成部分。

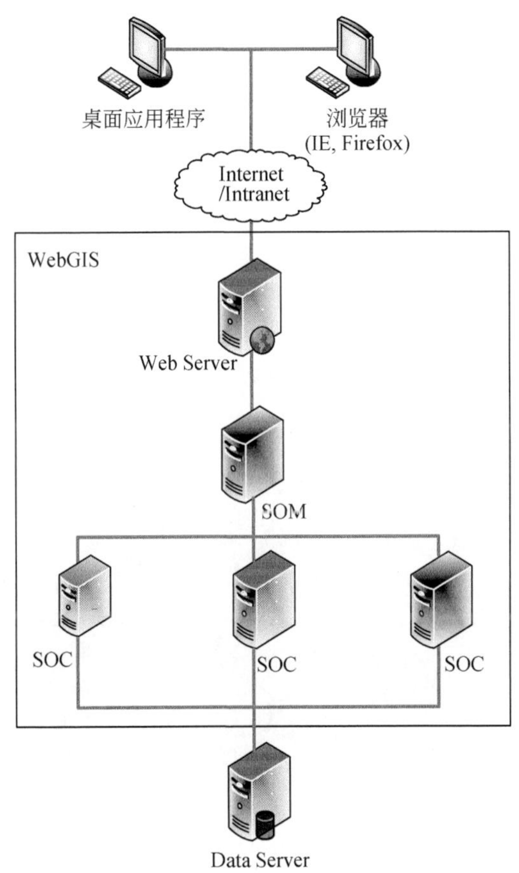

图 2-1　WebGIS 系统的组成

（1）浏览器：诸如 IE，Firefox 等 Web 浏览器软件，支持 HTTP 协议通讯，能够渲染 html 页面，支持 RIA 应用。

（2）Web Server：运行 Web 应用程序或 Web Service 的容器。这里的 Web 应用程序或 Web Service 通过访问 GIS Server 中的对象来实现 GIS 功能，然后把结果返回给客户端。目前 ArcGIS Server 支持 .NET 和 Java 两种平台，在 .NET 平台下只支持微软的 IIS，在 Java 平台下可以支持 Tomcat、Weblogic、Websphere 等 Web 服务器软件。

（3）GIS Server：由一个 SOM 和若干个 SOC 两大部分组成。SOM 全称 Server Object Manager，即 Server Object 管理器，负责管理、调度来自 Web 服务器的请求，在运行阶段对应 ArcSOM .exe 进程。具体的请求处理过程（如地图绘制、空间查询等）由 SOC 来负责完成，SOC 即 Server Object Container（容器），SOC 在运行阶段对应 ArcSOC .exe 进程中，该进程是 ArcObjects 对象生存的空间。SOM 和 SOC 可以运行在同一台机器上，也可以分布式部署。SOM 负责管理一个或多个运行 SOC 的机器。采用分布式部署，可以大幅提高 GIS Server 的整体性能，使其具备更强的扩展能力。

（4）桌面应用程序可以是 ArcGIS Desktop 或者 ArcGIS Engine 应用程序。通过 HTTP 协议访问在 Web Server 上发布的 GIS 网络服务，或者通过 LAN/WAN 直接连接到 GIS Server。一般通过 ArcCatalog 或者 ArcGIS Server Manger 应用程序来管理 ArcGIS Server 中的服务。

2.3 准备开发环境

安装开发环境 Flash Builder 4 和调试工具 Fiddler2。

Flash Builder 4 的安装文件有两种，第一种是独立安装包，第二种是 Eclipse 的 Flash Builder 4 插件，可以从 Adobe 的官方网站下载：

. . - .

作者选择第一种安装方式，安装过程比较简单，完成后，启动界面如图 2-2 所示。

图 2-2　Flash Builder 4 启动界面

Fiddler2 是一个免费的网络监听程序，可以监听本地计算机与网络上其他计算机之间的所有 HTTP 通信。Web 应用程序的开发复杂程度要比普通的单机运行程序大得多，涉及的技术比较多，如服务器端代码编写，HTTP 协议，HTML，AJAX，RIA 等。总之，

Web 应用程序开发是一项很烦琐的工作，在很多环节都有可能出错，程序的调试、bug 的排查都比较费时。Fiddler2 可以为 Web 应用程序开发提供很大的帮助，可以快速地诊断出程序问题所在的位置。

Fiddler2 的安装很简单，其安装程序的下载地址如下：

下载安装程序后，直接双击 exe 文件开始安装，按照安装向导的提示采用默认的设置直到安装完成。安装完成后，从开始菜单启动 Fiddler2 程序，如图 2-3 所示。

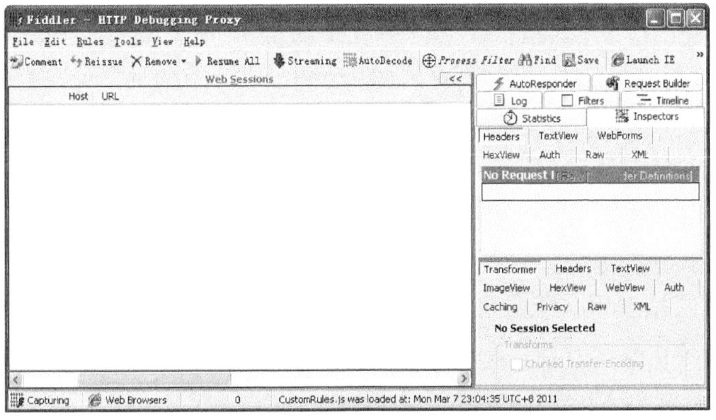

图 2-3　Fiddler2 界面

运行 Fiddler2 以后，在浏览器中访问网页，就可以在 Fiddler2 中监听这些 HTTP 会话，Fiddler2 界面右侧的选项卡对应的功能下面依次介绍。

（1）Statistics：对所选中的这些会话的各种参数进行统计，在左侧窗口可以选择一个或者多个会话，在右侧会显示相应的统计信息。点击 ShowChart 会以图表的形式显示。

（2）Inspectors：在左侧的会话列表中选择一个会话，查看 Response 和 Request 的详细信息。上半部分是请求信息，包括：Headers 是头信息，TextView 是内容，Raw 是发送的原始数据，就是没有经过格式化处理。下半部分是服务器的响应信息，也可以通过多种视图查询信息的详细内容，如果是图片还可以从 ImageView 看到图片，如果返回的是 XML，还可以通过 XML 选项卡查看树形的 XML 信息。

（3）AutoResponder：将之前已有的响应信息直接返回给客户端，而不再请求服务器。

（4）Request Builder：自己手动输入请求信息，包括请求的头和请求的内容。也可以将左侧刚刚捕获的会话拖到右侧进行修改。

（5）Filters：对会话进行过滤。

（6）Timeline：查询会话耗费的时间，做系统性能优化时非常有用。

2.4　ArcGIS Server 安装

安装前准备：①Windows 操作系统安装盘；②Visual Studio 2008 安装光盘或安装文

件；③ArcGIS Server 10 的安装光盘或安装文件；④ArcGIS Server 10 的安装授权文件。

WebGIS 最终部署的操作系统环境多数为 Windows Server 2003 或者 2008，在选择开发机的操作系统环境时，最好也选择 Windows Server 2003 或者 2008（当然，Windows XP、Windows 7 也可以支持），而且如果最终部署的服务器硬件和软件都是 64 位，那么开发机的软硬件环境也推荐选择 64 位。因为在最终部署的时候，很可能有些代码在 32 位机器和 64 位机器上不兼容，作者之前的项目就遇到过类似的问题，并且 ArcGIS Server 10 软件本身在 64 位和 32 位的机器上也有些细微的差别。

本书以 32 位的 Windows 2003 Server 为例，介绍 ArcGIS Server 10 for the Microsoft .NET Framework 软件安装的具体步骤，这里主要涉及 Web Server IIS、开发环境 Visual Studio 2008 以及 ArcGIS Server 10。这三个软件的安装必须按照如下顺序进行：第一步，安装 IIS（Internet Information Server）；第二步，安装 Visual Studio 2008；第三步，安装 ArcGIS Server 10。

之所以按照以上步骤安装，是因为每一步都会对上一个软件有写操作。例如，安装 Visual Studio 2008 会在 IIS 上注册 asp .net，安装 ArcGIS Server 10 也会在 Visual Studio 2008 中集成地图网站模板、组件和环境菜单等。一旦安装顺序出错，就需要手工注册，带来一些不必要的麻烦。另外，ArcGIS Server 10 for the Microsoft .NET Framework 成功安装的一个前置条件是 .NET Framework 3.5 Service Pack 1。

第一步，安装 IIS：从“开始”菜单→“控制面板”→“添加删除程序”→“添加/删除 Windows 组件”，在列表中选中“应用程序服务器”（图 2-4），点击“下一步”开始安装，直到安装完成，安装过程需要 Windows 2003 Server 安装文件。

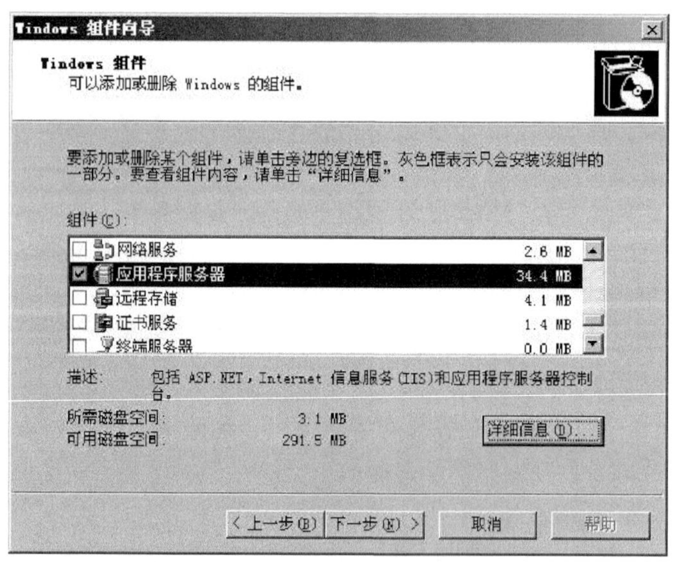

图 2-4　IIS 安装

安装完成以后，从“开始”菜单→“控制面板”→“管理工具”→“Internet 信息服务（IIS）管理器”，看到如图 2-5 所示 IIS 安装成功的界面。

图 2-5　IIS 管理器

第二步，安装 Visual Studio 2008：把 Visual Studio 2008 安装光盘放入光驱，自动弹出如图 2-6 所示的安装界面。

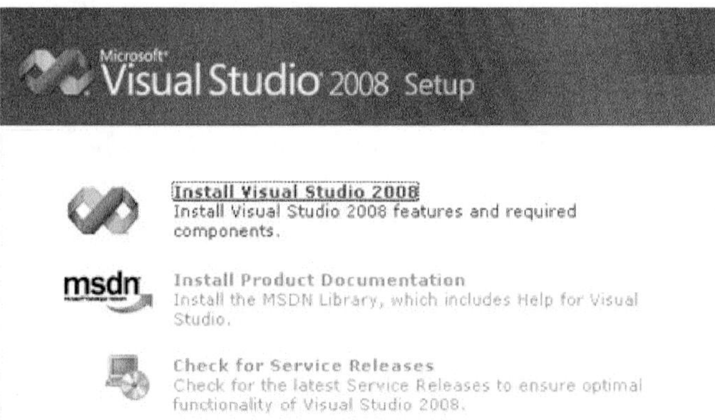

图 2-6　Visual Studio 安装界面

点击“Install Visual Studio 2008”，按照向导安装完成（图 2-7）。

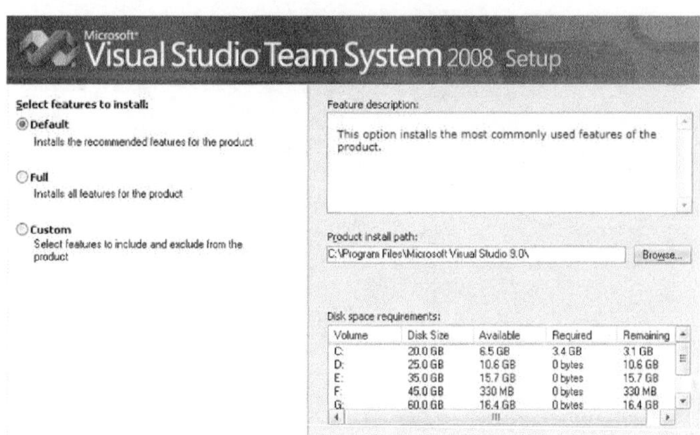

图 2-7　Visual Studio 安装向导

第三步，安装 ArcGIS Server 10：ArcGIS Server 支持分布式部署，但是在开发机上的安装过程是把所有的软件（IIS、Visual Studio 2008、ArcGIS Server 10）都安装到一台机器上，主要是为了方便、快捷。由于 ArcGIS 软件的不同版本之间不能共存于同一台机器，所以在安装 ArcGIS Server 10 之前需要先检查机器上是否已经安装了低版本（如 9. x 或者 8. x 版本）的软件，如果已经安装，必须全部卸载才能安装 ArcGIS Server 10。

低版本的软件包括：①ArcGIS Desktop；②ArcInfo Workstation；③ArcReader standalone；④ArcIMS；⑤ArcIMS Web ADF for the Java Platform；⑥ArcIMS Web ADF for the. NET Framework；⑦ArcGIS Server for the Java Platform；⑧ArcGIS Server for the. NET Framework；⑨ArcGIS Server Web ADF Runtime for the. NET Framework；⑩ArcGIS Engine Runtime；⑪ArcGIS Engine Developer Kits；⑫ArcGIS Desktop Developer Kits；⑬ArcGIS Image Server。

ArcGIS Server 10 的安装过程与之前的 9. x 版本相比发生了一些小的变化。9. x 版本的 ArcGIS Server 只有一个安装文件（setup. exe），而 ArcGIS Server 10 for the Microsoft .NET Framework 有两个安装文件，分别对应两个独立的安装部分：①GIS Services，包括 SOM、SOC、Python、Services Manager 和 Web 服务（SOAP、REST）；②Web Application。

首先安装 GIS Services，再安装 Web Application，下面分步骤具体介绍。

第一，从安装光盘的 GIS Services 文件夹中，运行 setup. exe。“Configure GIS Server”和“Authorize GIS Server”默认都处于选中状态，如图 2-8 所示。“Configure GIS Server”是指配置用户、路径等过程，“Authorize GIS Server”是为 ArcGIS Server 软件进行授权。下面主要介绍“Configure GIS Server”的过程。

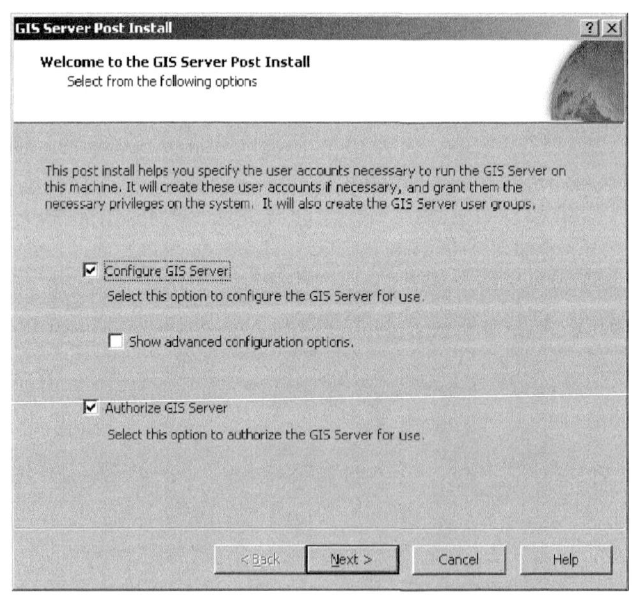

图 2-8　ArcGIS Server 安装后的配置界面

第二，在安装向导中选择所有选项，如图 2-9 所示。点击“Browse”按钮选择安装路径，再点击“Next”。

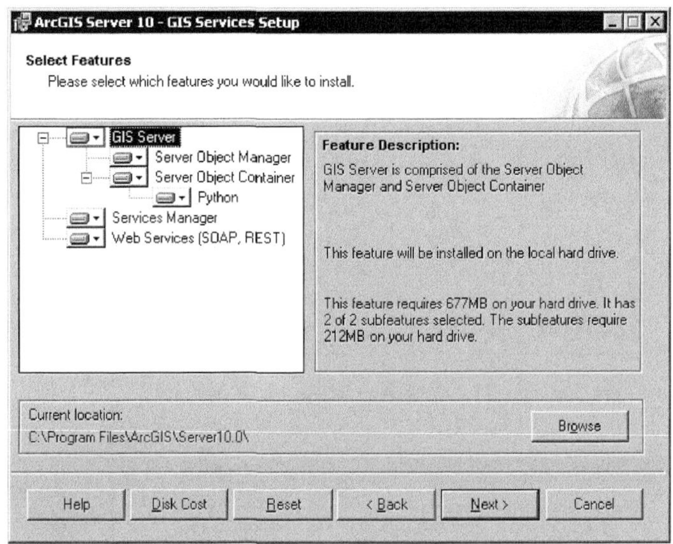

图 2-9　ArcGIS Server 安装向导——组件选择

第三，选择一个 Web 站点安装 ArcGIS Server 的实例，如图 2-10 所示。

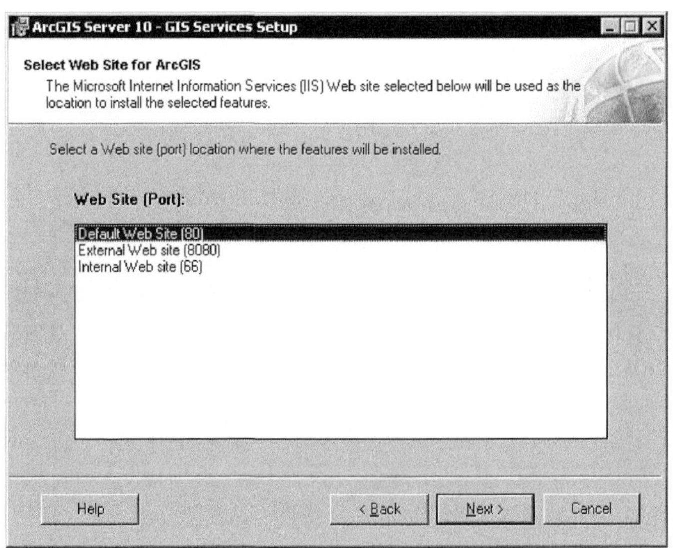

图 2-10　选择创建 ArcGIS Server 实例的站点

注：如果只有一个 Web 站点，因无需选择站点，就不会出现此界面

第四，为 ArcGIS Server 实例指定名称，一般使用默认的 ArcGIS 作为实例名称，如图 2-11 所示。

按照界面提示，安装完成，完成安装以后会自动弹出配置 GIS Server 的界面。

第五，设置 ArcSOM 和 ArcSOC 进程的运行账户及密码。如果设置的账户在操作系统上不存在，该配置过程会自动创建这两个账户，默认的名称如图 2-12 所示。

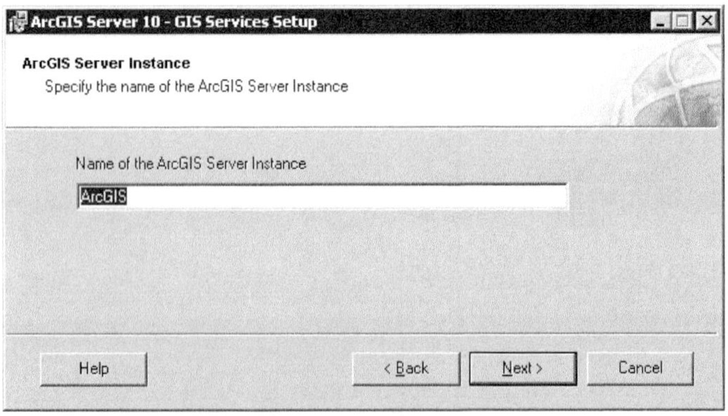

图 2-11　设置 ArcGIS Server 实例的名称

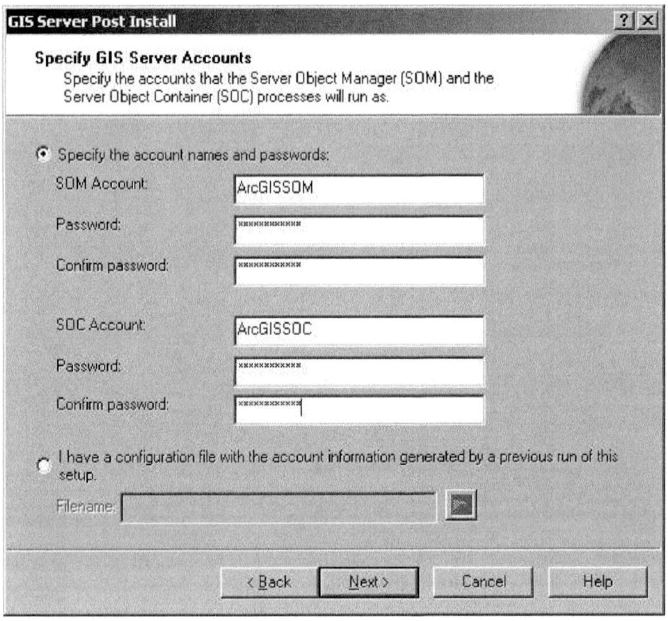

图 2-12　配置 SOM 和 SOC 的用户、密码

第六，设置 ArcGISWebServices 用户名称及密码，该用户是 Web 服务器（IIS）连接 GIS Server 时使用的，这里建议使用默认值，如图 2-13 所示。

第七，指定 GIS Server 目录、Web 服务器名称及端口号，如图 2-14 所示。配置程序会在 GIS Server 指定的目录下面生成五个文件夹，分别对应五个虚拟目录。这三个参数可以接受默认值，继续配置过程直至完成。

第八，用户权限设置。上面的配置过程会创建两个用户组：agsadmin 和 agsusers。这两个用户组用来控制哪些用户有权限管理和使用 GIS Server。位于 agsadmin 组中的用户具有管理权限，可以执行创建、删除 GIS 服务等操作；位于 agsusers 用户组中的用户可以访问 GIS 服务提供的地图、空间数据等。本步骤是为上面配置过程创建的 ArcGIS-SOM 和 ArcGISSOC 用户配置用户组权限。在图 2-15 的界面中把 ArcGISSOM 用户加入

agsadmin 组，ArcGISSOC 用户加入 agsusers 组。另外，建议把当前登录操作系统的用户也加入 agsadmin 组，这样在用 ArcCatalog 连接 ArcGIS Server 时就可以成功连接，否则会报错：没有权限。

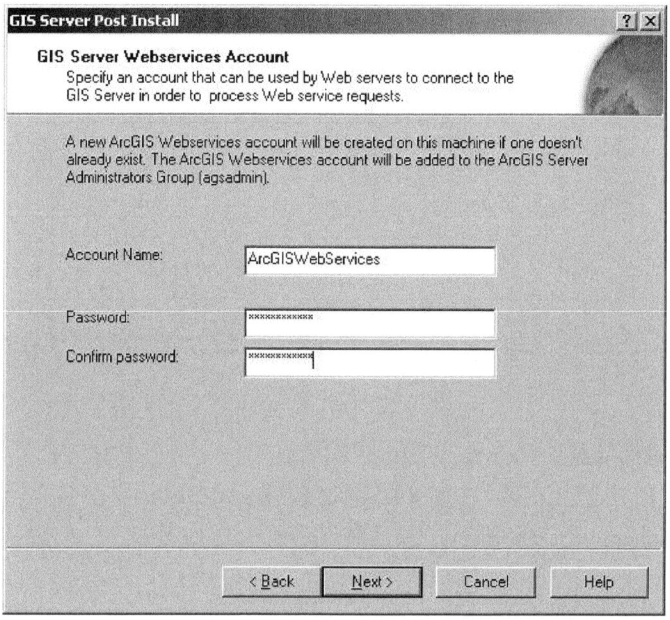

GIS Server Post Install

GIS Server Webservices Account

Specify an account that can be used by Web servers to connect to the GIS Server in order to process Web service requests.

A new ArcGIS Webservices account will be created on this machine if one doesn't already exist. The ArcGIS Webservices account will be added to the ArcGIS Server Administrators Group (agsadmin).

Account Name: ArcGISWebServices

Password: ************

Confirm password: ************

< Back　Next >　Cancel　Help

图 2-13　Web 服务器连接 GIS Server 时的用户设置

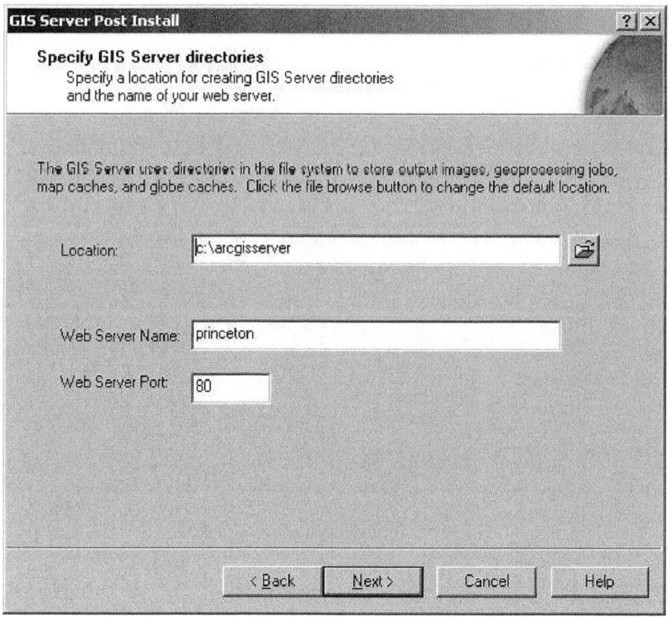

GIS Server Post Install

Specify GIS Server directories

Specify a location for creating GIS Server directories and the name of your web server.

The GIS Server uses directories in the file system to store output images, geoprocessing jobs, map caches, and globe caches. Click the file browse button to change the default location.

Location: c:\arcgisserver

Web Server Name: princeton

Web Server Port: 80

< Back　Next >　Cancel　Help

图 2-14　GIS Server 的系统目录

图 2-15　用户权限设置

第九，从安装光盘的 WebApplications 文件夹中，运行 setup. exe，如图 2-16 所示，选中所有选项，使用“Browse”按钮指定安装路径。该步骤安装的主要内容是 ADF (Application Developer Framework)。按照界面提示接受默认值参数设置，直到安装完成。

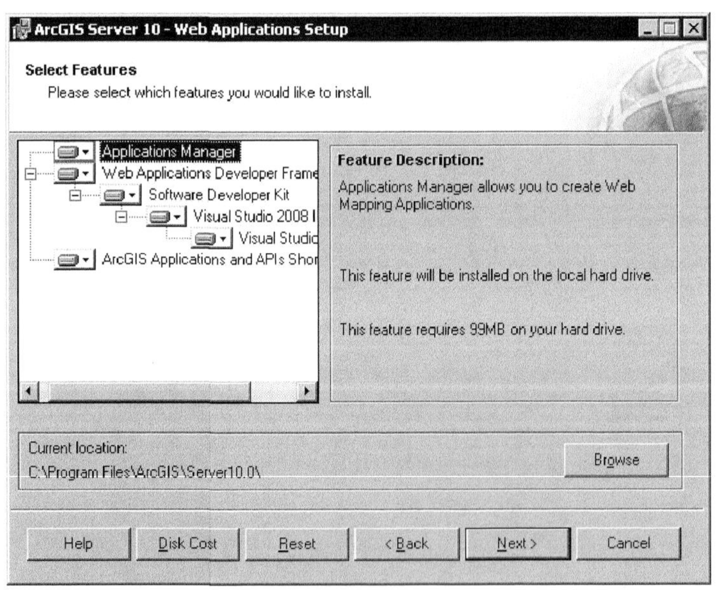

图 2-16　WebApplications 的安装

由于安装过程涉及权限的设置，建议在安装完成后，重新启动操作系统。

如果安装成功，从“控制面板”→“管理工具”→“服务”，在操作系统的服务列表中有两个服务已经处于启动状态，如图 2-17 所示。

ArcGIS Server Object Manager	Admini...	已启动	手动	.\som
ArcGIS SOC Monitor	Monito...	已启动	手动	.\soc

图 2-17　安装完成后的服务列表

2.5　多种开发 API 对比

ArcGIS Server 自从 2004 年发布以来，已经从 9.0 版本到现在的 10 版本。随着版本的发展，软件提供的 API 也在发生变化，如今可以使用的 API 有如下 6 种：①.NET Web ADF；②Java Web ADF；③ArcGIS API for JavaScript；④ArcGIS API for Flex；⑤ArcGIS API for Silverlight；⑥ArcObjects API。

这 6 种 API 比较而言，都能完成一些常见的功能，如地图浏览、数据查询等，但是它们之间存在较大的差别。在此作者把这 6 个 API 分成两大类，分别是："服务器端 API"和"客户端 API"。.NET Web ADF、Java Web ADF 和 ArcObjects API 可以算做"服务器端 API"，因为使用这三类 API 所开发的程序代码（如 C#或者 Java 代码）主要是在服务器端运行的，当然也可能会涉及一些客户端 Javascript 的代码。而使用 ArcGIS API for JavaScript、ArcGIS API for Flex 和 ArcGIS API for Silverlight 开发的程序代码主要运行在客户端的浏览器里面。

从开发人员学习难易程度的层面看，.NET Web ADF 和 Java Web ADF 较为复杂，学习难度大，而 ArcGIS API for JavaScript、ArcGIS API for Flex 和 ArcGIS API for Silverlight 较为简单，学习相对容易，这也是最近一两年客户端 API 迅速发展的重要原因，而且 Flex 和 Silverlight 是 RIA 的当前最主流的实现方案，具备开发周期短、调试方便等优势。ArcGIS API for JavaScript 就是普通的 JavaScript 代码，可以直接在浏览器中解释执行，ArcGIS API for Flex 代码编译后变成 swf 文件，下载到客户端，依靠浏览器的 Flash Player 插件运行，Flash Player 的装机率非常高，所以也不需要考虑客户端有无插件的问题。使用 ArcGIS API for Silverlight 编写的代码经过编译后，变成 xap 文件，该文件也被下载到客户端，依靠浏览器的 Silverlight 插件运行。

对于 ArcGIS Server 9.2 及更早时期的版本，WebGIS 应用主要的开发方式是使用 ADF，因为当时没有其他的 API 发布，只能选择 ADF 来访问 GIS 服务。ADF 的作用是为 Web 应用提供 GIS 功能，又可以屏蔽底层的 ArcObjects 对象，相对直接调用庞大的 ArcObjects 类库而言，已经是简化了很多。有些时候需求比较复杂，仍然需要直接连接到 GIS Server，访问细粒的 ArcObjects 对象，后面的章节也会详细介绍如何在 ArcGIS Server 中直接调用 ArcObjects API。

ArcGIS Server 发布的 GIS 服务（地图服务，GP 服务等）支持两种类型的服务接口：SOAP API 和 REST API。ArcGIS API for JavaScript、ArcGIS API for Flex 和 ArcGIS API for Silverlight 三者都是客户端的 API，编写的代码也是运行在客户端的浏览器中，访问的 GIS 服务来自于其 REST API，如图 2-18 所示。REST API 的最显著的特点是结构简单、调用方便，只需一个简单的 URL 地址就可以完成调用；SOAP API 相对复杂，消息封装的过于臃肿。REST 和 SOAP 实现 Web Service 的比较这里不再赘述，请读者查阅相关的技术资料。

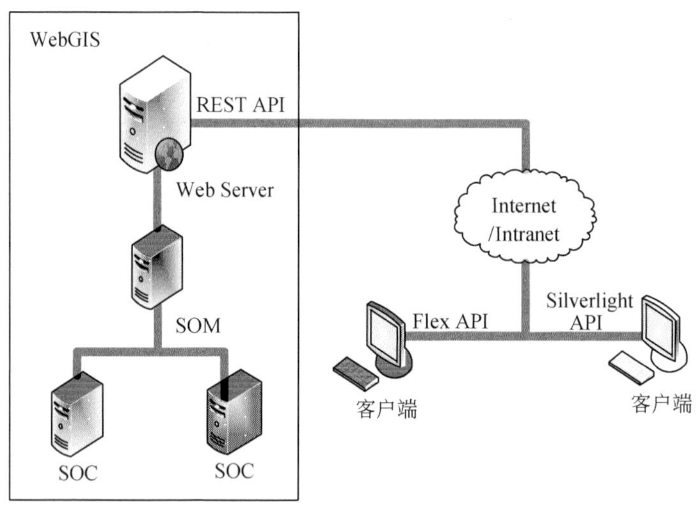

图 2-18　不同 API 之间的关系

本书会涉及 ArcObjects API，REST API 和 Flex API，其中以 Flex API 的内容为主。在这三者中，Flex API 负责客户端的界面交互、地图和相关数据的展现，REST API 在服务器端提供 GIS 服务。这些 REST API 是 ArcGIS Server 软件已经在服务器端封装完成的，开发人员要做的工作是在 Flex API 里面去访问 REST API 提供的 GIS 服务，一般情况下 Flex API + REST API 就可以完成大部分项目的需求；如果有特殊的情况，现有 REST API 不能满足需求，可以在服务器端通过访问 ArcObjects API，封装成 Web 服务，由客户端的 Flex API 远程访问这些服务来实现。ArcObjects API 的特点是功能最丰富、最灵活，同时也最复杂，需要熟悉大量的 ArcObjects 类库（上万个类和接口）。以上这三套 API 的结合可以完成各种级别的项目需求。

2.6　预备技术

本书的主要内容是 WebGIS 的开发，如果读者具备一定的技术基础，再来看本书会事半功倍。其中涉及的技术有：①C#；②ASP .NET；③Web Service；④HTTP；⑤Flex 和 ActionScript；⑥GIS 基础。

B/S 架构的系统与 C/S 架构有较大的区别，C/S 架构的系统开发要求熟悉一种语言就可以，如 C#或者 VB .NET；B/S 架构的系统开发涉及面比较广，复杂度要远远高于 C/S 架构的系统，对开发人员的要求比较高。后面章节会逐步展开介绍如何开发 B/S 架构的 Web 应用系统，其中的内容涉及的服务器端代码都是在 Visual Studio 中使用 C#语言编写，ArcGIS Server 10 for the Microsoft .NET Framework 是在 ASP. NET 框架下运行的，服务器端是通过符合工业标准的 Web Service 来提供 GIS 服务，客户端和服务器端通信的应用层协议是 HTTP，客户端程序主要是在 Flash Builder 中用 Flex 和 ActionScript 来编写。

第 3 章　ArcGIS Server 应用与管理

3.1　使用客户端管理服务

GIS Server 由一个 SOM 和一到多个 SOC 组成，SOM 负责管理所有的 GIS 服务，SOC 负责运行每个 GIS 服务的实例。ArcCatalog、ArcMap 和 ArcGIS Server Manager 等三个客户端软件可以用来管理 GIS 服务。ArcCatalog 和 ArcMap 是 ArcGIS Desktop 中的桌面端应用程序，而 ArcGIS Server Manager 是一个 Web 应用程序，无需安装软件，只需要一个浏览器就可以对 GIS Server 进行管理操作，主要应用于没有 ArcGIS Desktop 软件的情况下管理服务。ArcGIS Desktop 10 在 ArcMap 中加入了 Catalog 窗口，该窗口的功能类似于 ArcCatalog 中的 Catalog 窗口，也可以管理 ArcGIS Server 中的服务，具体的操作步骤也一样。

使用 ArcCatalog 管理服务，首先需要连接 GIS Server，然后才能对服务器进行发布、删除服务的操作，类似于一般关系数据库的客户端，需要设置连接参数之后才能成功连接。不要求 ArcCatalog 和 ArcGIS Server 运行在同一台机器上，只要处于同一个局域网中即可，并且 ArcCatalog 机器与 ArcGIS Server 机器之间不能有防火墙，因为 ArcCatalog 与 ArcGIS Server 之间的连接是用 DCOM 协议来进行的，而防火墙一般是会拦截 DCOM 的网络通信，所以有防火墙时连接往往会失败。下面详细介绍如何使用 ArcCatalog 来连接和管理 ArcGIS Server。

第一，从“开始”菜单启动“ArcCatalog”程序，如图 3-1 所示。

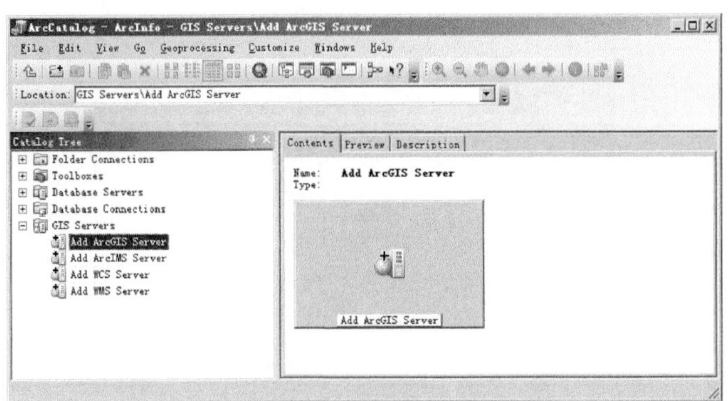

图 3-1　ArcCatalog

第二，打开任务管理器，查看 ArcCatalog. exe 进程的启动用户名，如图 3-2 所示，作者使用的用户名是 Administrator。使用 ArcCatalog 连接 ArcGIS Server，实质上是连接的

SOM，如果 ArcCatalog 与 ArcGIS Server 运行在同一台机器上，要求 Administrator 用户位于 agsadmin 组中，才能连接成功；如果没有运行在同一台机器上，那么要求 SOM 所在的机器也有同样的用户名 Administrator，并且密码也保持一致，只有这样才能成功连接。

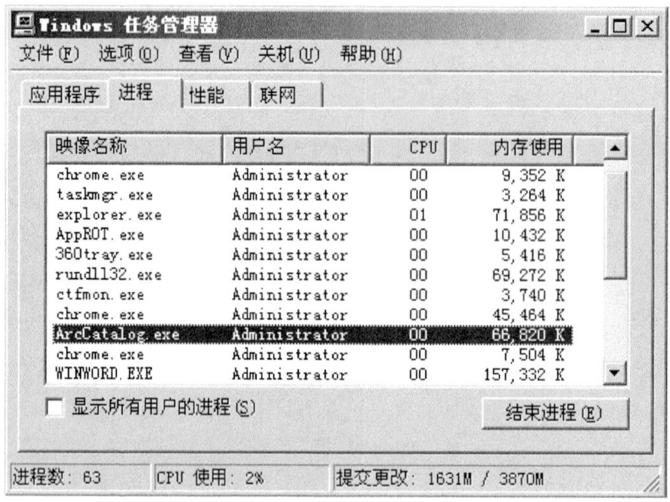

图 3-2 任务管理器查看 ArcCatalog 的启动用户

第三，在 ArcCatalog 中双击“Catalog”窗口里面的“Add ArcGIS Server”节点，弹出的窗口如图 3-3 所示，选择“Use GIS Services”创建的连接只能对服务进行浏览，不能创建、停止、启动、删除服务。选择“Manage GIS Services”创建的连接可以执行最高权限的操作，这里选择“Manage GIS Services”。

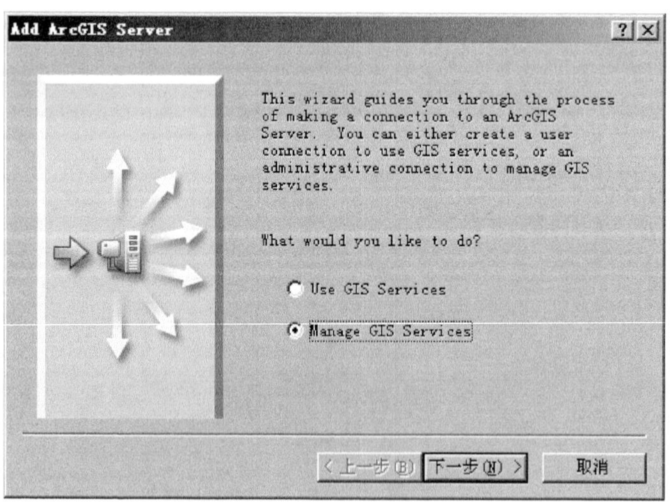

图 3-3 以管理的身份连接服务

第四，输入 URL 地址和 SOM 的主机名。图 3-4 中 v8 是 SOM 的主机名，需要根据具体情况修改，如果连接的 SOM 是本机，也可以使用 localhost 代替。

第五，连接成功后如图 3-5 所示，可以看到一个 v8（admin）的节点。

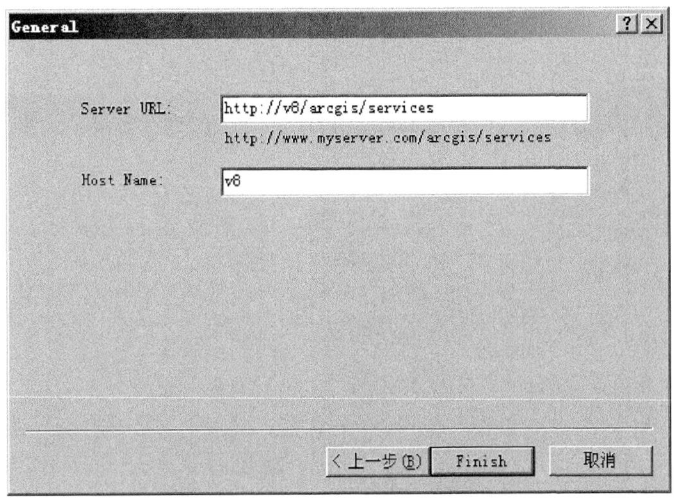

图 3-4　输入 GIS Server 的主机名

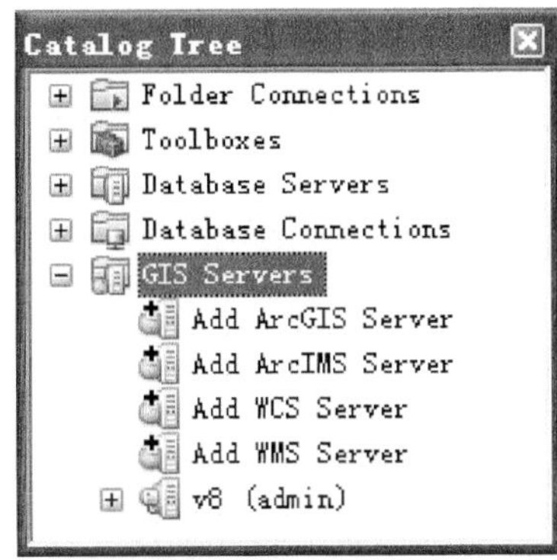

图 3-5　连接 GIS Server 成功

以上是从 ArcCatalog 连接 Server 的步骤，用 ArcGIS Server Manager 连接的步骤如下。

"开始"→"ArcGIS"→"ArcGIS Server for the Microsoft .NET Framework"→"ArcGIS Server Manager"，启动基于 Web 的应用程序 ArcGIS Server Manager，如图 3-6 所示，输入用户名和密码。User Name 的填写格式是：主机名 \ 用户名，Password 的填写格式为 SOM 机器操作系统的用户名对应的密码。

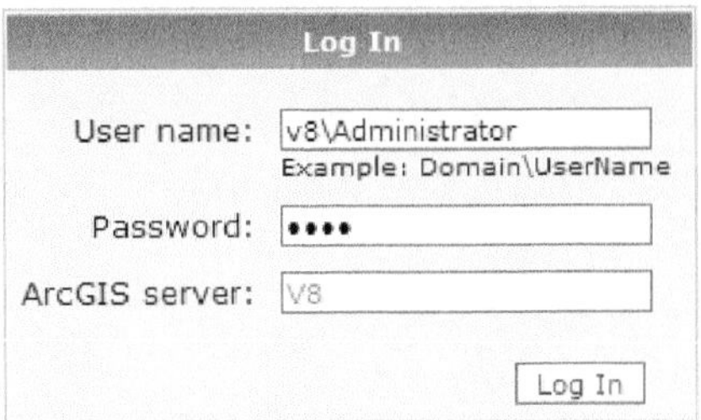

Log In

User name: v8\Administrator

Example: Domain\UserName

Password: ••••

ArcGIS server: V8

Log In

图 3-6　登录 Server Manager

登录成功后的界面如图 3-7 所示。

GIS 服务有可能会运行在任意一个 SOC 机器上，所以要保证地图文档、空间数据库等资源都能够被所有的 SOC 机器正常访问。

图 3-7　登录 Server Manager 成功

3.2　GIS　服　务

GIS 资源（如矢量图层、卫星影像、专题地图等）如果只保存在某个人电脑的磁盘里，只能被某一个人或几个人使用，如果能通过 Web 共享，让更多的人可以使用这些资源，那么这时的 GIS 资源就转变为“GIS 服务”。ArcGIS Server 按照工业标准 Web Service 把 GIS 相关的资源发布出来，供更大范围内的用户使用，并且把所有 GIS 相关的资源划分为几大类，每一类对应一个 Web Service。通常，项目中可能用到的 GIS 功能都能细化为一个或多个 GIS 服务来解决问题。服务类型与对应的资源如表 3-1 所示。

表 3-1　服务类型与对应的资源

服务类型	对应的 GIS 资源
Map service	地图文档（.mxd，.pmf，.msd）
Geocode service	Address locator（.loc，.mxs，SDE batch locator）
Geodata service	空间数据库连接文件（.sde）或者 personal geodatabase、file geodatabase、引用了版本化的 geodatabase 图层的地图文档
Geometry service	不需要额外的资源。该服务实质上是为部分 ArcObjects 类库提供了 Web 访问接口。随着版本的升级，Geometry service 应该会把越来越多的 ArcObjects 接口以 Web Service（SOAP，REST）的形式开放出来
Geoprocessing service	包含工具图层的地图文档或者工具箱（. tbx）
Globe service	Globe 文档（.3dd，.pmf）
Image service	栅格数据集或者 mosaic 数据集
Feature service	注册为版本的 geodatabase 要素类
Search service	Geodatabase 或者包含 GIS 数据的文件夹

地图服务（Map service）是一种把地图发布到 Web 上的方法。地图服务可以把地图、要素、属性数据等发布到 Web 上，提供给多种客户端访问。在以上众多的服务类型中，地图服务是使用频率最高的，这也是因为一般的业务需求集中在地图浏览、空间查询、属性查询等，地图服务恰恰可以满足这些需求。

地址编码服务（Geocode service）可以完成地址描述信息和对应的 x、y 坐标相互转化的功能。例如，“北京市朝阳区大屯路甲 11 号”对应的地理坐标是（北纬 50 度，东经 116 度 23 分），这两种形式之间的转换就是通过地址编码来完成的，由“北京市朝阳区大屯路甲 11 号”得到 x、y 坐标称为地址编码，由 x、y 坐标得到“北京市朝阳区大屯路甲 11 号”称为反向地址编码，如图 3-8 所示。

图 3-8　Geocoding 示例

文字性的地址描述信息容易记忆，而 x、y 坐标值是一串冷冰冰的数字，很难记忆，所以在日常工作中经常会用到文字性的地址描述信息。例如，很多企业的客户关系管理系统都记录了客户的具体居住地址，这些地址都是通过门牌号的形式来记录的。对于这些门牌号地址信息，无法应用 GIS 的一些空间分析方法进行处理。只有把这些门牌号地址信息空间化以后才能应用 GIS 的分析手段加以处理。国内的地址编码应用比较少，而国外应用地址编码却比较普遍。造成这个现象的原因之一是城市规划、道路编号的不规范。从技术层面上看地址编码的实现需要具备两个条件才能完成：一为规范的道路网矢量数据，二为道路编号的规则，二者缺一不可。地址编码实现的技术本质是先在道路网中找到一个道路线要素，然后根据道路编号规则在线要素上进行内插得到坐标值。这两个条件目前在中国都不太成熟，原因如下：其一，道路网数据不规范，国内的道路网数据往往只有线要素的坐标数据，路段的划分及命名存在很大的问题；其二，道路编号的规则不规范，城市之间、城市内部的道路编号规则均存在严重的不统一现象，没有规范可以遵循。而国外在数据的质量和道路的规划上都较为理想，因此国外的企业可以把大量的地址信息空间化，GIS 应用在商业分析上发展得也比较好，而国内 GIS 行业的发展主要是靠政府的项目来支撑，要发展 GIS 的商业分析应用任重而道远。

Geodata 服务用于发布 Geodatabase 数据，客户端可以通过局域网（LAN）或者 Internet 来远程访问这些 Geodatabase 数据，先在本地创建数据的备份，然后离线编辑数据并更新数据等，Geodata 应用如图 3-9 所示。把 Geodatabase 数据发布为 Geodata 服务后，空间数据的受众变得更加广泛。Geodata 服务在目前最新的 10 版本中主要以 SOAP API 的形式提供，REST API 相对而言比较简单，相信在以后的版本中 ESRI 公司会逐步增强，尤其是对于 Geodatabase 中的属性表（table）的 Web 访问是非常必要的。

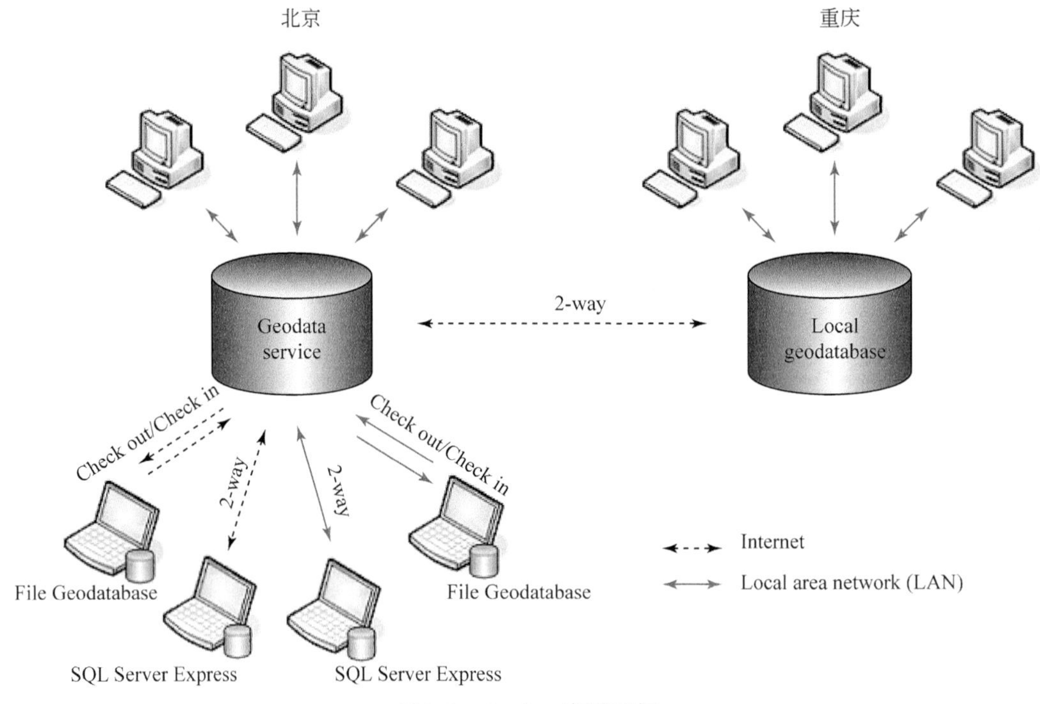

图 3-9　Geodata 应用示例

Geometry 服务通过 Web 提供几何计算功能，如缓冲区和面状要素的面积及周长、地图投影计算等。类似这些方面的功能也可以使用细粒的 ArcObjects 对象或者 Geoprocessing 服务实现。Geometry 服务的 REST API 对于客户端 Flex API 而言非常有用，两者可以结合起来完成一些复杂的空间几何体的分析功能。Geometry 服务和其他服务的一个显著区别是：服务只能创建一个，而且服务的名称必须是 Geometry。

Geoprocessing 是一个框架，该框架的目的是能够自动化处理一些 GIS 相关的计算和分析工作，使用该框架可以快速地把几个相关的 GIS 处理步骤连接在一起，一体化执行完成，也可以方便地把大批量的数据做统一的处理。既然是框架，那么就要有严格的要求，Geoprocessing 框架由“输入参数”、“计算过程”、“输出参数”组成，如图 3-10 所示。

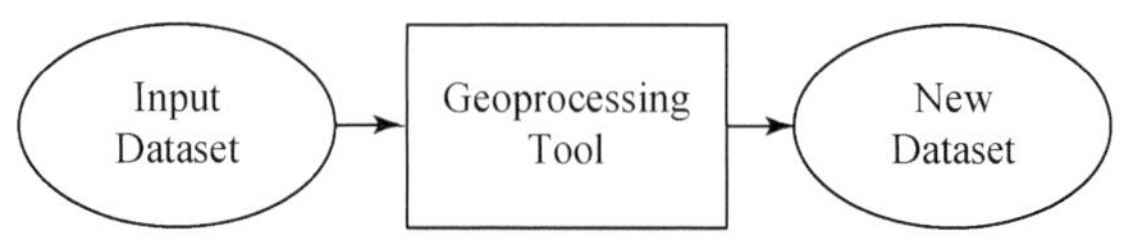

图 3-10　Geoprocessing

Globe 服务提供了一个基于 Web 的 3D 视图。首先在 ArcGlobe 中添加相关的图层数据，然后保存为 *.3dd 的文档。单纯的浏览器不能访问 Globe 服务，因为三维场景的渲染是用 OpenGL 完成的，目前的浏览器能够渲染 html 标签，内嵌了 javascript 执行引擎，但是不具备渲染三维场景的能力，期待 html 5 在三维方面能有大的突破。访问 Globe 服务需要使用 ArcGlobe、ArcGIS Explorer 或者 ArcReader 等软件。

Image 服务通过 Web 发布栅格数据（Raster）。栅格数据既可以是来自文件格式的影像（tif，img，grid 等），也可以是 Geodatabase 中的栅格数据。发布以后的 Image 服务能够提供动态影像处理功能，具体的处理方法有如下八种：①Aspect；②Colormap；③Hillshade；④NDVI；⑤ShadedRelief；⑥Slope；⑦Statistics；⑧Stretch。

当前的 ArcGIS Server 10 版本，使用这些方法会受到一些限制。例如，Stretch 只能应用于多波段影像数据，针对单波段的 dem 数据就不起作用。

Feature 服务是通过 Web 发布要素信息。客户端可以对 Feature 服务执行查询、编辑的操作。该服务是在 ArcGIS Server 10 新增加的功能，之前版本的 REST API 和 Flex API 都不支持对矢量图层的编辑，Flex API 2.x 版本支持在线编辑矢量图层的功能，正是通过访问 ArcGIS Server 10 版本的 Feature 服务的 REST API 来实现的。编辑要素的系统结构如图 3-11 所示。

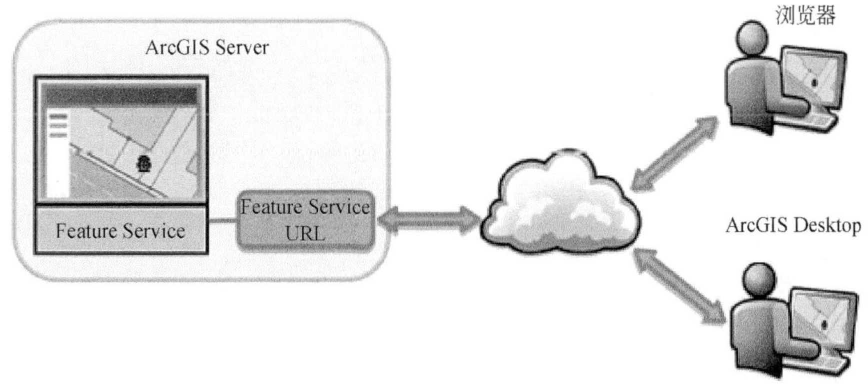

图 3-11　Feature Service 示例

Search 服务和 Feature 服务都是 ArcGIS Server 10 版本新增加的。Search 服务的目的是提供更便捷的地理信息搜索服务，将来可能加入类似于关系数据库的全文检索的功能。该服务在目前的版本还有待于进一步升级和完善。

3.3 发布 GIS 服务

3.2 节中介绍了诸多服务类型，本节主要介绍把 GIS 资源发布为 GIS 服务的具体步骤。

每个服务都需要引用对应的 GIS 资源，所以在发布服务之前，首先需要准备 GIS 资源。例如，地图服务需要 *.mxd 地图文档，Geoprocessing 服务需要 *.tbx 工具箱。这些资源一般都是在 ArcGIS Desktop 中创建。刚刚创建的 GIS 资源，一般都是保存在本地文件系统中，在发布服务之前，这些资源是无法通过客户端应用程序访问的。

用于发布服务的 GIS 资源需要特别注意其存储的位置。GIS 服务要求把引用的 GIS 资源存储在所有 SOC 机器都可以访问的位置。在分布式的部署环境中，每一台 SOC 机器都需要能访问到这些资源。例如，当发布地图服务时，地图文档和文档中用到的所有数据（矢量数据或者栅格数据）都要能被所有的 SOC 机器访问到，否则服务就无法启动，或者启动后无法正常浏览地图。下面以地图服务为例介绍一下不同的存储形式。

当地图文档引用的空间数据都以文件的形式存储时，如地图文档（*.mxd）和空间数据（Shapefile 文件）都存在本地的路径 D:\data 文件夹下面，这时，其他的 SOC 机器是无法访问这些文件的，除非在每台 SOC 机器的 D 盘都创建一个 data 文件夹，然后把地图文档（*.mxd）和空间数据（Shapefile 文件）都复制一份，否则 SOC 机器从 D:\data路径访问数据的时候就会失败。在多台 SOC 机器上复制数据的做法会对性能的提升有很大的帮助，因为多个物理磁盘可以同时运转，分担了磁盘 IO 的负载。

复制多个备份的方法虽然有性能上的优势，但是这种方法作者不推荐在海量的数据集或者频繁更新的数据集场景下应用，这会带来以后数据更新的一系列问题。由此就引出了另外两种方法：ArcSDE 和网络共享（UNC 路径）。

把空间数据存储在 ArcSDE 中，客户端访问的方式就类似于远程访问 Oracle 或者 SQL Server 等关系型数据库，只要有数据库所在主机 IP 地址，数据库的用户名、密码就可以访问成功。访问 ArcSDE 的参数要求如图 3-12 所示，这些配置参数是可以保存在 *. mxd 文档中的，对于每台 SOC 机器而言，只要能访问到 *. mxd 文档就可以成功访问到 ArcSDE 中的数据，这种方法的应用最为常见。

Windows 操作系统提供了在局域网内共享文件夹的功能，空间数据也可以通过这种方式共享出来，每台 SOC 机器都用网络共享地址（\\192. 168. 1. 100 \data）访问文件，如图 3-13 所示，这样既可以满足数据只存储一次，又满足被所有的 SOC 机器访问的要求。

发布 GIS 服务需要借助于 ArcCatalog、ArcMap 和 ArcGIS Server Manager 等客户端软件。这里主要介绍如何使用 ArcCatalog 来发布服务，发布服务之前，需要首先以管理员身份（agsadmin）连接 GIS Server。

方法一：Publish to ArcGIS Server

在 Catalog 树节点中，找到待发布的资源，右键点击这些资源，在环境菜单中点击“Publish to ArcGIS Server”，跟随发布服务向导操作完成，如图 3-14 所示。

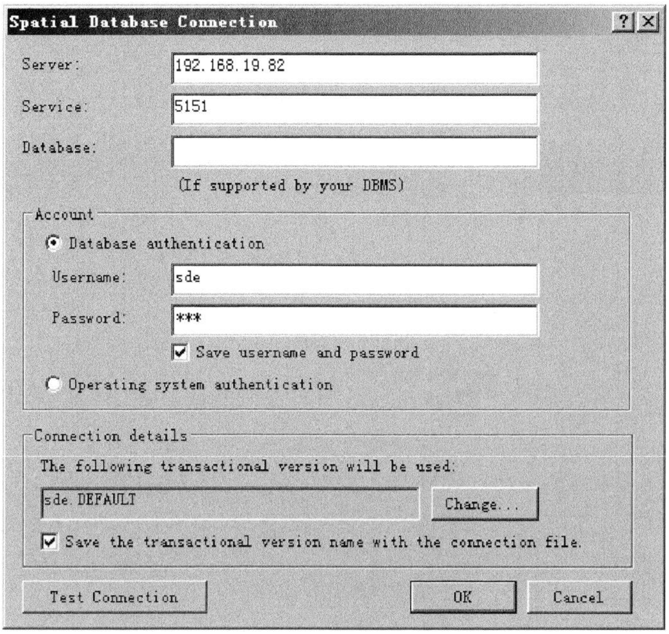

Spatial Database Connection
Server:
192.168.19.82
Service:
5151
Database:
(If supported by your DBMS)
Account
Database authentication
Username:
sde
Password:
***
Save username and password
Operating system authentication
Connection details
The following transactional version will be used:
sde.DEFAULT
Change...
Save the transactional version name with the connection file.
Test Connection
OK
Cancel

图 3-12　连接 SDE

ArcCatalog - ArcInfo - \\192.168.1.100\data
File Edit View Go Geoprocessing Customize Windows Help
Location: \\192.168.1.100\data
Catalog Tree
Folder Connections
C:\Program Files\Apache Softwa
\\192.168.1.100\data
Toolboxes
Database Servers
Database Connections
GIS Servers
Contents Preview Description
The selection cannot be previewed.
Preview:

图 3-13　网络共享数据

CHP04
building.mxd
Soil.1
CHP05
CHP06
CHP07
CHP08
CHP09
chp4-chp5
data
Database
Copy Ctrl+C
Delete
Rename F2
Set Data Source(s)...
Publish to ArcGIS Server...
Properties...

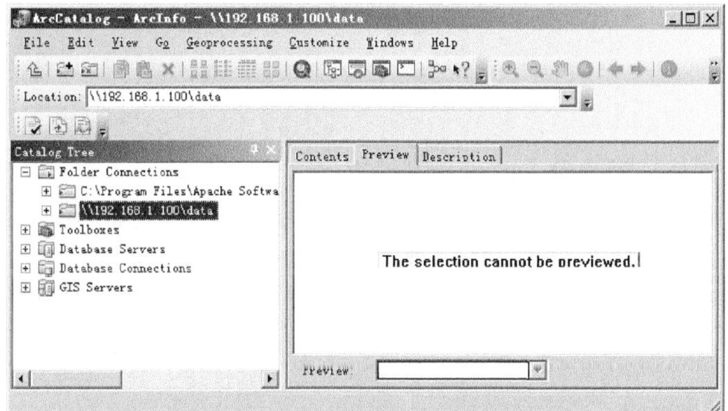

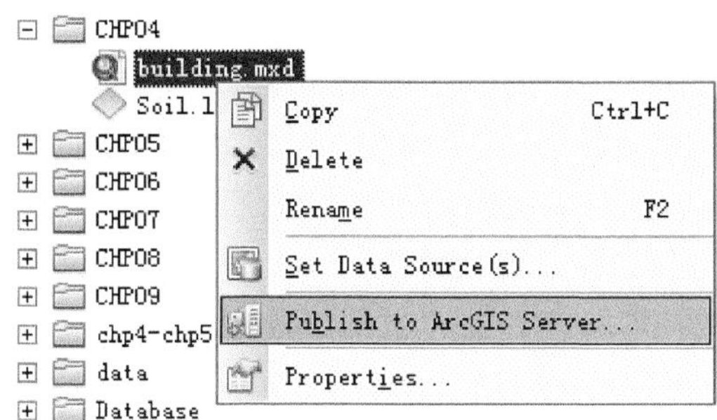

图 3-14　发布地图服务

方法二：Add New Service

在 Catalog 树节点中，找到 GIS Server 的管理员连接，右键点击，在环境菜单中点击“Add New Service”，跟随发布服务向导操作完成，如图 3-15 所示。此方法相对方法一需要设置的参数较多，不过这些参数，在服务发布以后都可以再次修改，但是服务的配置参数只有在“Stop”的状态下才能修改。

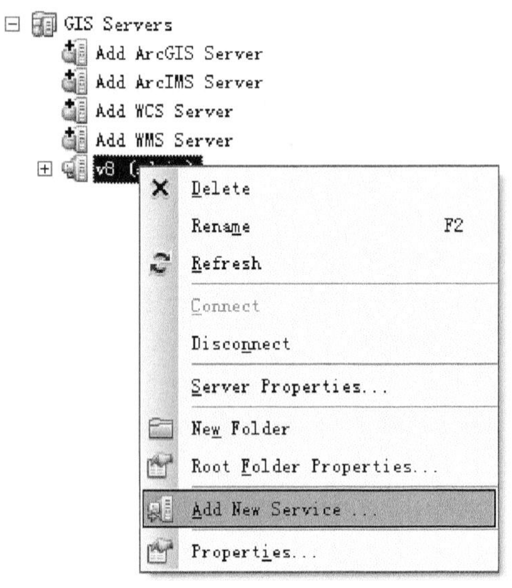

图 3-15　创建新的服务

方法三：鼠标拖动资源到 GIS Server 的连接（Drag-Drop）

该方法是发布服务最快捷的办法，不用设置任何参数，只需要一个拖放操作就可以完成服务的发布，服务的参数均采用默认值。

3.4　数据访问权限

我们开机登录 Windows 操作系统时，所输入的用户名和密码赋予了我们访问所有文件和文件夹的权限，其他人是无法随意访问我们的文件的，除非得到授权。对于 GIS 数据而言也存在访问权限问题。

ArcGIS Server 由 SOM 和 SOC 组成，ArcSOM 进程不会访问数据，ArcSOC 进程需要访问数据，ArcSOC 进程的启动用户是在 Post Install 时指定的，运行以后可以通过任务管理器来查看 ArcSOC 进程的启动用户，如图 3-16 所示，启动用户是“soc”。由此就可以知道，数据的访问权限需要授予 soc 用户。

GIS 资源有可能以两种形式存在，即文件型数据和 ArcSDE 空间数据库。文件型空间数据格式包括 Shapefile、Tif、Img、Coverage、Personal Geodatabase 和 File Geodatabase 等。这类数据的权限是通过操作系统的设置来完成的，需要确保至少 soc 用户对这些数据具有读权限。具体的授权方法下面分两种场景介绍。当 GIS 资源和 SOC 存储在同一

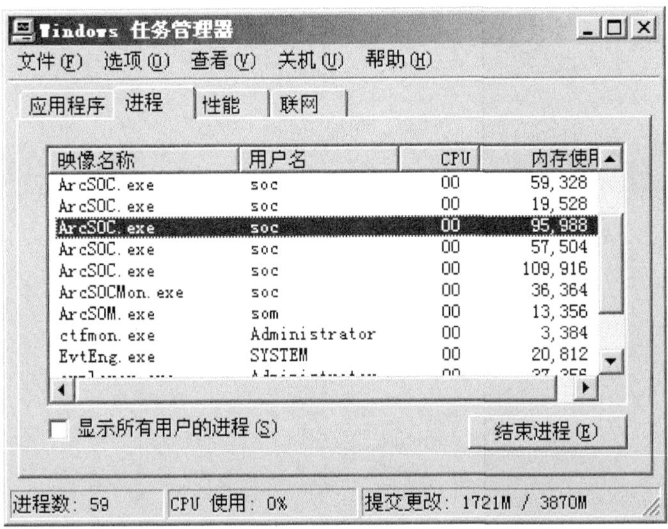

图 3-16　查看 ArcSOC. exe 进程的启动用户

台机器上时，对 GIS 资源所在的文件夹授予 soc 读权限，或者完全控制权限，如图 3-17 所示。当 GIS 资源和 SOC 存储不在同一台机器上时，必须在包含 GIS 资源机器上创建 soc 用户，并且要和 SOC 机器上的用户名、密码保持一致，然后再按照图 3-17 的方法授权。

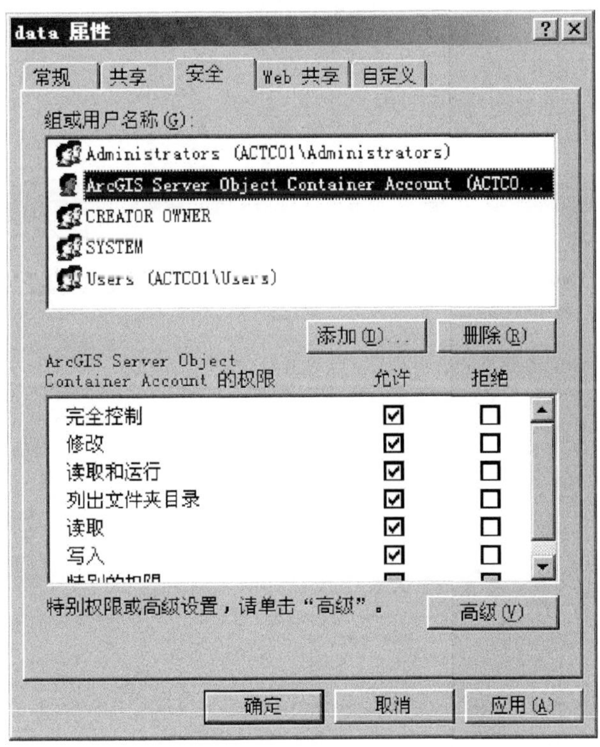

图 3-17　授权 soc 用户读写文件夹的权限

ArcSDE 又分为 Personal SDE 和 Enterprise SDE。如果 Geodatabase 是存储在 SQL Server Express 中，那么就是 Personal SDE，它是采用操作系统的授权方式，具体操作步骤如下。

（1）在“Catalog”树的节点中，双击“Database Servers”。

（2）右键点击包含 Geodatabase 的数据库，在环境菜单中选择“Permissions”（图3-18）。

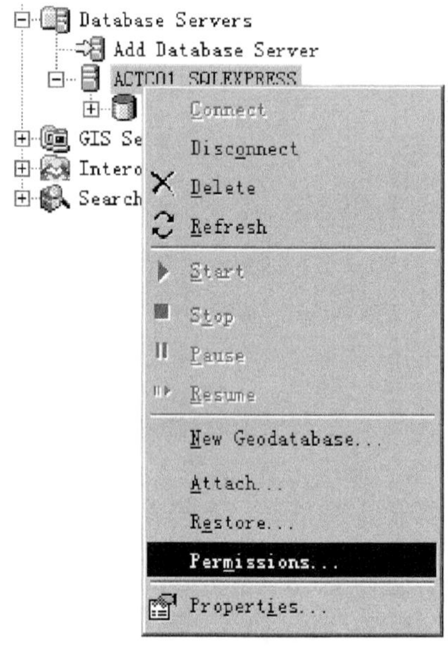

图 3-18　数据库权限控制

（3）点击“Add User”，添加 soc 用户，如图 3-19 所示。

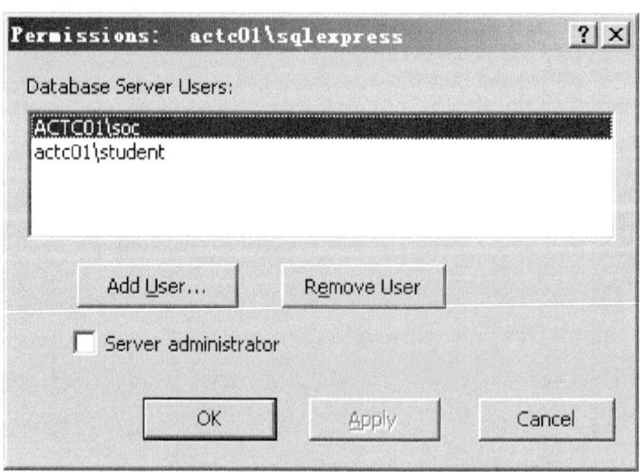

图 3-19　添加 soc 用户

（4）右键点击 Geodatabase，选择“Administration”→“Permissions”，为 soc 用户设置读写权限，如图 3-20 所示。

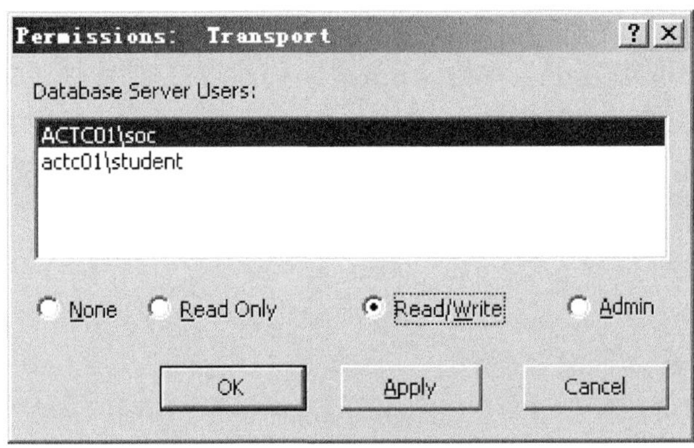

图 3-20　授权 soc 的读写权限

如果 Geodatabase 是存储在大型关系数据库中，如 Oracle、SQL Server、DB2 等，那么就是 Enterprise SDE，它的授权方式一般都是采用数据库自身的安全机制，不需要再单独为 soc 用户授权。

3.5　地图服务

地图服务对应的 GIS 资源是地图文档（.mxd，.pmf，.msd），发布地图服务之前首先需要在 ArcMap 中制作地图文档。这里就不再赘述如何在 ArcMap 中制作 mxd 文档，一旦制作好地图文档，就可以在 ArcCatalog 或者 ArcMap 中发布地图服务，具体步骤可以参考 3.3 节。

msd 文档是从 ArcGIS 9.3.1 版本增加的专门用于发布服务的文档，ArcGIS 用新引入的绘图引擎渲染 msd 文档，相比 mxd 文档可以提供更高的绘图效率。使用 msd 文档发布服务的过程如下。

（1）打开 ArcMap，添加图层数据。

（2）调出 Map Service Publishing 工具栏，如图 3-21所示。

图 3-21　Map Service Publishing 工具栏

（3）点击“Analyze Map”按钮，该工具可以分析当前的地图文档，得到如图 3-22 所示的分析报告。要把当前的地图保存为 msd 文档，必须把

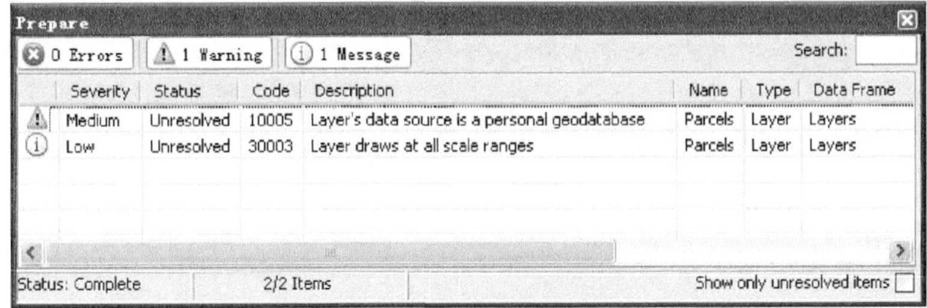

图 3-22　地图文档分析的结果

报告中红色的“Error”修复，如果能把报告中的“Warning”也修复，那么地图渲染的效率会更高。如果不能修复报告中的“Error”，仍然可以使用 mxd 文档发布地图服务，只是地图服务的渲染效率会低一些。

（4）点击“Map Service Definition”按钮，在弹出的“另存为”对话框中，输入 msd 文档的名称，保存。

（5）在 ArcCatalog 或者 ArcMap 的“Catalog”树节点中找到上一步保存的 msd 文档，右键点击“Publish to ArcGIS Server”，跟随向导完成服务的发布。

在 Map Service Publishing 工具栏上，直接点击“Publish to ArcGIS Server”也可以发布地图服务，这时会自动在“C：\arcgisserver\arcgisinput”目录下生成 msd 文档。

在发布服务以后，一旦 mxd 文档发生变化，需要重新生成 msd 文档，并且重启地图服务才能生效。

地图服务可以支持多种功能，具体功能见表 3-2。

表 3-2　mxd 文档发布的地图服务支持的功能

功能名称	作用	备注	msd 服务
Mapping	浏览地图，该功能的使用频率最高	默认功能	支持
WCS	使用地图文档中的栅格数据创建兼容 OGC 的 WCS 服务	地图文档中必须有栅格图层	支持
WFS	使用地图文档中的矢量数据创建兼容 OGC 的 WFS 服务	地图文档中必须有矢量图层，不能包含栅格图层	支持
WMS	提供 OGC 的 WMS 服务	没有特殊要求	支持
Mobile Data Access	把地图文档中的数据提取到移动设备上	没有特殊要求	不支持
KML	生成 KML 文档	没有特殊要求	支持
Geodata Access	支持终端用户在 ArcMap 中执行 replication 和 extraction 操作	要求数据图层来自 geodatabase. 该选项会创建一个和地图服务同名的 Geodata 服务	支持
Geoprocessing	从工具图层（Tool layer）提供执行 Geoprocessing 模型的能力	要求文档中有工具图层。该选项会创建一个和地图服务同名的 Geoprocessing 服务	不支持
Network Analysis	提供交通网络分析功能	要求文档中有 network analysis 图层	不支持
Feature Access	允许用户访问地图中的矢量要素	要求文档中有矢量图层	支持

小提示：

地图服务一般可以为客户端渲染地图、查询要素信息，如果要限制用户只能浏览地图，不能查询要素信息则需要在服务的属性对话框中设置其 Capabilities 标签页中的 Query 复选框。

Web 地图一般会包括一个基础底图和一个专题图。基础底图的内容往往包括道路和建筑等基础地理信息，它提供了一个地理位置的参照和背景。专题图主要是业务图层，也是用户最关注的信息，往往叠加在基础底图之上。基础底图数据一般处于相对稳定的状态，而业务图层则会频繁的更新。长期不变的基础地图一般会使用缓存策略（Cache）来提高服务的响应速度；而业务图层频繁更新，不适合使用缓存策略。关于缓存策略下一节会详细介绍。

对于不能创建缓存的地图服务，性能优化是非常必要的。如下五点需要特别注意。

（1）适当设置图层的可见比例尺，有些图层并不是在所有比例尺下都是有意义的，这时需要在 ArcMap 中设置可见比例尺区间。对于那些非常详细的大比例尺数据，只有在放大到一定级别才能设为可见。

（2）尽可能用 msd 发布服务，因为 msd 的渲染引擎比 mxd 的标准渲染引擎效率更高。

（3）尽可能用简单符号来渲染图层，避免使用多层叠加的符号。

（4）尽可能使用注记（annotation）代替标注（label），标注的绘制需要标注引擎实时计算文本显示的空间位置，这种计算比较耗费硬件资源；而注记的位置是固定的。

（5）尽可能让地图中的所有数据的坐标系保持一致，这样可以避免数据的动态投影。动态投影会增加很大的计算量，降低渲染效率。

小提示：

地图文档中数据框和图层的名字不要包含“空格”和特殊字符，尽量只使用英文字母和数字，因为这些名字有可能会出现在 URL 地址中，有些 Web 服务器可能会解释出错。另外，在创建缓存的时候，也会使用这些名字创建文件夹，为了避免出现不必要的麻烦，最后遵循这一原则。

3.6　池　　化

对象池是分布式应用程序中经常使用的一种技术，是提高对象访问性能的主要手段，其中对象池的大小直接影响程序的性能。ArcGIS Server 中各种类型服务的实例是 GIS 数据和分析功能的载体，这些服务实例的创建和销毁需要较大的性能开销，往往会严重影响服务器的性能。ArcGIS Server 采用了对象池技术来优化 GIS 服务运行的性能。具体到每个服务的使用和管理，可以选择是否使用对象池。

ArcGIS Server 服务池化属性的设置可以在如图 3-23 的界面上完成，默认创建的服务都是启用了池化特性（Pooled）。

对于池化服务的实例，多次客户端的请求会话可能是使用的同一个服务实例对象。当访问池化服务的请求结束以后，服务的实例并不销毁，而是返回到服务对象池中，等待其他请求会话。

对于非池化服务，它的每个实例只为一个会话工作，一旦会话结束就立刻销毁掉，所以非池化服务的实例不能在多个会话之间共享。

不论池化服务还是非池化服务，都有最大实例数和最小实例数约束，在服务刚刚启动的时候，GIS 服务器会按照最小实例数创建服务实例；当客户端程序向 SOM 请求服务的时候，SOM 把这些实例的引用交给客户端使用。如果所有的实例都被占用，GIS 服务

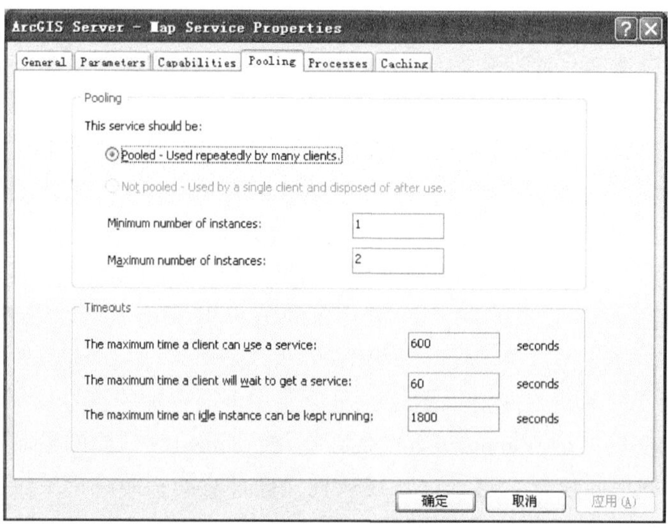

图 3-23　地图服务池化属性设置

器就创建一个新的实例；以后每次请求都是如此，直到最后，创建的服务实例数量达到最大实例数的限制。

1. 池化服务

使用池化服务的客户端，一般占用实例的时间比较短。例如，渲染一张地图图片，或者查询一个要素，在完成请求后，服务实例直接返回到对象池。终端用户可能在整个操作过程中使用了不同的服务实例，因为对于终端用户而言，池化的服务实例是透明的，对象池中的实例都具有相同的状态，所以终端用户在整个过程中不会察觉到使用了不同的服务实例。池化服务的运行模式如图 3-24 所示。也有特殊情况会造成对象池中

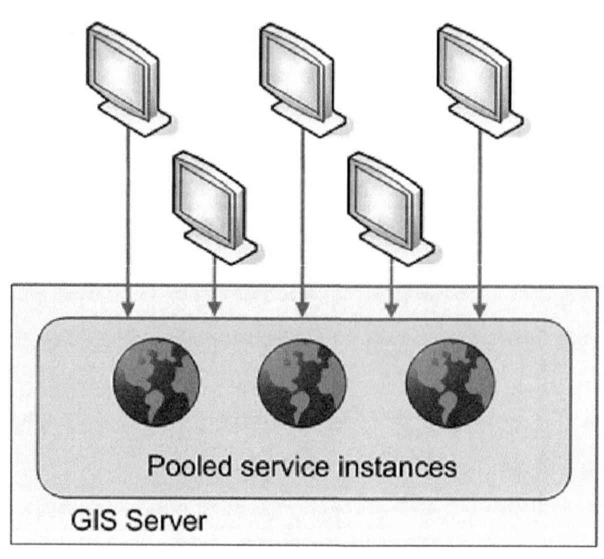

图 3-24　池化服务的运行模式

的实例状态不同的现象，如包含不同的图层、图层的渲染样式不同等状态信息。这种问题往往是因为开发人员编写的 ArcObjects API 代码不规范造成的，所以在使用 ArcObjects API 调用池化服务实例的时候，一定要注意还原对象的状态。例如，在使用过程中隐藏了某个图层，那么在释放实例之前一定要打开这个图层，只有这样才能保证其他请求到来的时候，也能看到正确的地图。池化服务可以使用较少的服务器硬件资源，为更多的客户端服务。归根结底，原因在于节省了每次实例创建和销毁的时间开销。

2. 非池化服务

使用非池化服务的客户端，一般会修改服务实例的状态，如开启、关闭编辑会话等。在会话完成以后，服务实例直接销毁，同时 GIS 服务会创建一个新的实例来补充销毁掉的实例对象。从非池化服务实例的生命周期可以看出，客户端可以任意地更改实例的状态，并且不用担心状态的恢复，因为该实例不会再被其他用户使用。非池化服务的客户端在整个操作过程中使用的是同一个服务器实例，其运行模式如图 3-25 所示。

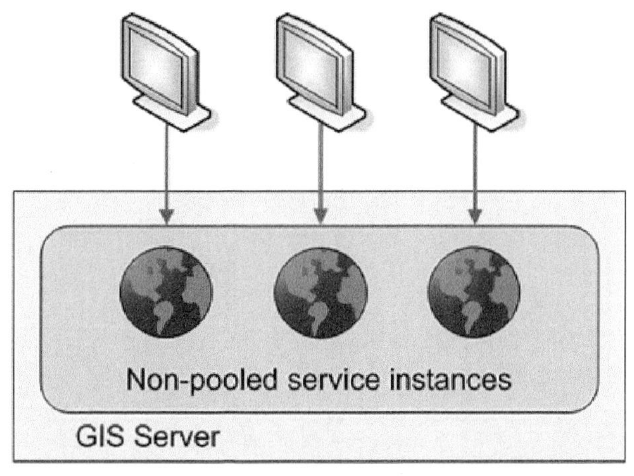

图 3 25　非池化服务的运行模式

小提示：

为了 GIS 服务器能响应更多的并发用户请求，应该尽量避免使用非池化服务。并且，要使用 ArcGIS Server Local 方式连接非池化服务，不能使用 ArcGIS Server Internet 方式。ArcGIS Server Internet 方式一般用于连接池化的服务。

GIS 服务的另一个可配置的特征是孤立性（isolation），如图 3-26 所示。每个服务都设置了最大最小实例数，这些实例运行在 ArcSOC .exe 进程内部。孤立性级别决定了每个实例是独占一个进程，还是与其他实例共享进程。

高孤立性的服务实例独占一个进程，如果实例出现异常导致进程崩溃，那么影响范围仅限于一个实例，如图 3-27 所示。

低孤立性的服务，多个实例共享一个进程，如图 3-28 所示。如果其中一个实例出现异常导致进程崩溃，那么影响范围将是整个进程内的所有实例。低孤立性的服务可以设置每个进程容纳多少个实例，如图 3-29 所示，默认值是 8 个，最大允许值为 256 个。低孤立性服务的优势是可以降低内存开销，负面影响是带来更高的风险，一旦进程崩溃，影响范围较大。

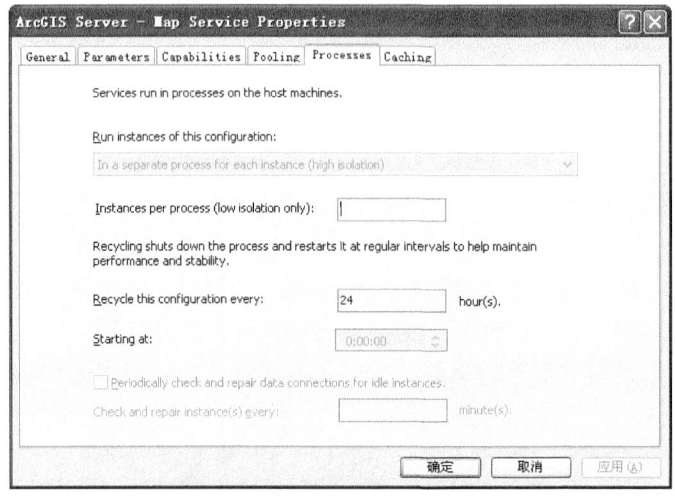

图 3-26　服务的孤立性设置

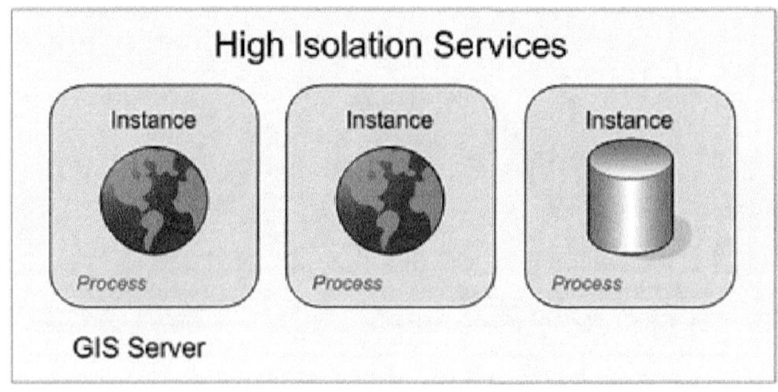

图 3-27　高孤立性服务实例所处的进程之间的关系

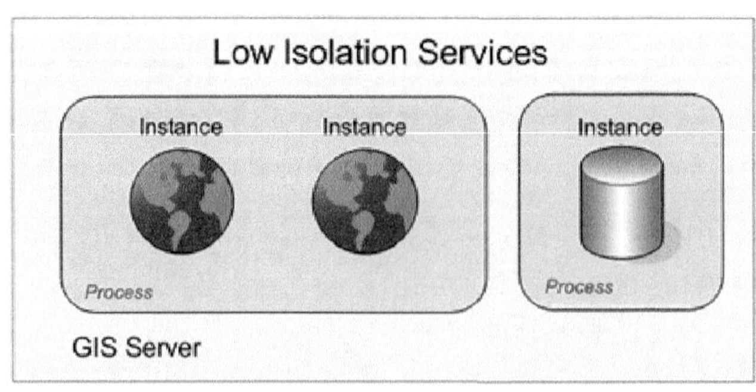

图 3-28　低孤立性服务实例所处的进程之间的关系

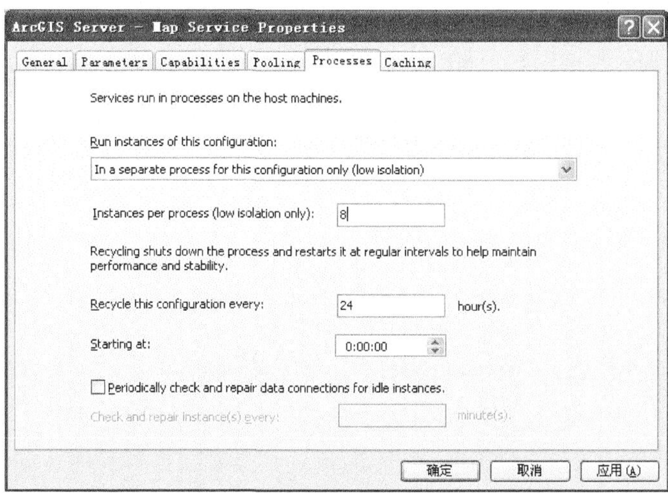

图 3-29　进程包含的低孤立性服务实例个数设置

小提示：

非池化服务实例一般都运行在单独的进程中，所以非池化服务孤立性不用设置。

第4章　地图服务缓存

4.1　地图服务缓存概述

在整个互联网的Web应用程序解决方案中，缓存机制是一个行之有效的提高网站运转性能的手段，HTTP协议本身就从技术细节上支持缓存机制，常见的Web应用也在多个层面上充分利用了缓存机制带来性能提升。缓存机制是一种解决问题的思路，同样也可以应用在地图服务上。

动态地图服务的运转机制如下所述。客户端根据自身需要向服务器发出请求，请求的信息是类似于下面这个URL：

服务器从这个URL中提取出必要的参数信息。例如，请求的地图服务是World，请求的地图范围是从左下角点（x=30，y=23）到右上角（x=120，y=50），那么服务器就按照该参数信息找到World服务对应的地图文档（mxd或者msd），然后读取地图文档中各个图层引用的矢量数据和栅格数据，最终按照文档中配置的各个图层的符号渲染出一张地图图片，并且把该图片返回给客户端。这是动态地图服务的一个请求周期。在这个周期中，服务器需要读取空间数据库，做空间检索、属性查询、重采样、渲染图片等操作，这些过程是每一次客户端的请求都会发生的，如果客户端请求非常频繁，地图服务涉及的数据量又非常庞大，那么服务器承担的负载是非常巨大的，会严重影响应用程序的响应速度。为了解决这个问题，可以引入地图服务缓存的思路，本来动态地图服务需要实时生成的地图图片，那么现在采用提前生成这些图片并且按照一定的结构存储下来，以备后用。这样就可以达到一次渲染多次重复利用的效果，从而节省服务器有限的处理器计算资源。动态地图服务和缓存地图服务的请求响应流程参考图4-1和图4-2。

动态服务创建缓存的过程如图4-3所示。在多个比例尺下，把地图切割成规则的矩形图片，并且按照一定的规律为每个图片文件命名，存放在指定的缓存目录下，缓存目录如图4-4所示。

任何事物都有两面性，地图服务的缓存机制也是一样，它在提高服务响应速度的同时，在其他方面也做出了一些牺牲。其一，地图服务的缓存在创建的过程中会生成大量的地图图片，这些图片文件要占用大量的磁盘空间，并且在系统部署或移植的过程中都要耗费大量的时间去迁移这些小图片文件。数据量稍大的时候，动辄就要耗费十几个小时、甚至几天时间来复制粘贴这些小文件。从这个角度考虑的话，缓存机制其实是采用了以空间换时间的思想，从而间接达到了时空置换的效果。其二，地图服务缓存是提前按照一定的比例尺生成的，在终端用户浏览地图的过程中，就只能在这几个限定的比

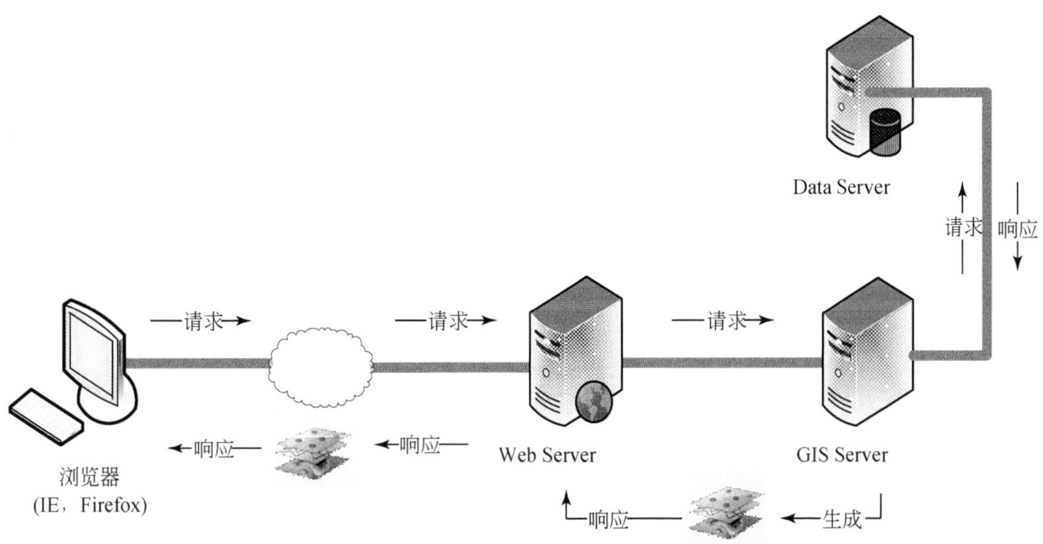

图 4-1　动态地图服务请求处理流程

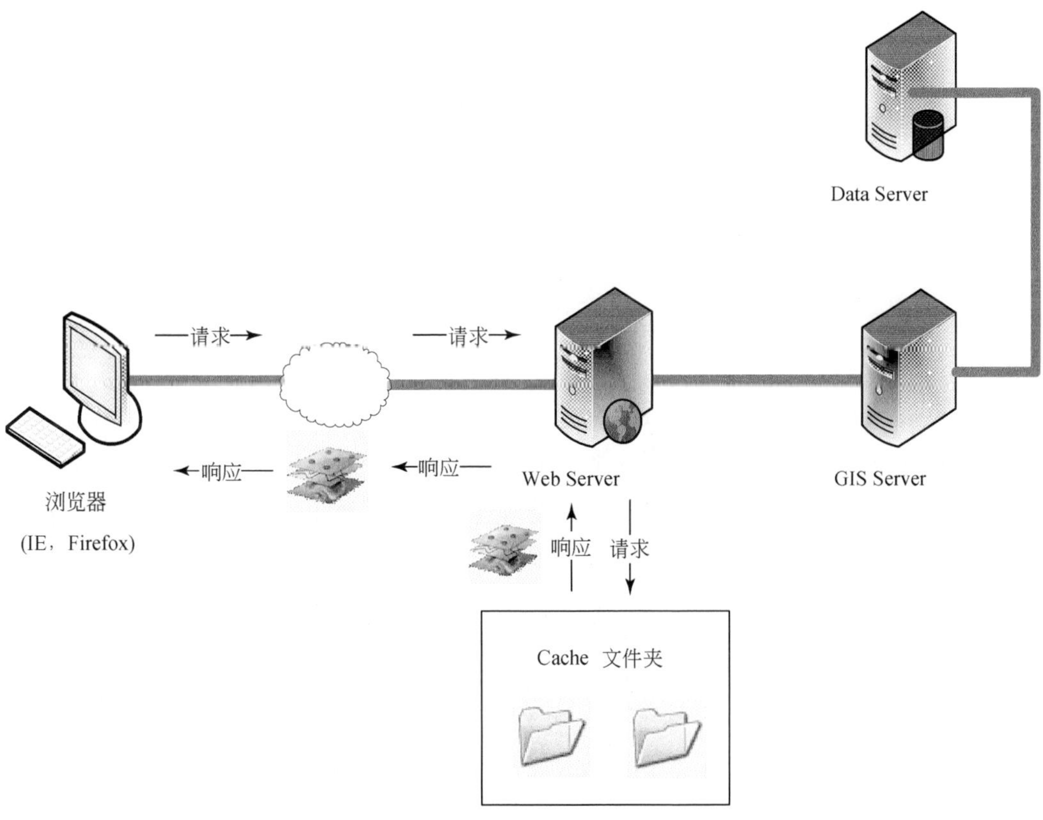

图 4-2　缓存地图服务请求响应流程

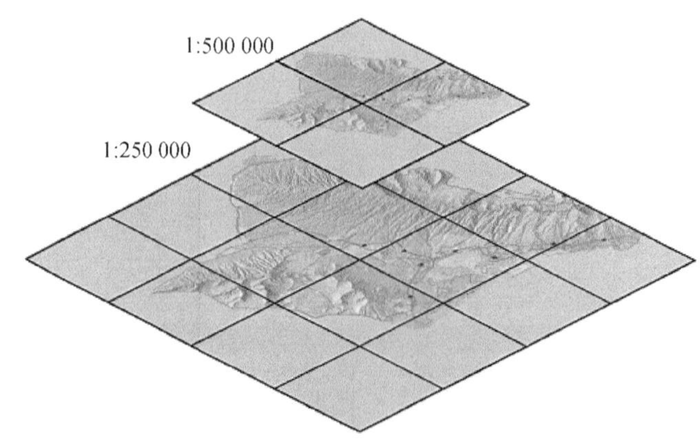

图 4-3　缓存的比例尺级别

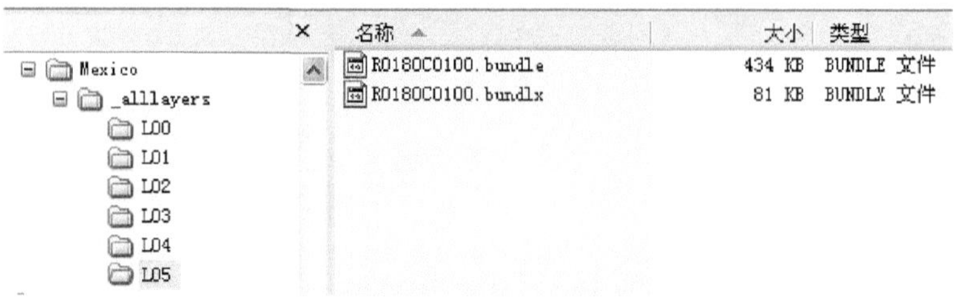

图 4-4　Compact 缓存文件

例尺上浏览地图，无法再像动态服务一样实现无级缩放，从而把电子地图的无级缩放退而求其次，变成了有级缩放。这样的一种平衡也是需要全面考虑的，如果对于一些特殊的情况，必须要求无级缩放地图，那么缓存机制就不可行了。

4.2　缓存的创建

创建地图服务缓存需要借助 ArcCatalog，或者 ArcMap 来完成。首先打开地图服务的缓存属性对话框，打开的步骤如下：第一，在 ArcCatalog 或者 ArcMap 的 Catalog 树节点中，展开 GIS Servers；第二，按照 3.1 节中介绍的方法，建立一个 ArcGIS Server 的管理权限的连接；第三，展开 ArcGIS server 的管理连接，找到地图服务；第四，如果服务没有启动，首先使用右键菜单启动服务，因为 Caching 属性要求必须在地图服务启动的状态下才能设置；第五，右键点击服务，选择“Service Properties”菜单，如图 4-5 所示；第六，点击 Caching 标签，如图 4-6 所示。

图 4-6 是地图服务的属性对话框，Caching 标签包含了创建缓存涉及的参数。地图服务创建成功以后，默认状况下是动态服务（“Dynamically from the data”），即地图是从空间数据（矢量、栅格等）实时生成。把动态服务设置为缓存服务的方法是在图 4-6 的对话框中选择“Using tiles from a cache that you will define below”选项。

创建缓存的过程中需要设置诸多的参数，其中一些参数对于以后的使用会产生较大的影响。这些参数包括：①比例尺（Scales）；②存储格式（Storage Format）；③缓存起

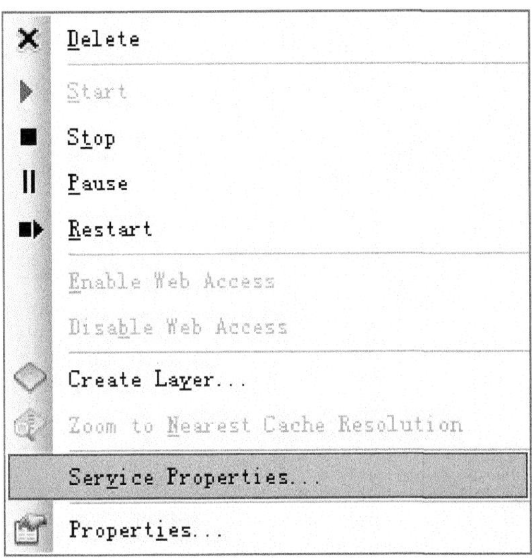

图 4-5　服务的右键菜单

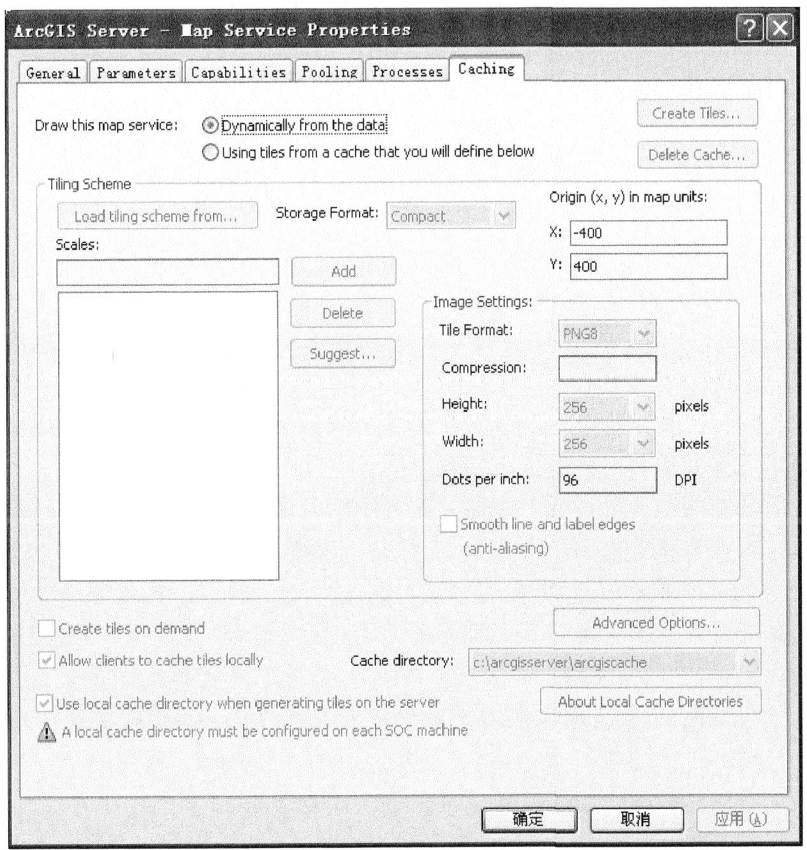

图 4-6　地图服务属性对话框的 Caching 标签

点（Tiling Scheme Origin）；④缓存图片的大小（Height，Width）；⑤图片格式（Image Format）；⑥反锯齿（Antialiasing）；⑦分辨率（DPI）；⑧缓存类型（Cache Type）。

在4.1节中已经介绍过地图服务的缓存可以提高性能，同时也要付出一些代价，其中的一个代价是地图的无级缩放变成了有级缩放。缓存属性中最重要的参数便是比例尺，该比例尺决定了以后用户在客户端浏览地图的时候能看到哪些地图级别，如下面的四级比例尺：1∶100 000、1∶50 000、1∶25 000 和 1∶10 000。

一旦按照这四个比例尺创建缓存，以后的地图浏览只能在这四个比例尺中选择，无法查看这四个比例尺之间的任何级别，如 1∶80 000、1∶40 000 等比例尺都是无法浏览的。创建缓存之前比例尺的设计是非常重要的，需要考虑到的影响因素很多，如地图综合、是否和其他服务叠加。在制作地图的过程中，会涉及图层的文字标注、图层的可见比例尺范围、小比例尺数据和大比例尺数据的显示比例尺区间设置（如国界线、县界等数据），比例尺的设计要尽量接近用户最常使用的比例尺，能够合理的把各个级别中关键的信息都显示出来。如果当前的服务要和其他服务叠加，那么就要和其他服务的缓存级别保持一致，这样才能准确的叠加在一起。另外，缓存级别越多，生成的图片数量越多，占用的磁盘空间越多，生成缓存耗费的时间越多。需要根据地图服务的范围，数据量的多少，合理的设计比例尺的级数，一般不要超过 20 级。对于普通的企业应用，如果地图跨越全国范围，那么最多 18 级；省级范围的地图最多 15 级就可以覆盖到很详细的程度。建议两个比例尺之间的差距是 2 倍左右。

存储格式（Storage Format）的选项是在 ArcGIS Server 10 中引入的。在 9.x 版本的使用过程中，缓存存储格式的问题已经暴露出来，缓存的创建速度和迁移速度因为大量小图片的存在导致无比缓慢。目前可以选择的存储格式有两种。

（1）Compact：即打包格式。创建缓存的效率和移植效率更高，占用磁盘空间更少。缓存目录中的文件扩展名是 .bundle，每个 bundle 文件最多可以包含 16 384（128 * 128）个地图图片，bundle 文件都由对应的 bundlx 文件来记录瓦片的索引信息。推荐使用 Compact 格式。

（2）Exploded：即分散格式。每一个瓦片（tile）单独存储为一个文件，缓存图片的结构清晰可见，但是会占用更大的磁盘空间。

在缓存需要在两个文件夹或者机器之间复制的时候，如果缓存文件较少，可以直接使用 Windows 操作系统提供的“复制”、“粘贴”菜单。当缓存文件数量非常大时，使用“复制”菜单就不再是一个明智的方法，因为对于 Windows 操作系统来说，复制大量的小文件是非常耗时的一个过程，而且很容易导致硬盘出现坏道，损伤计算机硬件；这时建议使用 xcopy 命令，xcopy 命令可以把一个目录下的所有文件及子目录都复制到另一个目录下。下面的命令即为把网络映射磁盘上的 USA 目录复制到本地的 C 盘目录下：

```
xcopy Z:\cache\World C:\arcgisserver\arcgiscache\World /s /e
```

缓存起点（Tiling scheme origin）是瓦片格网的左上角点坐标，如图 4-7 所示，该点的右下方区域会被创建缓存，其左上方区域不会创建缓存，所以该点右下方需要能够覆盖所有的地图区域。另外，如果涉及多个缓存的地图服务叠加，每个缓存的起点要保持一致，否则就不能准确的叠加在一起。创建缓存时系统会生成一个默认的起点坐标，大多数情况下使用该默认值即可。

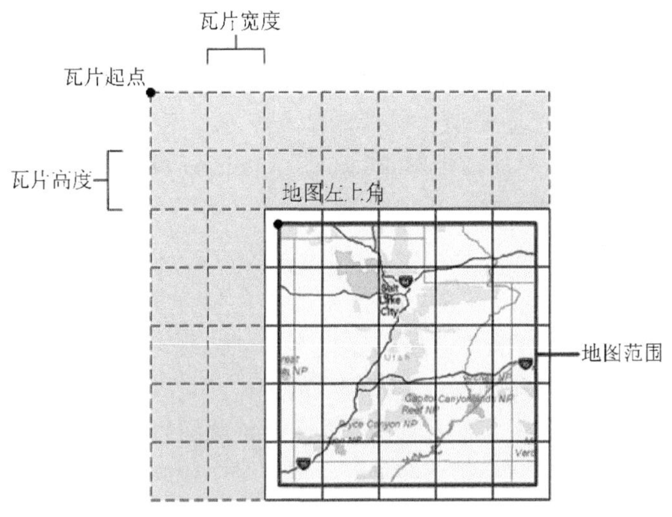

图 4-7　缓存创建时需要的参数

缓存图片的大小默认值是 256 * 256 像素，其宽度和高度可以是 2 的 n 次幂，一般推荐使用 128、256 或者 512。如果涉及和其他缓存的叠加，那么所有缓存图片的大小保持一致。

缓存图片格式有多个选择，不同的格式会导致瓦片文件的大小、图像质量等方面的差异。默认的格式是 png8，可选的格式包括以下五种。

（1）png8：支持背景透明，最多支持 256 个颜色。影像、山体阴影图、半透明、反锯齿等都很容易使颜色数超出 256，所以不太适合用 png8。

（2）png24：支持背景透明，支持超过 256 个颜色，但是 IE6 及更早的 IE 版本不支持 png24。

（3）png32：支持背景透明，支持超过 256 个颜色，比较适应于启用了反锯齿的 msd 地图服务，比 png24 占用更大的磁盘空间，但是在所有的浏览器下都支持。

（4）jpeg：有损压缩格式，不支持背景透明，适用于作为底图使用的服务，占用的磁盘空间最小。

（5）mixed：png32 和 jpeg 混合格式；在创建缓存的过程中，如果检测到图片存在背景透明的部分，那么使用 png32，否则使用 jpeg。

反锯齿是一种图像处理技术。在渲染图片时，反锯齿可以使线和文字的边缘看起来更平滑，达到更好的视觉效果，同时反锯齿处理也会额外增加一些计算量。如果要达到最佳的图像质量和性能，推荐使用 msd 发布服务，启用反锯齿，配合使用 png32 图像格式。

DPI 是每英寸包含的点数，默认值为 96，大多数情况下都可以满足需要。

缓存的类型分两种：Fused 和 Multilayer。Fused 缓存在一个地图图片中包含了所有的图层，即在使用时所有的图层只能同时打开或同时关闭，无法单独控制一个图层的可见性。相反，Multilayer 缓存为每一个图层都单独生成一张图片，当客户端查看地图时，必须下载多个图层对应的图片，并且把这些图片上下叠加在一起显示。需要特别注意的是基于 msd 的地图服务只支持 Fused 缓存，不支持 Multilayer 缓存。

小提示：

由于 jpeg 格式不支持背景透明，所以一旦选择 jpeg 作为缓存的图片格式，那么缓存类型就只能选择 Fused，不能选择 Multilayer，Multilayer 缓存要求多个图层叠加，不支持背景透明的图片就无法叠加在一起显示多个图层。

根据以上各个参数的作用，在图 4-8 的对话框中，设置必要的参数，然后点击“Create Tiles”按钮，进入到“Manage Map Server Cache Tiles”对话框，如图 4-9 所示，接受默认参数设置，点击“OK”开始创建缓存。创建缓存的时间长短取决于多方面，如地理范围的大小、数据的详细程度、比例尺的多少、是否启用反锯齿以及缓存的类型等诸多方面。实际应用过程中，经常会出现服务器连续运行几天时间甚至几个星期创建缓存。这些海量的缓存文件在移植或转移时，仍然是个很大的问题。

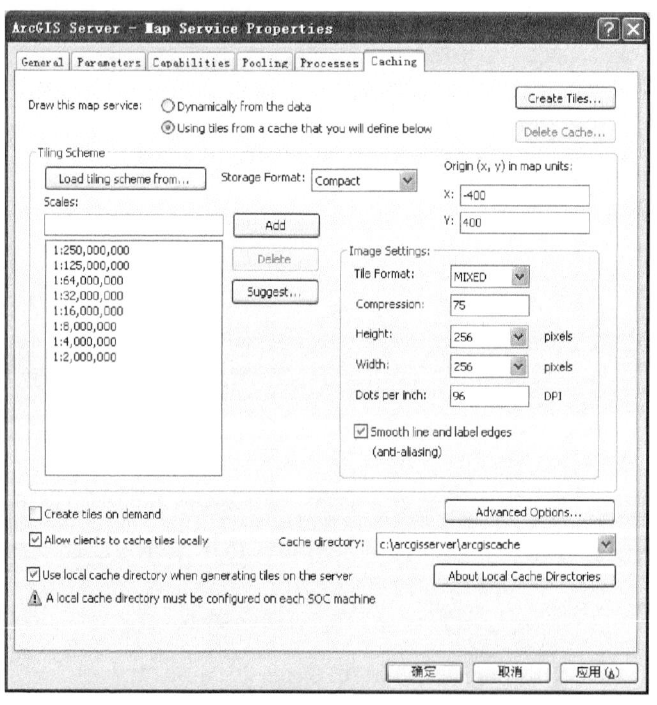

图 4-8　地图服务属性对话框中缓存的参数设置

地图服务和缓存的匹配是通过服务名称和地图数据框的名称来完成的。在地图服务被删除，又重新创建以后，如果服务名称和数据框的名称没有改变，那么会自动识别出原来的缓存。如果名称发生变化，则需要修改缓存文件夹的名称来匹配新的服务，这样仍然可以识别原来的缓存。

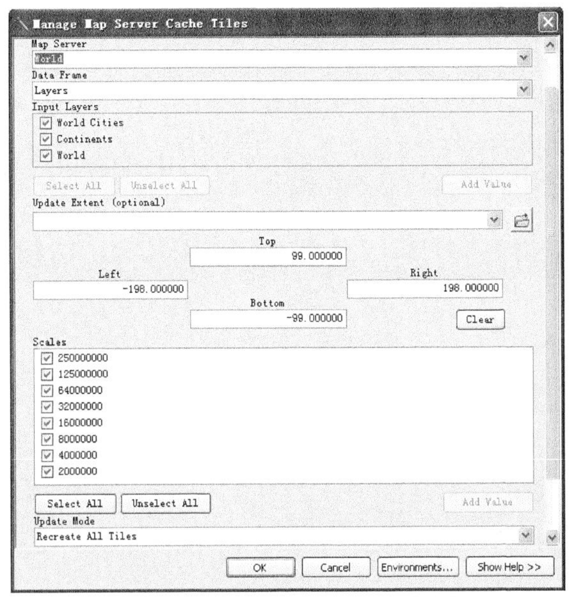

图 4-9　生成缓存的工具

4.3　缓存的更新与删除

为地图服务创建缓存以后，就相当于为地图创建了一个快照，这个快照反映的是创建缓存那一时刻的地图状态。一旦数据更新以后，缓存必须及时更新才能反映最新的数据状态，否则看到的就是过时的地图。

更新缓存可以重新创建所有的瓦片，或者部分瓦片。更新缓存的工具和创建缓存的工具一样，都是“Manage Map Server Cache Tiles”。在地图服务属性对话框的 Caching 标签，点击“Update Tiles”按钮，在弹出的如图 4-10 所示的对话框中，选择“Update

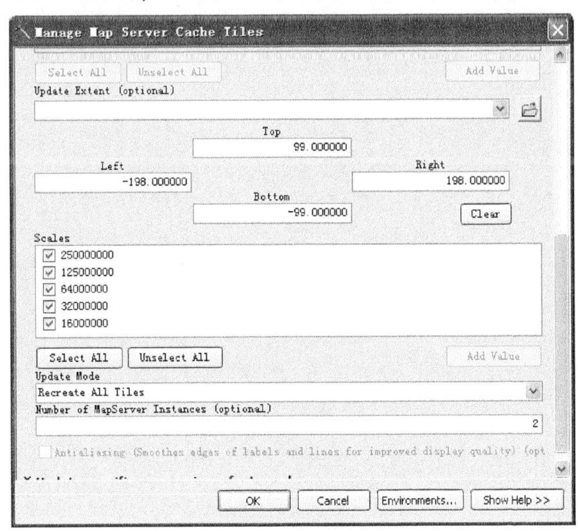

图 4-10　更新缓存的工具

Mode”为“Recreate All Tiles”。如果数据只发生在局部区域，那么可以修改“Update Extent”坐标范围，尽可能缩小重新创建缓存的数据量；也可以选择只更新某几个比例尺的瓦片数据。

删除缓存也是在地图服务的属性对话框中完成的，点击“Delete Cache”按钮，弹出图 4-11 所示的对话框“Delete Map Server Cache”，点击“OK”即可。

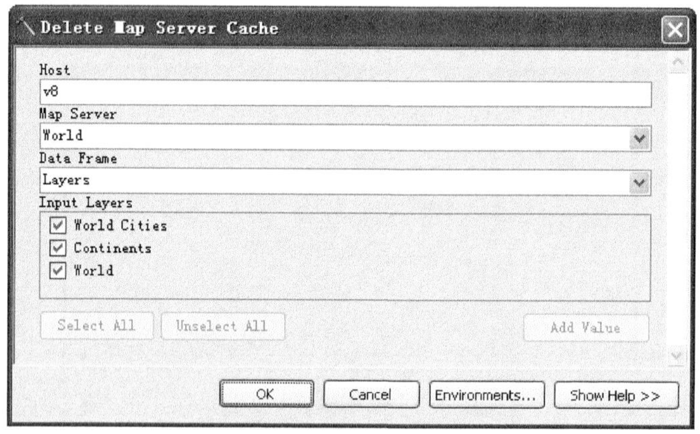

图 4-11　删除缓存工具

第 5 章　ArcGIS Server REST API 介绍

5.1　REST　概　述

REST 全称是 Representational State Transfer，比较多的中文译法为：“表象化状态转变”，这里作者建议翻译为“资源表现形式的转变”。REST 是 Roy Fielding 博士 2000 年在他的博士论文中提出来的一种软件架构风格。目前在主流的 Web 服务实现方案中，REST 模式的 Web 服务与复杂的 SOAP 和 XML-RPC 对比来看，前者显得更加简洁，越来越多的 Web 服务开始采用 REST 架构风格。例如，Amazon. com 提供接近 REST 风格的 Web 服务进行图书查找；雅虎也提供了 REST 风格的 Web 服务接口。

REST 架构风格把网络上分布的各种数据看作资源，分布在各处的资源由 URI 来标识，而客户端应用通过 URI 来获取资源的表现形式，同一个资源可以有多种表现形式，具体的表现形式通过在 URI 请求中加入限定参数来描述。获得这些资源的表现形式后，驱动这些客户端应用程序转变其状态。随着多次获取资源的表现形式，客户端应用不断地在多种状态下转变，具体的系统架构层次如图 5-1 所示。需要注意的是，REST 是一种设计风格而不是一个标准。REST 架构的应用通常基于 HTTP、URI、XML 以及 HTML 这些现有的的协议和标准搭建，资源是由 URI 来指定。对资源的操作包括获取、创建、修改和删除资源，这些操作正好对应 HTTP 协议提供的 GET、POST、PUT 和 DELETE 方法。通过操作资源的表现形式来操作资源。

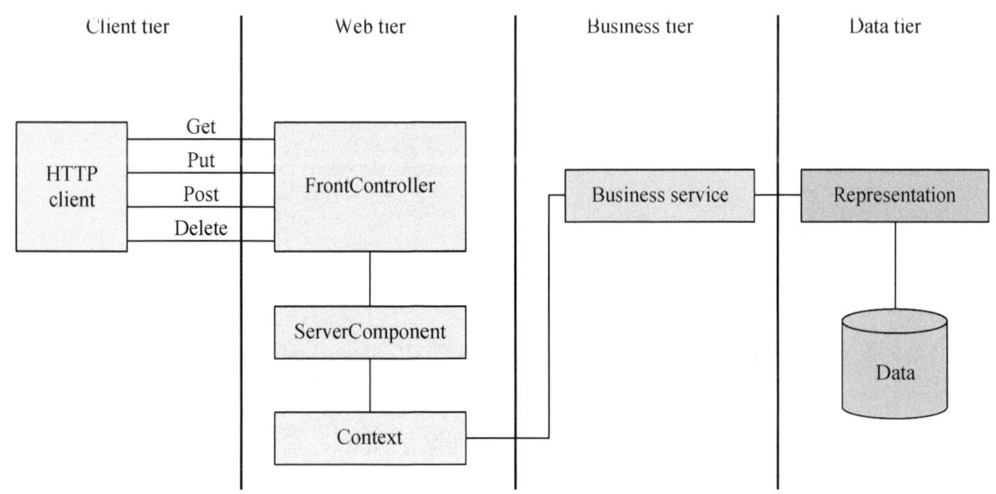

图 5-1　架构风格的系统层次关系

REST 架构的一个特点是通信的无状态性，这也是由于 REST 架构的应用是基于无状态的 HTTP 协议通信的，连接协议无状态并不能表示应用程序无状态。连接的无状态性要求每次经过无状态的连接协议传送的信息必须包含应用中所有的状态信息，这样才能保证客户端应用的状态能在与服务器端的多次交互中延续下来。

REST API 的访问方式非常简单，可以在任何支持 HTTP 协议的客户端中访问。例如，可以在浏览器的地址栏中输入如下地址：

http://sampleserver1. arcgisonline. com/ArcGIS/rest/services/Specialty/ESRI_StateCity-Highway_USA/MapServer/0?f = pjson

可以得到服务器端返回的 json 格式的结果数据如下：

json 格式的图层 REST 节点信息


```
{
  "id" : 0,
  "name" : "ushigh",
  "type" : "Feature Layer",
  "geometryType" : "esriGeometryPolyline",
  "description" : "This service provides census information for U. S. cities and states including total population, racial counts, and more. It also includes highways. \n",
  "definitionExpression" : "",
  "copyrightText" : "(c) ESRI and its data partners",
  "minScale" : 0,
  "maxScale" : 0,
  "extent" : {
    "xmin" : -158. 204086303711,
    "ymin" : 19. 0670623779298,
    "xmax" : -67. 0972431225637,
    "ymax" : 70. 3192330240338,
    "spatialReference" : {
      "wkid" : 4326
    }
  },
  "displayField" : "TYPE",
  "fields" : [
    {"name" : "OBJECTID", "type" : "esriFieldTypeOID", "alias" : "OBJECTID"},
    {"name" : "Shape", "type" : "esriFieldTypeGeometry", "alias" : "Shape"},
    {"name" : "ROUTE", "type" : "esriFieldTypeString", "alias" : "ROUTE"},
    {"name" : "Shape _ Length", "type" : "esriFieldTypeDouble", "alias" : "Shape _ Length"}
  ],
```

```
  "parentLayer" : null,
  "subLayers" : [ ]
}
```

5.2　ArcGIS Server REST API 概述

ArcGIS Server 自从 9.3 版本开始提供 REST API，客户端可以通过 REST API 访问服务器上发布的 GIS 服务，查看服务器端 REST API 的地址如下，其中 192.168.1.101 是 Web 服务器的地址：

http://192.168.1.101/ArcGIS/rest/services

把上面的 URL 地址在浏览器中输入，得到如图 5-2 所示的 html 结果，该页面列出了服务器端所有可用的 GIS 服务，开发过程中经常可以使用该页面查看具体服务的元数据信息。

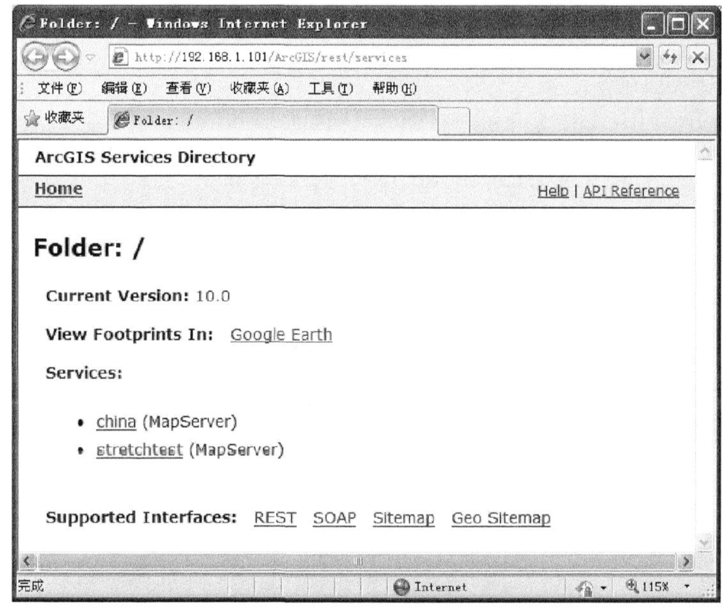

图 5-2　REST 接口的目录列表

Web 服务器会对这些 GIS 服务的元数据信息生成缓存（cache），导致在新建、删除、启动、停止服务后，该页面不能及时地体现最新的状态，这时需要使用 REST API 的管理界面清除缓存功能，管理界面的地址是：

http:// 192.168.1.101/ArcGIS/rest/admin

履行管理职责，需要提供管理员（agsadmin 用户组成员）的用户名密码，如图 5-3 所示，该管理界面可以提供“Clear Cache”和“Generate Token”的功能，“Clear Cache”功能是用来清除 Web 服务器对 GIS 服务的缓存，而“Generate Token”是用于生成一个具有使用期限的密码，如果在 HTTP 客户端（如浏览器或 Flex 程序）中通过使用

"Clear Cache"的 REST API 清除 Web 端的缓存，需要提供该密码才能成功清除。

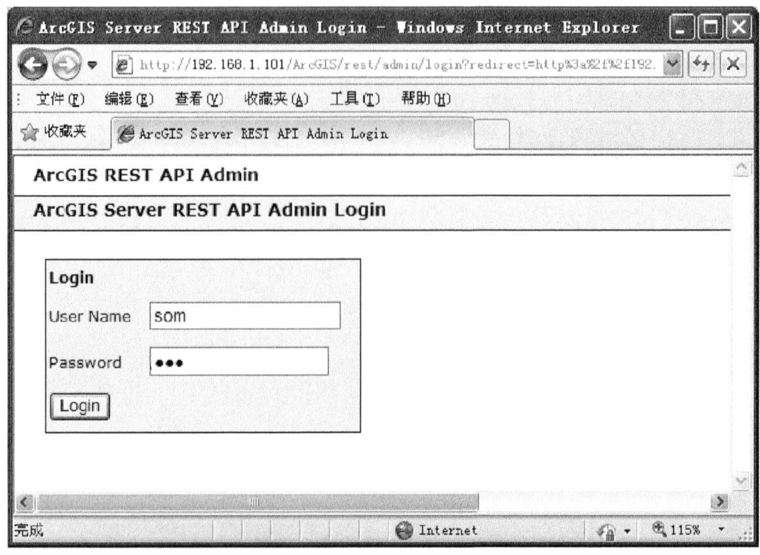

图 5-3　REST 服务的管理入口

生成安全密钥的 REST API 是：

http:// 192. 168. 1. 101/ArcGIS/rest/admin/generateToken

该 API 还需要提供几个参数才能正确返回结果，如表 5-1 所示。

表 5-1　生成安全密钥所需的参数

参数名	说明
f	指定服务器返回结果的格式。默认的格式是 html。可选项有：html、json
username	用户名，该用户必须隶属于 agsadmin 用户组
password	用户名对应的密码
client	指定使用安全密钥的客户端，该参数的可选项有：referer，ip，requestip 如果参数指定为 ip，那么 ip 参数必须在请求中指定 如果参数指定为 requestip，那么生成的安全密钥只能用于发出请求的客户端 如果参数指定为 referer，那么 referer 参数必须在请求中指定 该参数的默认值是 referer
referer	如果 client 参数值设置为 referer，那么该参数必须指定。该参数指的是发起这个请求的 URL
ip	指定发起请求的 ip 地址
expiration	指定生成的安全密钥的有效期限，单位是分钟。默认的有效期限是 60 分钟。可以指定的最大期限是 1 年，即 525 600 分钟

下面是一个申请安全密钥的参数设置示例：

http://192. 168. 1. 101/arcgis/rest/admin/generateToken?username =som&password = som&expiration = 43200&client = requestip&f = json

由上面地址可以看出使用了如下参数值：

username：som
password：som
client：requestip
expiration：43200
f：json

把上面的地址在浏览器地址栏输入，回车后可以得到类似下面的响应结果：

```
{
"token":"fAr8gR197Ypzi5LGu1TM1P4r8Y-6slftQT5hlMs1wOVBuZeRUcWGfWzb1mjjpdiQ",
"expires":1300686305141
}
```

在得到安全密钥（token）后，就可以使用清除缓存（clear cache）的 API：

http://192.168.1.101/arcgis/rest/admin/cache/clear?token=fAr8gR197Ypzi5LGu1TM1P4r8Y-6slftQT5hlMs1wOVBuZeRUcWGfWzb1mjjpdiQ&f=json

服务器返回的响应如下：

```
{
"success": true
}
```

ArcGIS Server 10 为 GIS 服务提供的 REST API 有如下 10 种：①地图服务 REST API；②地址编码服务 REST API；③GP 服务 REST API；④Geometry 服务 REST API；⑤Image 服务 REST API；⑥交通网络服务 REST API；⑦矢量要素服务（Feature Service）REST API；⑧GeoData 服务 REST API；⑨Globe 服务 REST API；⑩Mobile 服务 REST API。

之所以能用客户端 API（Flex API、Silverlight API 等）开发出 Web 地图应用，是因为服务器端提供了相应的 REST API。所以，这里需要明确的是，服务器端的这些 REST API 是基础，没有了这些服务器端的 REST API，客户端 API 就没有意义了。这就像是巧妇难为无米之炊一样，Flex 功能无论多么强大，都是需要依赖于服务器提供的上面这些 GIS 服务接口的。在这些服务里面，地图服务、Geometry 服务、GP 服务和 Feature 服务是使用频率相对比较高的。

5.3　地图服务的 REST API

地图服务的 REST API 访问地址是：

http://192.168.1.101/arcgis/rest/services/<ServiceName>/MapServer

通过地图服务，可以访问到服务中包含的所有图层信息，这些图层可以是矢量图层，也可以是栅格图层，服务可以是动态服务或者缓存服务。客户端请求动态地图服务时，服务器端每次都要渲染出来一张图片，而缓存的地图服务是直接返回已经生成好的图片，不需要实时渲染地图图片。

从 ArcGIS Server 10 版本开始，地图服务不仅可以发布图层，也可以发布单独的属性表，这是在 10 版本之前的版本中不支持的，也就是说之前版本如果需要对属性表做查询，相对比较复杂，REST API 没有提供直接的方法。

地图服务 REST API 支持的操作包括以下五点。

（1） export：生成一张地图。

（2） identify：根据客户端的鼠标点击，查询得到图层中对应的要素信息。

（3） eind：根据查询关键字，得到图层中满足条件的要素的信息。

（4） generate KML：生成一个 kmz 文件。

（5） map tile：对于缓存的地图服务，返回指定级别、行、列对应的瓦片图片，以文件流的形式直接传给客户端。

export 的访问地址是：

http://192. 168. 1. 101/arcgis/rest/services/ <ServiceName> /MapServer/export

调用 export 需要指定的参数列表 5-2 所示。

表 5-2　地图服务的 export 功能的常用参数

参数名	说明
f	指定服务器端返回结果的格式。可选范围：html、json、image 和 kmz。默认值是 html。如果设置为 image，那么二进制的图片数据流直接返回给客户端
bbox	必填参数。指定请求的地图坐标范围。在 bboxSR 参数没有指定的情况下，bboxSR 的值默认为和地图的空间参考一致 语法：: < xmin >，< ymin >，< xmax >，< ymax > 示例：bbox = -104，35. 6、-94. 32，41
size	指定生成的地图图片的宽、高，单位是像素。如果不指定 size 值，默认是 400 * 400 个像素大小 语法：< width >，< height > 示例：size = 800，600
dpi	指定生成的地图图片的设备分辨率（每英寸距离上能够辨别的点的数量）。如果不指定 dpi 值，默认的 dpi 值是 96。示例：dpi = 200
imageSR	指定生成的地图图片的空间参考。该值可以通过一个数字编号来指定，或者通过一个 json 对象来指定。如果不指定该参数，默认值是和地图的空间参考一致
bboxSR	指定 bbox 参数值所对应的空间参考。如果不指定该参数，默认值是和地图的空间参考一致
format	指定生成的地图图片的格式。可选范围：png、png8、png24、jpg、pdf、bmp、gif、svg、png32。默认值为 png
layerDefs	该参数的作用类似于 ArcMap 里面的 Definition Query，可以通过该参数指定过滤条件，在生成的地图图片中隐藏一些要素 语法：layerId1：layerDef1；layerId2：layerDef2 示例：0：POP2000 > 1 000 000；5：AREA > 100 000 其中条件 POP2000 > 1 000 000 应用于地图服务中的编号为 0 的图层，条件 AREA > 100 000 应用于编号为 5 的图层

续表

参数名	说明
layers	该参数用于设定哪些图层在生成的地图图片中可见，哪些图层隐藏。有 4 种方法来设置该参数。 * show：只有出现在 show 列表中的图层才可见 * hide：出现在 hide 列表中的图层都隐藏，其他图层可见 * include：除了默认要渲染的图层外，在 include 列表中的图层也出现在生成的地图图片中 * exclude：在 exclude 列表中的图层隐藏，其他默认要渲染的图层外可见 语法：[show ｜ hide ｜ include ｜ exclude]：layerId1，layerId2 示例：layers = show：2，4，7
transparent	指定地图图片是否背景透明。可选项有 true 和 false，默认是 false。只有 png 和 gif 格式支持透明，而且 Internet Explorer 6 无法正常显示 png24

根据上面的参数代表的含义，可以构造一个生成地图的地址示例如下：

http://192. 168. 1. 101/ArcGIS/rest/services/china/MapServer/export? bbox = 70. 56, 2. 13, 137. 8,69. 289&f = json

得到的返回结果如下：

json 格式的图层 REST 节点信息


```
{
"href" : "http://192. 168. 1. 101/arcgisoutput/_ ags _ map385d487e4a634513ac7787da0ba48443. png",
"width" : 400,
"height" : 400,
"extent" : {"xmin" : 70. 5664463043213,"ymin" : 2. 08215944384229,"xmax" : 137. 82961845398,"ymax" : 69. 345331593501,"spatialReference" : {}},
"scale" : 0
}
```


地图服务的一个重要子节点是图层或表格（Layer/Table），该子节点支持 query 操作，query 操作可以根据指定的属性条件或者空间条件，在服务器上查询数据库，得到满足条件的数据集。query 操作的主要参数介绍如表 5-3 所示。

表 5-3　图层的 query 功能所需的参数

参数名	说明
f	指定返回结果的数据格式，可选项有 html、json、kmz 和 amf，默认值是 amf 如果 returnIdsOnly 或者 returnCountOnly 任意一个为 true，那么可选项只有 html 和 json
text	查询条件（大小写敏感）。如果图层有显示字段（display field），那么服务器就会把查询条件应用于显示字段上。该参数是查询条件的一个简写方式，类似于： where <displayField> like '% <text> %' 如果在请求中指定了 where 参数，那么 text 参数就会被忽略 示例：text = 北京

续表

参数名	说明
geometry	该参数用于指定空间查询条件
geometryType	指定 geometry 的几何类型，可选项有 esriGeometryPoint、esriGeometryMultipoint、esriGeometryPolyline、esriGeometryPolygon 和 esriGeometryEnvelope，默认值是 esriGeometryEnvelope
inSR	指定 geometry 参数的空间参考
spatialRel	指定空间查询的空间关系。可选项有 esriSpatialRelIntersects、esriSpatialRelContains、esriSpatialRelCrosses、esriSpatialRelEnvelopeIntersects、esriSpatialRelIndexIntersects、esriSpatialRelOverlaps、esriSpatialRelTouches、esriSpatialRelWithin 和 esriSpatialRelRelatio等，默认值是 esriSpatialRelIntersects
where	指定查询的属性条件，类似于 sql 语句中的 where 子句 示例：where = POP2000 > 350 000
outFields	指定返回哪些字段的值，类似于 sql 语句中的 select 后面字段名列表。如果在字段列表中指定了 shape 字段，那么 shape 会被忽略。要返回 shape 信息，需要把参数 returnGeometry 设置为 true。 示例：outFields = AREANAME，ST，POP2000
returnGeometry	指定是否返回几何体信息。可选项有 true 和 false
outSR	指定返回结果集中几何坐标的空间参考信息
returnIdsOnly	指定是否仅返回 id 信息。如果设置为 true，那么服务器返回一个 id 列表，默认值为 false
returnCountOnly	指定该请求是否只返回满足条件的要素个数，默认值是 false。该参数是在 10.0 的 SP1 版本增加的

小提示：

地图服务发布以后，其查询 API 可以返回要素的详细信息，GIS Server 为了防止恶意请求，设置了每次查询请求的最大返回记录数，ArcGIS 10 的默认值是 1000，即不管查询条件是什么，返回的要素个数最多不超过 1000 个。在实际开发的过程中，经常会遇到满足条件的记录个数大于 1000，而返回的个数却始终限制在 1000 个。为了突破 1000 个数的限制，需要找到 C:\Program Files\ArcGIS\Server10.0\server\user\cfg\ <ServiceName>. cfg 文件，修改节点 <MaxRecordCount> 的数值。

5.4 Geometry 服务的 REST API

Geometry 服务的 REST API 访问地址是：

http://192.168.1.101/ArcGIS/rest/services/Geometry/GeometryServer

Geometry 服务提供了一些功能性的方法，可以用于以下多种场景：①缓冲区计算、投影、简化几何体；②计算几何体的面积和长度；③分析几何体之间的空间关系；④计算几何体之间的距离。

Geometry 服务支持的分析和计算功能如下。

（1）Project：投影计算。
（2）Simplify：简化几何体。
（3）Buffer：计算指定距离的缓冲区，如图 5-4 所示。

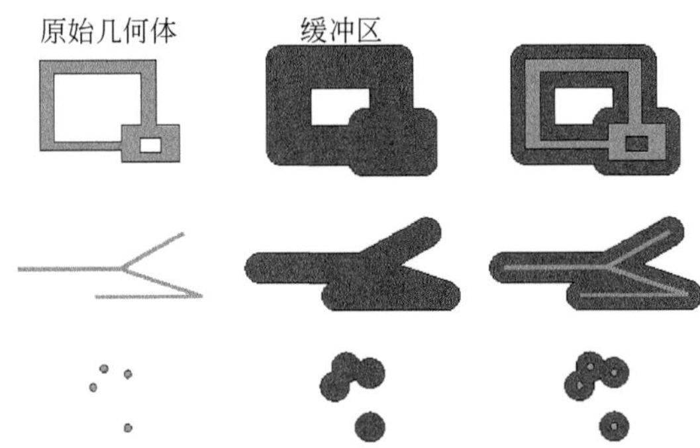

图 5-4　缓冲区分析示意图

（4）Areas and lengths：计算面状几何体的面积和周长。
（5）Lengths：计算线状几何体的长度。
（6）Relation：计算几何体之间是否存在某种空间关系。
（7）Label Points：计算一个面状要素的标注点。
（8）Auto Complete：自动构面。
（9）Convex Hull：计算几何体的凸包，如图 5-5 所示。

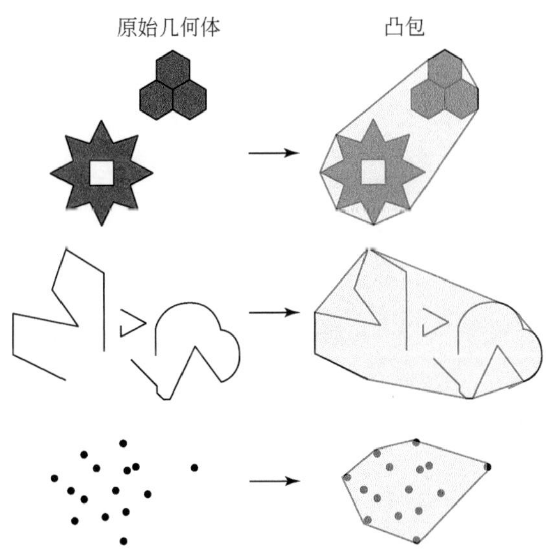

图 5-5　凸包分析示意图

（10）Cut：切割几何体。
（11）Densify：加密几何体的节点。
（12）Difference：计算几何体之间不重合的部分。
（13）Generalize：利用道格拉斯－普克算法重新计算几何体的节点。

（14）Intersect：计算几何体之间重合的部分。

（15）Offset：偏移线状几何体。

（16）Reshape：修改几何体的形状。

（17）Trim/Extend：截断或延长几何体。

（18）Union：合并几何体。

第 6 章　ArcGIS Server Flex API 介绍

6.1　Flex 4 基础介绍

Flex 是 Adobe 公司的一套 Web 应用开发框架，可用于构建具有强表现力的 Web 应用程序，这些应用程序利用 Adobe 公司的 Flash Player 跨浏览器、桌面和操作系统实现一致的部署（董鹏飞和肖娜，2009），到目前为止，最新版本是 Flex 4。

一般的 Flex 程序包含以下内容。

（1）MXML 文件。每个 Flex 应用程序至少包含有一个 MXML 文件。它是该程序的主文件，类似于 C 语言的 main 函数。MXML 是一种标记语言，它是基于 XML 的一种实现，用来创建 Flex 应用程序，可以用 MXML 标签声明程序中用到的组件，控制界面的布局。

（2）ActionScript 代码。为应用程序添加动态行为、事件处理能力，就需要使用 ActionScript。它是基于 ECMAScript 的一种实现，类似于 javascript。ActionScript 代码可以作为一个代码块，直接添加到 MXML 文件中，也可以单独创建 ActionScript 文件，然后将 ActionScript 文件导入到 MXML 文件中。

（3）CSS。Flex 程序的界面外观可以通过设置组件属性（颜色、字体大小等）来改变。例如，按钮组件的 fontSize 属性可以用来控制字体的大小，fontFamily 属性可以用来控制字体的样式。有关组件外观的属性可以通过四种方法来进行设置：主题、在 CSS 文件中设置、在 MXML 文件中的样式块（style）中进行设置、在组件的标签中设置。

（4）资源。与很多其他的应用程序一样，Flex 程序也会用到各种各样的资源，如 jpg 图片、声音文件和字体等。

（5）数据。Flex 程序中的一些组件专门用于数据显示（如 DataGrid、ComboBox 等）。这些数据来自 XML 文件或者数据库。

以上这些内容都是在 Flash Builder 中，编译到 swf 文件中，swf 文件可以运行在客户端的 flash player 中，如图 6-1 所示。

开发 Flex 应用程序的大致步骤如下。

第一，在 Flash Builder 中创建工程。

第二，创建 MXML 主程序。

第三，设计用户界面、控件布局。

第四，使用样式（style）和皮肤（skin）修饰界面视觉效果。

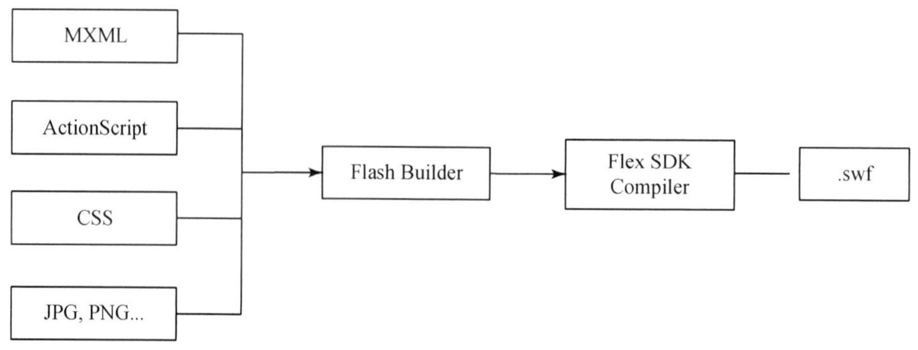

图 6-1　Flex 程序开发过程

第五，编写 ActionScript 代码，处理事件，连接 Web 服务器，获取数据或者提交数据。

第六，将工程编译成 swf 文件。

第七，在 Flash Player 中运行。

下面的示例代码就是一个最简单的 Flex 应用，其编译、运行后效果如图 6-2 所示。

最简单的 Flex 应用代码: chapter06 _ 1. mxml

```
<?xml version="1.0" encoding="utf-8"?>
<s:Application xmlns:fx="http://ns.adobe.com/mxml/2009"
               xmlns:s="library://ns.adobe.com/flex/spark"
               xmlns:mx="library://ns.adobe.com/flex/mx"
               pageTitle="Hello World"
               minWidth="955" minHeight="600">
    <fx:Declarations>
        <!-- Place non-visual elements here -->
    </fx:Declarations>

    <s:Button label="Hello World!" fontSize="18"
               x="200" y="100" height="36"/>
</s:Application>
```

要学习 Flex 应用程序开发，ActionScript 是关键。ActionScript 是动态语言，相对于 C#、Java 等静态语言，它具有更大的灵活性。所谓动态语言，最大的一个特点是，类的成员在编码阶段可以是不确定的，也就是说在运行时可以改变类的成员，这一特点在传递大量参数时显得非常灵活。

ActionScript 可以以代码块的形式出现在 MXML 文件中，代码如下：

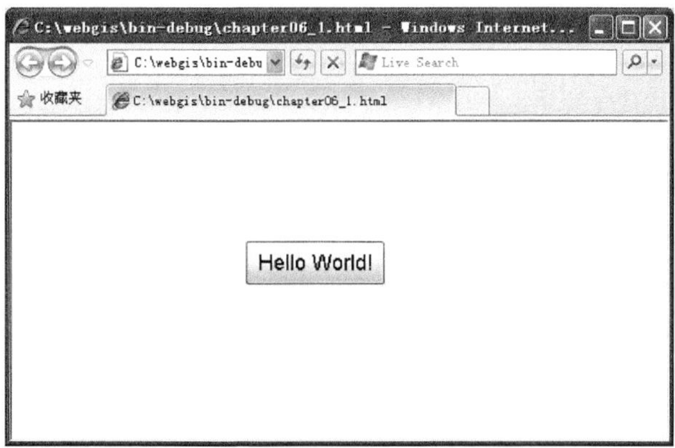

图 6-2　最简单的 Flex 程序

mxml 文件中的 ActionScript 代码: chapter06 _ 1. mxml

```
<fx : Script >
        <! [CDATA[
          import mx. controls. Alert;
          protected function onclick(event : MouseEvent):void
          {
                mx. controls. Alert. show("按钮点击事件被触发");
          }
        ]]>
</fx : Script >
<s : Button label = "Hello World!" fontSize = "18" click = "onclick(event)"
                x = "200" y = "100" height = "36"/ >
```

ActionScript 代码也可以分离出来，以独立文件的形式出现，然后再导入到程序中，代码如下：

```
< fx:Script source = "index. as" / >
```

index. as 文件内容如下：

```
import mx. controls. Alert;
protected function onclick(event:MouseEvent):void
{
    mx. controls. Alert. show (" 按钮点击事件被触发");
}
```

本书之所以把 Flex API 作为 Web 应用开发的重点，是因为与多数 Ajax 的开发技术相比较，Flex 本身具有如下两点明显的优势。

第一，开发效率高：开发环境比较好用，代码智能提示方便高效，调试方便。

第二，客户体验好：界面 UI 漂亮，各种动画效果实现简单方便。

单就 ArcGIS 的 Web 应用开发方式而言，从最早的 ArcGIS Server 9. 0 到 9. 2，主要是使用 ADF 开发 B/S 架构的应用，而 ADF 学习的难度、项目开发的效率都已经给广大开发者留下了深刻的印象；所以在 9. 3 版本发布 REST API 和 Flex API 后，在很短的时间内，大量的 WebGIS 项目都毫不犹豫地转向了 Flex API，尽量远离 ADF，但有些情况下，服务器端仍然是需要 ADF 的支持。总体来看，REST API + Flex API 这种组合的应用开发方式，使得整个系统的前后端层次分明，思路清晰，即使开发过程中出现问题，也可以很快命中 bug 所在的位置。

6. 2　ActionScript 语法介绍

ActionScript 是一种脚本语言，具有面向对象的语言特性，ActionScript 代码由 Flash Player 中内置的虚拟机（AVM）执行。下面简要介绍一下 ActionScript 的一些语法和语言特征。

1. 变量

在 ActionScript 中变量不强制要求预先声明，但是，声明变量是良好的编程习惯，这能够使得变量的生命周期更清晰，明确变量的作用范围。变量声明的示例如下：

```
var count : Number;
```

变量的声明，一般以 var 关键字开头，空格后，紧跟变量的名称，用冒号和变量的数据类型隔开。格式如下：

```
var 变量名 : 数据类型;
```

2. 函数

定义函数的语法需要使用 function 关键字，示例如下：

```
private function doQuery(sql:String, name:String):void
{
……
}
```

其中 private 指定该函数的可见范围，private 约束该函数只在类的内部可见，public 关键字定义的函数在类的外部也可以调用。doQuery 是函数的名称，sql 和 name 为函数的两个参数，参数的定义是：参数名称在前，数据类型在后，中间用冒号隔开，最后 void 指定函数执行完成后的返回值类型。

调用函数可通过使用函数名称后跟小括号运算符( )来实现。要传递给函数的任何参数都括在小括号中。如果要调用没有参数的函数，则必须使用一对空的小括号，该语法和 C ++，C#，Java 等类似。

ActionScript 3 支持为函数的参数设置默认值，但是在 ActionScript 2 中并不支持该功能，Flex 3 和 Flex 4 都是使用 ActionScript 3。要给一个函数的参数设置默认值，语法格式如下：

```
function 函数名(var1 : 参数类型 = 默认值, var2 : 参数类型 = 默认值)
```

调用函数时，默认参数是可选项，可以传递参数，也可以不传。带有默认值的参数一般都在整个参数列表的右侧，在程序中应该尽可能避免带有默认值的参数出现在参数列表的前面。

3. 条件

条件语句的形式有如下几种。

```
if(condition)
{
……
}
if(condition)
{
……
}
else
{
……
}
if (condition)
{
……
}
else if (condition)
{
……
}
else
{
……
}
```

其中 condition 为布尔类型的表达式。

4. 循环

循环的用法有三种，分别是 for，while，do…while。

第一，for 语句的编写格式：

```
for (init; condition; update)
{
……
}
```

下面是一个 for 语句示例：

```
var i:Number;
for (i = 0; i<4; i++) {
    trace(i);
}
```

第二，while 语句的编写格式：

```
while (condition)
{
……
}
```

第三，do…while 语句的编写格式：

```
do
{
……
} while (condition);
```

while 与 do…while 的区别在于：前者在执行循环体代码之前首先判断条件是否成立，如果条件成立（true），才执行循环体中的代码；后者则是先执行循环体中的代码，然后再判断条件是否成立，如果条件成立再次执行循环体中的代码，也就是说，后者的循环体至少被执行一次（即使条件不成立，因为条件是在执行完循环体中的语句后才进行判断的）。

for 循环用于明确知道循环次数的场景，while 和 do…while 更适用于循环次数未知、只知道循环条件的情形。

5. 类

ActoinScript 是面向对象的程序设计语言，而类是面向对象程序设计语言的精髓。面向对象的特性（封装、继承和多态）在 ActionScript 中都有很好地支持。使用 Action Script进行开发时，可以使用所有的面向对象特性。

ActionScript 使用包（Package）对类进行组织，定义一个包的同时，相当于隐含规定了一个命名空间，可以很好地解决类的组织问题。不同的包下可以放置同名的 ActionScript 类，在不同的包中调用类需要用 import 语句来导入，因此可以很好地避免同名类的冲突问题。对于类文件在磁盘上的物理位置，需要用与包名称相对应的文件夹名来存放。例如，com.fuling.gis 这样一个包下的类文件，应该在 com\fuling\gis\ 这样的文件夹路径之下进行保存，包结构与文件结构完全对应。有 Java 开发背景的开发者对包肯定不会陌生，ActionScript 中包的使用与 Java 中是基本一致的。ActionScript 3. 0 类是以文本文档的格式编写，类文件必须与类具有相同的名称，其扩展名为 .as。

ActionScript3. 0 使用 class 关键字来定义类，完整类声明语句格式为：

```
public class ClassName
```

该声明语句的后面可以紧跟一对大括号，大括号中包含该类的内容。如下示例声明了一个名称为 Greeter 的类，使用了 class 和 package 关键字：

```
package com. fuling. gis
{
  public class Greeter
  {
    ……
  }
}
```

6. 异常处理

程序在编译和运行的过程都可能出现异常，Flash Builder 集成开发环境在编译时就可以检查出语法上的错误，而运行时异常是无法在编译阶段发现的，所以需要在可能出现异常的程序中加入异常处理的代码。这里简要介绍一下如何捕获这些异常，并加以处理。在阅读相关的异常处理资料时，经常会遇到一些术语，这里简要解释如下。

(1) 异步 (Asynchronous)：不提供即时结果的程序命令（如方法调用），而以事件形式提供结果（或错误）。

(2) 捕获 (Catch)：如果发生了异常（运行时错误）并且代码注意到该异常，则认为该代码“捕获”了异常。捕获异常后，Flash Player 将停止通知其他 ActionScript 代码发生了异常。

(3) 调试版 (Debugger version)：一种特殊的 Flash Player 版本，其中包含用于通知用户发生了运行时错误的代码。在标准 Flash Player 版本（大多数用户使用的版本）中，Flash Player 忽略 ActionScript 代码没有处理的错误。在调试版中，当发生未处理的错误时，将显示一条警告消息。

(4) 异常 (Exception)：在程序运行时发生的错误，并且运行时环境（即 Flash Player）无法自行解决该问题。

(5) 重新引发 (Re-throw)：当代码捕获异常时，Flash Player 不再通知其他对象发生了异常。如果需要通知其他对象发生了异常，则代码必须“重新引发”异常。

（6）同步（Synchronous）：提供即时结果或立即引发错误的程序命令（如方法调用），这意味着可以在相同的代码块内使用响应。

（7）引发（Throw）：通知 Flash Player 发生了错误的操作称为“引发”错误。

针对各种异常有多种处理方法，这里简要介绍如何使用 try…catch…finally 语句处理异常。

处理同步运行时错误时，可以使用 try…catch…finally 语句来捕获错误。当发生运行时错误时，Flash Player 将引发异常，这意味着 Flash Player 将暂停正常的操作而创建一个 Error 类型的特殊对象。Error 对象随后会被引发到第一个可用的 catch 块。

try 语句将有可能产生错误的语句括在一起。catch 语句应始终与 try 语句一起使用。如果在 try 语句块的其中某个语句中检测到错误，则会执行附加到该 try 语句的 catch 语句。finally 语句将无论 try 语句块中是否发生错误均要执行的语句括在一起。如果没有错误，finally 块中的语句将在 try 语句块执行完毕之后执行。如果有错误，则首先执行相应的 catch 语句，然后执行 finally 块中的语句，一般在 finally 块中放置释放资源的代码。

以下代码是使用 try…catch…finally 语句的语法：

```
try
{
   // 可能会引发错误的一些代码
}
catch (err:Error)
{
   // 用于响应错误的代码
}
finally
{
   // 无论是否引发错误都会运行的代码,此代码可在发生错误之后清除错误,
   // 或者采取措施使应用程序继续运行
}
```

每个 catch 语句识别它要处理的特定类型的异常。catch 语句指定的错误类只能是 Error 类的子类。将按顺序检查每个 catch 语句。只执行与所引发错误的类型相匹配的第一个 catch 语句。换言之，如果首先检查更高一级的 Error 类，然后再检查 Error 类的子类，则仅会匹配更高一级的 Error 类。

7. 注释

三种注释方法：

/* 注释内容 */ :用于在 ActionScript 代码中添加注释

//注释内容:用于在 ActionScript 代码中添加注释

<! -- 注释内容--> :用于在 MXML 标签中添加注释

8. 动态语言

ActionScript 是动态语言，允许把类定义为动态类（dynamic）。动态语言的特征是可以在运行时添加属性和函数。示例如下：

```
public dynamic class MyDynamicClass
{
  public MyDynamicClass ()
   {
     ……
  }
}
```

注意在声明类时用到的 dynamic 关键字，对于 MyDynamicClass 类而言，即使在定义时没有属性和函数，那么仍然可以动态地添加成员。

```
public var dyna:MyDynamicClass  = new MyDynamicClass();
// add an undeclared property
dyna. extraProperty  = "Dynamically added property";
// add an undeclared function
dyna. extraFunction  = function()
{
  trace(dyna. extraProperty);
}
```

上面的代码示例首先创建了一个 MyDynamicClass 类的实例 dyna，并且为 dyna 对象添加了一个 extraProperty 属性、一个名为 extraFunction 的函数，需要重点注意的是在函数中是使用 dyna 来访问属性 extraProperty，而不是使用 this。

9. 函数闭包

函数闭包的名称来自 closure 直译，单从中文和英文的字面看很难理解其真正的含义。下面就介绍一下什么是闭包。

函数的范围不但决定了可以在程序中的什么位置调用函数，而且还决定了函数可以访问哪些定义。适用于变量标识符的作用域规则同样也适用于函数标识符。在全局作用域中声明的函数在整个代码中都可用。例如，ActionScript 3. 0 包含可在代码中的任意位置使用的全局函数，如 isNaN( )、parseInt( )、trace( ) 等。嵌套函数（即在另一个函数中声明的函数）可以在声明它的函数中的任意位置使用。

理解函数闭包的关键是词汇环境、作用范围和可访问的参数。下面以具体示例来介绍。例如，下面的代码创建两个函数：foo（返回一个用来计算矩形面积的嵌套函数 rectArea）和 bar（调用 foo 并将返回的函数闭包存储在名为 myProduct 的变量中）。即使

bar 函数定义了自己的局部变量 *x*（值为 2），当调用函数闭包 myProduct( ) 时，该函数闭包仍保留在函数 foo 中定义的变量 *x*（值为 40）。因此，bar 函数的返回值是 160，而不是 8。

```
function foo():Function
{
    var x:int  =  40;
    function rectArea(y:int):int // 函数闭包的定义
    {
        /**  函数闭包不论通过什么方式,在什么地方调用,其词汇环境都是以函数闭包的定
        义所处的上下文为准 ** /
        return x *  y;
    }
    return rectArea;
}

function bar():void
{
    var x:int  =  2;
    var y:int  =  4;
    var myProduct:Function  =  foo();
    trace(myProduct(4)); // 调用函数闭包,输出结果为 160,而不是 8
}
```

单从上面的示例看不出函数闭包的好处在哪里，可能会给人一种故意把简单问题复杂化的印象。其实函数闭包的应用场景一般都比上面的示例要复杂，其灵活性和便捷之处才能体现出来。作者认为函数闭包的最重要特征是定义函数的位置特殊性决定的作用域，降低代码的耦合性。

函数闭包的执行可以发生在任何时候，在被调用时往往带有参数，并且往往是异步调用的。通常情况下调用者会把信息包含在一个 “Event” 对象中传递进来，这样的应用情景才更具有实际意义。例如，下面的示例代码创建了一个函数 squareOperate，用于计算一个数值的平方数，而计算平方数的功能是封装在服务器端的一个 Web Service 里面，用 Flex 提供的 WebService 通信类向服务器提交请求，并且显示出 Web Service 的计算结果。数值的平方计算比较简单，可能读者会想到完全没有必要使用服务器的 Web Service 来计算，直接在 Flex 里面调用 Math 类就可以计算出结果，其实这里主要是用示例来解释函数闭包，并且在以后的实际工作中会遇到一些计算比较复杂的情况，必须由服务器端来负责计算，那时的应用场景就必须使用下面的代码示例了。

chapter06 _ 2. mxml

```
/**  以下代码访问 ASP. NET 项目 webgis 里面的 CustomService. cs 里面的 Power 函数**  /
```

```
private function squareOperate(x:Number):void
{
    var webservice:WebService = new WebService();
    webservice.wsdl = "http://192.168.1.2/webgis/CustomService.asmx?wsdl";
    webservice.loadWSDL();
    webservice.Power.addEventListener(ResultEvent.RESULT, onResult);
    webservice.Power(x); // 此代码为异步调用,代码执行后,无法立刻得到结果,
                         // 需要等待服务器计算完成后,把结果传递给客户端的 Flash
                         // Player,Flash Player 把结果封装在 ResultEvent 对象里面,
                         // 并且把 ResultEvent 对象传递给 onResult 函数

    function onResult(event:ResultEvent):void
    {
        if(event.result)
        {
          Alert.show(x.toString() + "的平方等于:" + event.result.toString());
        }
    }
}
```

CustomService.cs 部分代码

```
[WebMethod]
public int Power(int x)
{
    return x * x;
}
```

上面的示例中用到了函数闭包，其实也可以不使用函数闭包，完全可以使用两个普通的函数来完成同样功能的开发，代码如下：

chapter06_2.mxml 的另一种实现

```
private function squareOperate(x:Number):void
{
    xVariety = x;
    var webservice:WebService = new WebService();
    webservice.wsdl = "http://192.168.1.2/webgis/CustomService.asmx?wsdl";
    webservice.loadWSDL();
    webservice.Power.addEventListener(ResultEvent.RESULT, onResult);
    webservice.Power(x);
```

```
}
private var xVariety:Number;
private function onResult(event:ResultEvent):void
{
    if(event. result)
    {
        Alert. show(xVariety. toString() + "的平方等于:" + event. result. toString());
    }
}
```

这种方法相比上面函数闭包的实现方法有些区别。首先，在 onResult 函数里面已经无法直接访问 x 变量，这里是通过添加了一个全局变量 xVariety 来存储 x 变量的值，从而达到间接访问 squareOperate 函数中 x 变量的目的。这里作者推荐使用第一种方法，因为按照一般的编码习惯和原则，应该尽可能减少全局变量的个数，全局变量越多，代码之间的耦合性越高，那么整个代码的复杂度会变大，维护代码的时间成本也会越高。另外一个问题是，第二种方法中的 onResult 函数对于整个类都可见，这样也会增加代码的复杂度和出问题的可能，而第一种方法中的 onResult 函数只在 squareOperate 函数内部可见，在其他地方是不可见的，这样就缩小了 onResult 函数不必要的影响范围，所以良好的编码习惯是尽可能不要给函数超出需要的可见范围，最简单的示例是没必要向类的外部开放的函数就用 private 修饰，而不要用 public，这样可以让外部调用时比较简单清晰。试想在类的 50 个 public 函数中寻找一个目标函数与在 10 个 public 函数中寻找一个目标函数相比，哪个更方便？

6.3 调试 Flex 程序

在 Flash Builder 中调试程序，首先要求安装 Flash Player 的 debug 版本，否则是不能进行调试的；Flash Player 的 debug 版本可以从 Adobe 的官方网站下载。

调试应用程序的过程与运行应用程序的过程类似。但是，进行调试时，可以控制应用程序停止于代码中的特定位置，以监视关键变量。

调试应用程序的步骤如下。

第一步，在 Flex 包资源管理器中，选择要调试的项目。

第二步，在主工作台工具栏中选择“调试”按钮。

第三步，应用程序将出现在默认 Web 浏览器中，随后使用 Flash Builder 调试器与程序交互。

第四步，程序运行至断点后，Flash Builder 将激活 Flash 调试视图。

第五步，右键点击代码中的变量，选择“Watch”（监视）菜单，即可以查看运行时变量的值。并不是每个变量都可以监视运行时的值，只有在运行代码可见的区域内的变量才能监视。监视变量值的界面如图 6-3 所示。

(x)= 变量 ✕ | 断点 | 表达式

名称	值
⊟ this	PagingCF (@bd410a1)
⊞ [inherited]	
⊞ _1203572343pagingService	services.pagingservice.PagingServ
⊞ _1788676624dataGrid	mx.controls.DataGrid (@bde70a1)
⊞ _794528387getItems_pagedResult	mx.rpc.CallResponder (@bc411a1)
⊞ _bindings	Array (@bc84971)
⊞ _bindingsBeginWithWord	Object (@bc70f61)
⊞ _bindingsByDestination	Object (@bc707b9)
⊞ dataGrid	mx.controls.DataGrid (@bde70a1)
⊞ getItems_pagedResult	mx.rpc.CallResponder (@bc411a1)
__moduleFactoryInitialized	true
_PagingCF_StylesInit_done	true
⊞ pagingService	services.pagingservice.PagingServ
⊞ _watchers	Array (@bc84ac1)
⊟ event	mx.events.FlexEvent (@b8f02b1)
⊟ [inherited]	
bubbles	false

图 6-3 Flash Builder 变量监视

小提示：

一个 Flex 项目中可以包含多个应用程序。“调试”按钮包含两个元素：主操作按钮和一个下拉列表。下拉列表显示项目中可以运行和调试的应用程序文件。如果单击主操作按钮，将调试项目的默认应用程序文件；也可以单击下拉列表，并选择项目中的任何应用程序来进行调试。

可以通过断点暂停应用程序的执行，以便检查代码。调试应用程序时，可在代码编辑器中添加断点，然后在“断点”视图中管理断点。断点设置在可执行代码行上，调试器仅在以下内容的代码行中设置的断点处停止。

（1）包含 ActionScript 事件处理函数的 MXML 标签，如 <mx:Button click = "dofunction()" …>。

（2）ActionScript 代码行，如包含在 < mx: Script > 标签或 ActionScript 文件中的 ActionScript 代码行。

（3）ActionScript 文件中的任何可执行代码行。

在代码编辑器中添加断点的方法如下。

第一步，打开一个包含 ActionScript 代码的项目文件。

第二步，找到要设置断点的代码行，然后双击标记栏以添加断点，或者按 Ctrl + Shift + B。

标记栏靠近代码编辑器的左边缘。系统会将断点标记添加到标记栏和“断点”视图中的断点列表中。在标记栏中，双击现有断点即可删除断点。

6.4 ArcGIS Flex API 介绍

ArcGIS Flex API 是 ESRI 公司基于 Flex 开发的一套运行在浏览器端的地图 API。可以借助于 ArcGIS Flex API 满足一些 GIS 开发需求，如地图浏览、多个专题图层叠加、地图符号的客户端绘制、动态对象跟踪显示（车辆、飞机等）、运行 GIS 相关的空间分析模型、属性条件查询、空间条件查询和编辑矢量数据。

一般的企业系统开发涉及最多的部分是地图浏览、属性查询和空间查询等。矢量数据编辑的功能是在 ArcGIS Server 10 REST API 和 ArcGIS Flex API 2.0 版本之后提供的功能。

逻辑关系上看，ArcGIS Flex API 类库可以分为如下五大块，常见类库见表 6-1。

表 6-1 ArcGIS Flex API 中包含的常用类库

类库	说明
com. esri. ags	该类库包含了最常使用的 Map，Graphic，FeatureSet，SpatialReference 等类
com. esri. ags. clusterers	该类库是从 ArcGIS Flex API 2.0 版本以后增加的，主要包含了用于点要素聚类的功能
com. esri. ags. clusterers. supportClasses	该类库是从 ArcGIS Flex API 2.0 版本以后增加的，主要包含了聚类符号及相关的支持类
com. esri. ags. components	该类库包含了 AttributeInspector，Editor，InfoWindow，TimeSlider 等组件
com. esri. ags. components . supportClasses	该类库包含了一些辅助 com. esri. ags. components 中组件使用的一些类。该类库是从 ArcGIS Flex API 2.0 版本以后增加的
com. esri. ags. events	该类库包含了一些地图导航、图层加载、工具栏等相关的事件类
com. esri. ags. geometry	该类库包含了几何体类，如 MapPoint，Multipoint，Polyline，Extent 和 Polygon 等
com. esri. ags. layers	该类库中包含了地图中可能涉及的所有图层类，例如：ArcGISDynamicMapServiceLayer，ArcGISTiledMapServiceLayer，GraphicsLayer 等
com. esri. ags. layers. supportClasses	该类库包含了一些图层相关的功能类，如 LayerInfo，LOD 等，该类库是在 ArcGIS Flex API 2.0 版本新组织起来的
com. esri. ags. renderers	用于制作专题图时的渲染器
com. esri. ags. renderers. supportClasses	辅助渲染器的一些类
com. esri. ags. skins	定制控件皮肤的相关类
com. esri. ags. symbols	绘制点、线、面是需要使用的符号类
com. esri. ags. tasks	包含了多个功能性的任务类，如 find、geometry、geoprocessor、identify、locator、query 等
com. esri. ags. tasks. supportClasses	辅助 task 使用的相关类
com. esri. ags. tools	包含了一些非可视化的工具类
com. esri. ags. utils	包含了一些在 Flex 端开发时用到的一些功能类，如 JSON 用来对字符串进行编码
com. esri. ags. virtualearth	与 Bing Maps 相关的类

（1）地图及图层类：Map，ArcGISDynamicMapServiceLayer，GraphicsLayer 等。
（2）辅助地图的控件：Editor，Navigation，Scalebar，Infowindow 等。
（3）业务功能类：QueryTask，Query，FindTask 等。
（4）图形及几何体类：Graphic，MapPoint，Polyline，Polygon 等。
（5）符号类：MarkerSymbol，LineSymbol 等。
这些类之间的关系如图 6-4 所示。

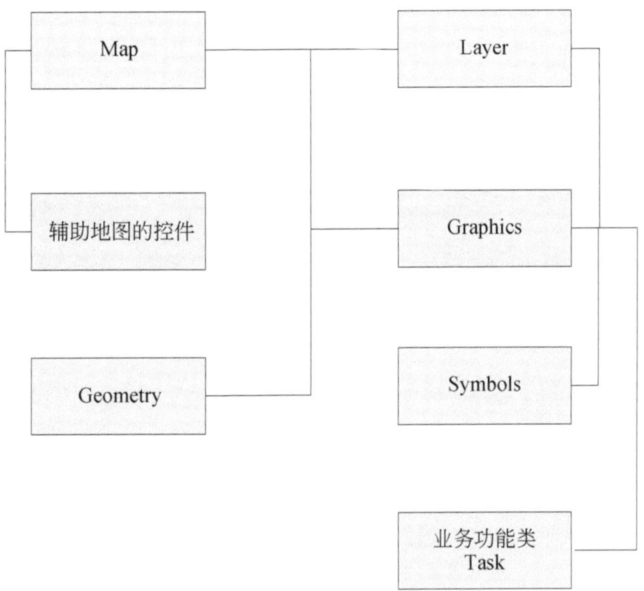

图 6-4　ArcGIS Flex API 中关键类之间的关系

6.5　创建第一个 ArcGIS Flex API 应用

在开始创建第一个 ArcGIS Flex API 应用之前，需要首先确保已经按照第 2 章的 2.3 节安装完成 Flash Builder 4 开发环境。另外，如果开发机器上有 ArcGIS Server 9.3 或更高版本，就可以开始开发，如果没有条件在开发机器上安装 ArcGIS Server，那么可以使用 ArcGIS Online 提供的在线 GIS 服务学习开发。ArcGIS Online 服务的地址列举如下。

地图服务：

http://server.arcgisonline.com/ArcGIS/rest/services/World_Street_Map/MapServer

地图服务：

http://sampleserver1.arcgisonline.com/ArcGIS/rest/services/Specialty/ESRI_StateCityHighway_USA/MapServer

Geoprocessing 服务：

http://sampleserver1.arcgisonline.com/ArcGIS/rest/services/Network/ESRI_DriveTime_US/GPServer

Geometry 服务：

http://sampleserver1.arcgisonline.com/ArcGIS/rest/services/Geometry/GeometryServer

使用 ArcGIS Flex API 开发 Web 应用的步骤如下（图 6-5）。

图 6-5　基于 Flex API 开发 WebGIS 应用的步骤

第一步，从 ESRI 官方网站下载类库文件，下载后把 zip 文件解压缩，得到 swc 类库文件。

第二步，在 Flash Builder 4 开发环境中，创建 Flex Project，如图 6-6 所示。

图 6-6　在 Flash Builder 中创建工程

然后把下载解压得到的 swc 类库文件粘贴到新建工程的 libs 文件夹中，如图 6-7 所示。

图 6-7　Flex 工程的 libs 文件夹

在新建的 MXML 文件中编写代码，如下所示：

```
<?xml version="1.0" encoding="utf-8"?>
<s:Application xmlns:fx="http://ns.adobe.com/mxml/2009"
                xmlns:s="library://ns.adobe.com/flex/spark"
                xmlns:esri="http://www.esri.com/2008/ags"
                pageTitle="WebGIS Demo 1">
    <esri:Map>
        <esri:ArcGISTiledMapServiceLayer
            url="http://arcgisonline/ArcGIS/rest/services/World_Street_Map/MapServer"/>
        </esri:Map>
</s:Application>
```

第三步，按 F11，编译、调试程序。

第 7 章 地 图 交 互

7.1 地 图

地图控件是整个 WebGIS 程序开发的核心，它是一个粗粒度的类，其中封装了大量的细粒度接口，如地图空间范围、空间参考、图层集合、比例尺级别等。这里首先介绍地图控件以及相关的图层类。

地图控件（Map）的父类是 mx.core.UIComponent，它是普通用户界面（Uer Interface，UI）组件中的一员。Map 控件用于显示地图和交互式浏览地图。为了帮助大家全面、透彻地了解 Map 控件，下面通过一个示例简要地讲解一下 Map 控件的内部机制。

图 7-1 中，示例程序通过使用 Flex 4 中的 Image 控件来显示地图。首先，在示例界面上方的四个文本框中分别输入地理空间坐标（x，y）的最小值和最大值，用于指定一个地理范围；然后，点击文本框右侧“GetMap”按钮，便可以实现地图浏览功能。该示例可视为一个简易版地图控件的实现。

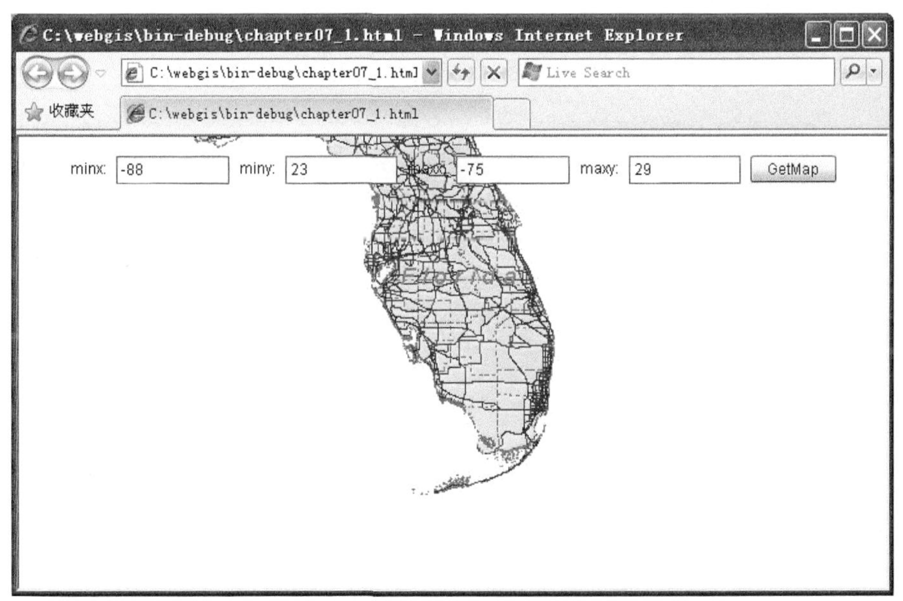

图 7-1 定制的地图浏览客户端程序

chapter07 _ 1. mxml 图 7-1 程序的实现代码

```
<?xml version="1.0" encoding="utf-8"?>
```

```
<s:Application xmlns:fx = "http://ns. adobe. com/mxml/2009"
                    xmlns:s = "library://ns. adobe. com/flex/spark"
                    xmlns:mx = "library://ns. adobe. com/flex/mx"
minWidth = "655" minHeight = "400" >
    < fx:Declarations >
    </fx:Declarations >
    < mx:Image id = "map" width = "100% " height = "100% " / >
    < mx:HBox top  = "15" width = "100% " verticalAlign = "middle"
                    horizontalAlign = "center" >
        < s:Label text = "minx" / >
        < s:TextInput id = "txtminx" width = "100" / >
        < s:Label text = "miny" / >
        < s:TextInput id = "txtminy" width = "100"/ >
        < s:Label text = "maxx" / >
        < s:TextInput id = "txtmaxx" width = "100"/ >
        < s:Label text = "maxy" / >
        < s:TextInput id = "txtmaxy" width = "100"/ >
        < s:Button label = "GetMap" click = "getMap();" / >
    </mx:HBox >
    < fx:Script >
        <! [CDATA[
            private function getMap():void
            {
                var bbox:String  =  "bbox = " + txtminx. text + "," + txtminy. text + ",
                " + txtmaxx. text +  "," + txtmaxy. text;
                var size:String  =  "size = "  +  map. width + "," + map. height;
                var url:String  =  "http://server/ArcGIS/rest/services/Florida/
                MapServer/export?" +  bbox  +  "&f = image&" +  size;
                trace(url);
                map. source  =  url;
            }
        ]] >
    </fx:Script >
</s:Application >
```

ArcGIS Flex API 中的 Map 控件获取地图的内部机制与上面示例程序类似。除此之外，它还封装了鼠标拖曳、滚轮缩放等地图漫游等功能。需要说明的是，上述示例中使用的地图服务是动态服务，如果要访问缓存地图服务，就会复杂一些，因为客户端需要负责把获得的地图切片拼接成完整、无缝的地图。关于动态地图服务与缓存地图服务的详细论述，请参考第 4 章相关内容。Map 控件中封装的常用属性如表 7-1 所示。

表 7-1　地图控件的常用属性

属性名称	数据类型	说明
extent	Extent	地图的当前视图对应的地理坐标范围
infoWindow	InfoWindow	气泡窗口（只读属性）
infoWindowContent	UIComponent	气泡窗口中的内容
layers	Object	地图中包含的图层数组
loaded	Boolean	标识地图是否已经加载完成。当地图中包含多个图层时，第一个图层加载完成后，该属性即变为 true
lods	Array	地图的缩放级别
panEasingFactor	Number	平移地图时惯性的大小，取值区间是 0 ~ 1，1 表示完全没有惯性
scale	Number	地图的当前比例尺
spatialReference	SpatialReference	地图的坐标系，只读属性
staticLayer	Group	静态图层，用于添加图例、logo 等元素，可以固定在地图控件的指定位置，不随地图缩放、平移而发生变化
units	String	地图单位

地图控件的作用类似于一个容器，可以包含多个图层，所有的图层按照先后顺序叠加在一起。地图控件必须和图层对象一起使用，下面的代码用于向地图控件中添加一个动态地图服务图层：

```
<esri:Map logoVisible = "false" >
    <esri:ArcGISDynamicMapServiceLayerurl = "http://localhost/ArcGIS/rest/services/
china/MapServer" / >
</esri:Map >
```

默认情况下，在程序编译运行后会在地图的右下角显示 ESRI 公司商标（logo）。如果要去掉这个 logo，可以把 Map 控件的 logoVisible 属性设置为 false。如果 Map 控件中包含来自于 ArcGISOnline 的图层，该属性将失效，即使将 logoVisible 设置为 false，logo 仍然显示。对于无法隐藏 logo 的问题，可以采用以下代码来解决。以下代码的思路是首先遍历地图控件的所有子控件，找到显示 logo 的 Image 子控件，然后隐藏 Image 控件。

chapter07 _ 2. mxml 中彻底删除 logo 的代码

```
private function RemoveLogo():void
{
    for(var i:Number =0; i < map. numChildren;i + + )
    {
        var component:UIComponent  =  map. getChildAt(i) as UIComponent;
```

```
            if(component ! = null)
            {
                if(component. className = = "StaticLayer")
                {
                    for(var j:int =0; j < component. numChildren; j + +){
                        var stComponent : UIComponent = component. getChildAt(j)
                        as UIComponent;
                        if(stComponent. className = = "Image"){
                            stComponent. visible = false;
                            return;
                        }
                    }
                }
            }
        }
}
```

地图控件还内置了鼠标和键盘的导航功能，这些功能包括鼠标左键漫游、鼠标滚轮的放大缩小、鼠标双击放大、键盘上四个方向键控制地图漫游和“+”“-”键控制放大缩小等。

上述功能在默认情况下均为有效，可以通过地图控件的相关属性来关闭这些功能。表 7-2 列出了相关属性的名称、数据类型及说明，关闭某个功能只需设置对应的属性为 false 即可。

表 7-2　地图控件的导航功能开关属性

属性名称	数据类型	说明
clickRecenterEnabled	Boolean	Shift + 点击中心定位功能开关
doubleClickZoomEnabled	Boolean	鼠标双击放大功能开关
keyboardNavigationEnabled	Boolean	键盘导航开关
rubberbandZoomEnabled	Boolean	Shift + 左键拉框放大开关
panEnabled	Boolean	鼠标漫游开关
scrollWheelZoomEnabled	Boolean	鼠标滚轮缩放开关
mapNavigationEnabled	Boolean	地图导航开关。设置为 false，相当于锁定地图，鼠标、键盘都无法导航
keyboardNavigationEnabled	Boolean	键盘导航开关
openHandCursorVisible	Boolean	地图上鼠标的样式是否为张开的小手。当设置为 false 时，那么鼠标的样式就是一个普通的箭头

地图控件上有一些辅助性的静态对象，这些对象不会随着地图一起移动，始终位于一个固定的位置。这些对象包括地图中心的十字丝、左下角的比例尺、右下角的 ESRI

公司 logo、边缘上的漫游按钮、左上角的缩放按钮及滑动条等。这些对象的显示与隐藏也是通过对应的属性来控制，详见表7-3。

表7-3 地图控件的辅助性的静态对象显示控制

属性名称	数据类型	说明
crosshairVisible	Boolean	控制地图中心的十字符号的显示与隐藏
scaleBarVisible	Boolean	控制是否有比例尺条
panArrowsVisible	Boolean	地图控件边缘上的八个漫游按钮开关
zoomSliderVisible	Boolean	控制是否显示地图的缩放滑动条
logoVisible	Boolean	控制是否显示 ESRI 公司 logo

地图控件提供了四个样式属性来控制十字丝的外观，分别是 crosshairAlpha（线的透明度）、crosshairColor（线的颜色）、crosshairLength（线的长度）和 crosshairWidth（线的宽度）。

若要使用这四个样式，直接在 MXML 标签中作为属性赋值即可。例如，

```
<esri:Map crosshairLength = "15" crosshairWidth = "2"
    crosshairColor = "#ff0000" crosshairAlpha = "0. 8" >
……
</esri:Map >
```

在 ActionScript 代码中设置样式，需要使用 setStyle 方法：

```
map. setStyle("crosshairLength",15);
map. setStyle("crosshairWidth",1);
map. setStyle("crosshairColor",0xff0000);
map. setStyle("crosshairAlpha",0. 8);
```

控件样式值的读取使用 getStyle 函数，类似如下代码：

```
var length:Number  =  map. getStyle("crosshairLength");
```

小提示：

所有控件的样式都可以直接在 MXML 标签中赋值，也可以在代码中使用 getStyle 和 setStyle 两个函数来完成读写操作。

地图控件支持的常用事件见表7-4。其中，extentChange 事件经常用于鹰眼功能，通过该事件可以监听当前地图显示范围的变化；zoomEnd 事件是在地图的缩放完成以后触发，经常用于获取当前的比例尺。

表7-4 地图控件支持的常用事件

事件名称	说明
extentChange	地图的当前可视区域对应的地理范围发生变化时触发，即 Map 控件的 extent 属性发生变化时触发

续表

事件名称	说明
layerAdd	往 Map 中添加图层时触发
layerRemove	从 Map 中删除图层时触发
layerRemoveAll	删除所有图层时触发
layerReorder	地图中的图层上下叠加顺序发生变化时触发
load	当地图中有图层加载成功时触发，不管地图中总共有多少图层，只要有一个图层加载成功，该事件即被触发
mapClick	鼠标点击地图时触发
mapMouseDown	鼠标左键在地图上按下时触发
panEnd	地图平移完成时触发
panStart	地图开始平移时触发
zoomEnd	地图缩放完成时触发，一般通过监听此事件来获取比例尺信息
zoomStart	地图开始缩放时触发

下面的示例代码用于监听地图的 zoomEnd 事件，在界面上实时显示当前地图的比例尺，如图 7-2 所示。其中，NumberFormatter 类用于把小数格式化输出，precision 属性用于设定格式化输出时的小数位数。

chapter07_3. mxml　图 7-2 的程序部分代码

```
<fx:Script>
    <![CDATA[
        import com.esri.ags.events.ZoomEvent;

        protected function zoomEndHandler(event:ZoomEvent):void
        {
         labelScale.text = "1: " + numFormater.format(map.scale);
        }
   ]]>
</fx:Script>
<fx:Declarations>
    <mx:NumberFormatter id = "numFormater" precision = "0" />
</fx:Declarations>
<esri:Map id = "map" width = "100%" height = "100%" zoomEnd = "zoomEndHandler
(event)">
<esri:ArcGISDynamicMapServiceLayer
url = "http://localhost/ArcGIS/rest/services/Florida/MapServer" />
</esri:Map>
```

```
<s:Label id="labelScale" top="20" horizontalCenter="0"
                fontSize="16" fontWeight="bold"/>
```

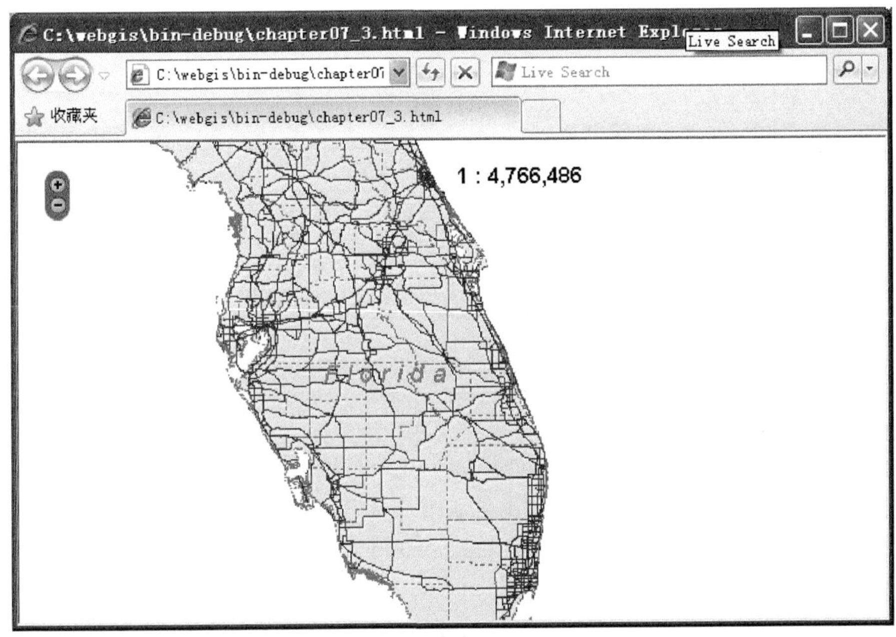

图 7-2 监听地图缩放事件

用户对地图的导航是通过使用鼠标、键盘来操作，在代码中对地图的控制通过地图控件封装的多个导航方法来实现，如表 7-5 所示。

表 7-5 地图控件的导航方法

方法签名	说明
centerAt (mapPoint: MapPoint): void	把地图中心定位到指定的点
panDown (): void	向下平移地图
panLeft (): void	向左平移地图
panLowerLeft (): void	向左下平移地图
panLowerRight (): void	向右下平移地图
panRight (): void	向右平移地图
panUp (): void	向上平移地图
panUpperLeft (): void	向左上平移地图
panUpperRight (): void	向右上平移地图
zoomIn (): void	放大地图
zoomOut (): void	缩小地图

除了使用 MXML 标签往地图控件中添加图层，Map 类也提供了多个方法来操作图层，如表 7-6 中添加图层（addLayer）、删除图层（removeLayer）和获取图层（getLayer）等。

表 7-6　控制图层的方法

方法签名	说明
addLayer（layer：Layer，index：int = -1）：String	添加图层；并且可以通过参数指定新图层所在的上下位置，这会影响图层的叠加后显示的效果
getLayer（layerId：String）：Layer	根据图层 id 获取图层对象
removeAllLayers（）：void	删除所有图层
removeLayer（layer：Layer）：void	删除图层
reorderLayer（layerId：String，index：int）：void	改变地图中图层的顺序

相对于 MXML 标签而言，ActionScript 代码具有更大的灵活性，以下示例代码用于往地图中添加图层：

```
var layer:ArcGISDynamicMapServiceLayer;
layer = new ArcGISDynamicMapServiceLayer();
layer. url = "http://localhost/ArcGIS/rest/services/Florida/MapServer";
map. addLayer(layer);
```

在地图上，像素坐标和地理坐标之间的转换可以采用表 7-7 中的几个方法来完成。其中，toMap 方法和 toMapFromStage 方法的参数有所区别，toMap 方法的参数 screenPoint 的起算点是地图空间的左上角，而 toMapFromStage 方法的参数 stageX、stageY 的起算点是整个程序的左上角。

表 7-7　坐标转换的方法

方法签名	说明
toMap（screenPoint：Point）：MapPoint	从屏幕坐标（相对于 Map 控件左上角）转换为地理坐标
toMapFromStage（stageX：Number，stageY：Number）：MapPoint	从屏幕坐标（相对于整个 Flex 程序界面左上角）转换为地理坐标
toScreen（mapPoint：MapPoint）：Point	从地理坐标转换为屏幕坐标（相对于 Map 控件左上角）

下面的示例代码使用 toMapFromStage 方法完成像素坐标向地理坐标的转换，并且通过监听鼠标移动事件（mouseMove）来显示当前鼠标位置的坐标值，对应示例程序界面如图 7-3 所示。

chapter07_4. mxml

```
<fx:Script>
    <![CDATA[
    protected function mouseMoveHandler(evt:MouseEvent):void
    {
```

```
            var lon:Number =
                    map. toMapFromStage(evt. stageX,evt. stageY). x;
            var lat:Number =
                    map. toMapFromStage(evt. stageX,evt. stageY). y;
            labelX. text = "X: " + numFormater. format(lon); //格式化坐标值
            labelY. text = "Y: " + numFormater. format(lat);
    }
            ]]>
    </fx:Script>
    <fx:Declarations>
            <mx:NumberFormatter id = "numFormater" precision = "2" />
    </fx:Declarations>
    <esri:Map id = "map" mouseMove = "mouseMoveHandler(event)"
                scaleBarVisible = "false" width = "100%" height = "100%">
            <esri:ArcGISDynamicMapServiceLayer url = "http://server/ArcGIS/rest/services/
            Florida/MapServer" />
    </esri:Map>
    <s:Label id = "labelX" left = "10" bottom = "15" fontSize = "15"/>
    <s:Label id = "labelY" left = "100" bottom = "15" fontSize = "15"/>
```

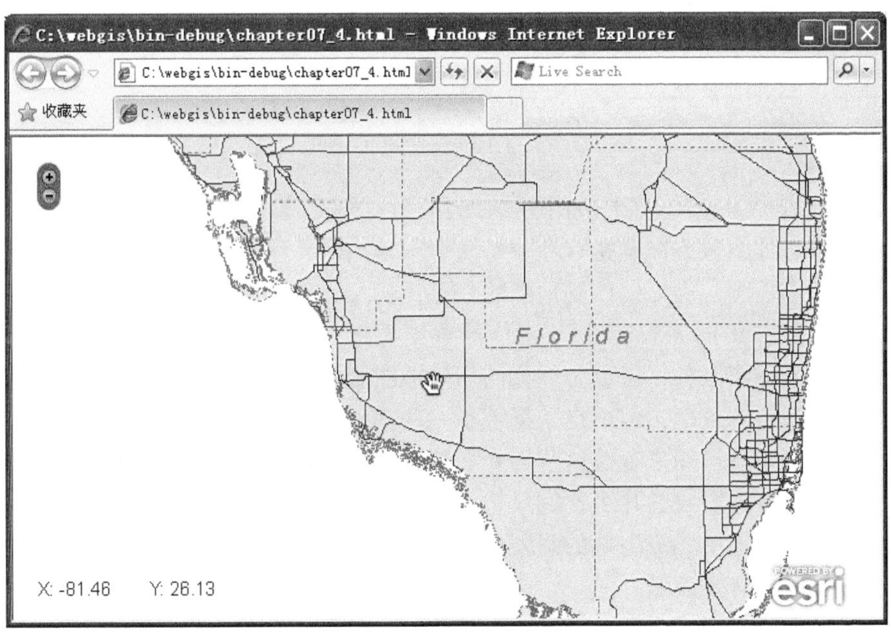

图 7-3　监听鼠标移动事件

7.2 图　　层

地图中可以加载多种类型的图层，每类图层对应不同的数据源，这些数据源有的来自 ArcGIS Server 发布的地图服务，有的来自影像服务（Image Service），还有的来自第三方软件发布的 WMS 服务等，具体的图层类及说明见表 7-8。这些不同来源的图层可以根据不同需要，任意调整其叠加的上下顺序，从而达到较好的制图效果。一般情况下，WebGIS 应用会用到至少两类以上的图层，其中 ArcGISDynamicMapServiceLayer、ArcGISTiledMapServiceLayer 和 GraphicsLayer 是使用频率最高的三个图层类。

表 7-8　图层类列表

图层	说明
ArcGISDynamicMapServiceLayer	用于加载 ArcGIS Server 发布的动态地图服务，地图来自于服务的 REST API
ArcGISImageServiceLayer	用于加载 ArcGIS Server 发布的 Image 服务
ArcGISTiledMapServiceLayer	用于加载 ArcGIS Server 发布的缓存地图服务，地图来自于服务的 REST API
ArcIMSMapServiceLayer	用于加载 ArcIMS 发布的地图服务
FeatureLayer	该图层用于在客户端显示矢量图层，详细内容在第 11 章介绍
GPResultImageLayer	用户显示 Geoprocessing 的执行结果
GraphicsLayer	该图层类用于在客户端绘制一些临时的几何图形
OpenStreetMapLayer	用于加载 OpenStreetMap 图层
WMSLayer	用于加载 WMS 图层

ArcGISDynamicMapServiceLayer 图层对应的数据源是 ArcGIS Server 发布的动态地图服务。所谓动态地图服务，是指客户端每次请求地图时，服务器端根据请求参数实时的生成地图图片。该图层类可以做到地图的任意比例尺无级缩放浏览。

ArcGISTiledMapServiceLayer 图层对应的数据源也是 ArcGIS Server 发布的地图服务，但必须是缓存的地图服务，也就是俗称的切片地图服务。切片地图服务可以最大程度上提高整个系统运行的效率，但这也是牺牲了一些其他方面的代价换来的。例如，该服务需要占用大量的磁盘空间来存储这些切片文件，而且无级的地图浏览变成了有限的地图浏览，只能浏览事先限定的几个比例尺。好在这两个方面的问题并无大碍，因为磁盘空间越来越廉价，而地图无级浏览的问题也可以通过合理设计比例尺级别来弱化，基本可以实现上述问题的有效规避。

无论是 ArcGISDynamicMapServiceLayer 图层，还是 ArcGISTiledMapServiceLayer 图层，在使用的过程中，浏览器端都是从服务器上获取图片加以显示，所以在地图上看到的矢量要素不能感知鼠标事件。FeatureLayer 和 GraphicsLayer 图层类是在浏览器端绘制的矢量图层，是使用 Flash Player 的绘图引擎实时绘制的，这个绘制过程会占用大量的客户端机器的硬件资源，一旦绘制的图形数量较多时，就会对浏览器端造成较大的渲染图形的压力，出现程序运行缓慢，甚至程序假死的现象，不过这两个图层中绘制的图形可以感知鼠标事件并添加事件处理代码。

动态地图服务类 ArcGISDynamicMapServiceLayer 的使用方法如下：

```
<esri:Map>
      <esri:ArcGISDynamicMapServiceLayer
   url="http://192.168.1.2/ArcGIS/rest/services/china/MapServer"/>
  </esri:Map>
```

其中 url 属性是该图层的数据来源，必须要设置为地图服务的 REST API 的地址。其常用属性介绍如表 7-9 所示。

表 7-9　ArcGISDynamicMapServiceLayer 图层的常用属性

属性名称	数据类型	说明
fullExtent	Extent	图层的最大范围，该属性依赖于地图服务最大空间范围，是只读属性，不能修改
disableClientCaching:	Boolean	该属性主要是为了阻止从本地读取浏览器的缓存。如果设置为 true 那么每次请求地图时，都在请求的地址中追加一个时间戳，以使得请求地址 URL 发生变化，从而避免服务器端返回 304 Not Modified 状态码
imageFormat	String	设置从服务器端返回的图片格式，可选项有 png8、png24、png32、jpg、gif，默认值是 png8，其中只有 png 和 gif 支持半透明
layerDefinitions	Array	该属性用于过滤显示地图服务中的矢量要素，功能类似于 ArcMap 中的 Definition Expression
layerInfos	Array	获取地图服务中的所有图层信息
token	String	对于启用安全保护的地图服务，需要使用令牌（Token）才能正确访问，否则会被服务器拒绝请求
units	String	地图服务所用的地图单位
url	String	地图服务的 REST API 地址
visibleLayers	ArrayCollection	设置地图服务中哪些图层可见

动态服务是根据客户端的请求实时生成地图图片，可以根据请求的参数设置哪个图层可见，哪个图层隐藏，具体的实现是通过 visibleLayers 属性来完成的，代码如下所示：

chapter07_5.mxml

```
//显示地图服务中名称为 World Cities 的图层
private function showCityLayer():void
{
    var visibleLayers:ArrayCollection;
```

```
    visibleLayers = layer. visibleLayers;
    var infos:Array = layer. layerInfos;
    for each(var info:LayerInfo in infos)
    {
        if(info. name = = "World Cities")
        {
            visibleLayers. addItem(info. id);
            break;
        }
    }
}

//隐藏地图服务中名称为 World Cities 的图层
private function hideCityLayer():void
{
    var visibleLayers:ArrayCollection;
    visibleLayers = layer. visibleLayers;
    var infos:Array = layer. layerInfos;
    for each(var info:LayerInfo in infos)
    {
        if(info. name = = "World Cities")
        {
            var idIndex:int = visibleLayers. getItemIndex(info. id);
            if (idIndex ! = - 1)
            {
                visibleLayers. removeItemAt(idIndex);
            }
            break;
        }
    }
}
```

动态地图服务可以包含多个矢量图层或者栅格图层。对于矢量图层，在 ArcMap 中可以设置其 Definition Query 属性，以过滤掉图层中的不符合条件的要素，如图 7-4 所示。

在 Flex API 中也可以达到类似上图的效果，通过图层的 layerDefinitions 属性来设置。下面代码中地图服务图层 layer 含有三个图层，通过设置 layerDefinitions 属性把地图服务中的第一个图层属性字段 CNTRY _ NAME 值为 China 的要素显示，其他要素都隐藏；第二、第三个图层使用 null 设置所有要素都显示。

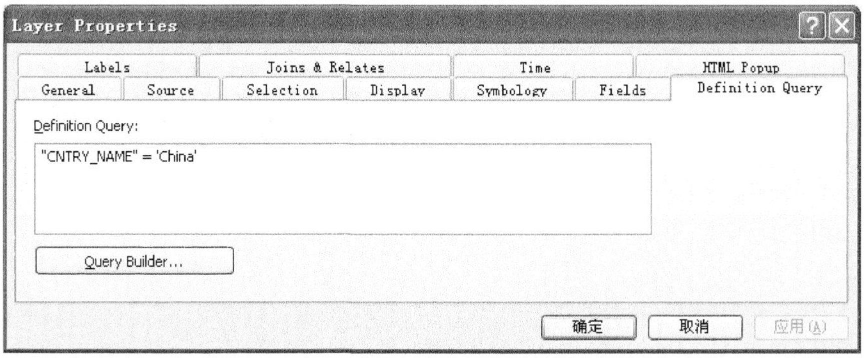

图 7-4　ArcMap 中图层的属性对话框

```
private function filterCity():void
{
    layer. layerDefinitions = ["CNTRY _ NAME = 'China'",null,null];
}
```

缓存地图服务 ArcGISTiledMapServiceLayer 可以自动在地图控件中显示所有级别的比例尺，并以滑动条的形式控制地图的缩放，如图 7-5 所示，图中滑动条上的每一个刻度对应一个创建缓存时设置的比例尺。

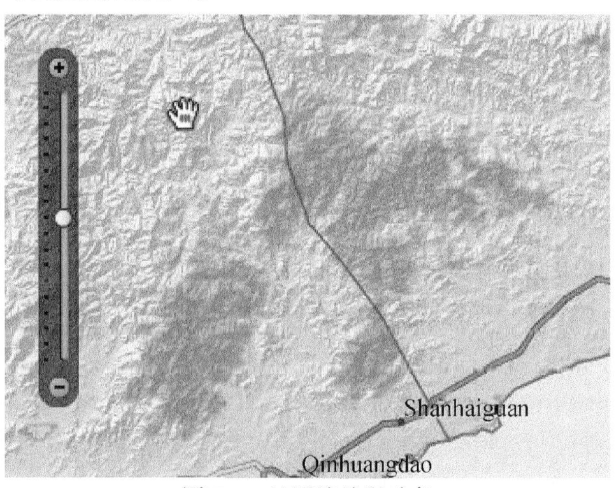

图 7-5　地图缩放滑动条

```
<esri:Map width = "100%" height = "100%">
    <esri:ArcGISTiledMapServiceLayer
            url = "http://server/ArcGIS/rest/services/WorldMap/MapServer" />
</esri:Map>
```

动态服务不能自动出现这个滑动条，但是可以通过设置其属性的方式来锁定地图浏览的比例尺，约束用户只能在几个比例尺下缩放地图。

```
<esri:Map width = "100%" height = "100%">
    <esri:lods>
        <esri:LOD resolution = "0. 0439453125" scale = "18468599. 910677"/>
```

```
        <esri:LOD resolution="0.02197265625" scale="9234299.9553386"/>
        <esri:LOD resolution="0.010986328125" scale="4617149.9776693"/>
        </esri:lods>
……
……
</esri:Map>
```

或者通过 Actionscript 代码实现：

```
var lods:Array = [];
lods.push(new LOD(NaN, 0.0439453125, 18468599.910677));
lods.push(new LOD(NaN, 0.02197265625, 9234299.9553386));
lods.push(new LOD(NaN, 0.010986328125, 4617149.9776693));
myMap.lods = lods;
```

LOD 类的 scale 属性是指地图比例尺，resolution 是指在该比例尺下一个像素对应的空间距离（地图单位）。

在地图浏览的过程中，可以把单个地图服务导出为一张图片，类似于截图的操作，具体的代码实现过程如下：

导出地图图片的示例代码

```
<esri:Map>
        <esri:ArcGISDynamicMapServiceLayer id="layer"
                mapImageExport="onExport(event);"
                url=" http://server/ArcGIS/rest/services/WorldMap/MapServer " />
</esri:Map>
……
// 在服务器生成图片以后,服务器给客户端发送消息,
// 通知客户端触发 mapImageExport 事件,事件参数携带有图片的地址 url
private function onExport(evt:MapImageEvent):void
{
        navigateToURL(new URLRequest(evt.mapImage.href), '_blank');
}

// 调用图层对象的 exportMapImage 方法,向服务器发送导出地图请求,
// 等待 mapImageExport 事件触发
public function doExportLayer():void
{
    layer.exportMapImage(null,null);
}
```

7.3 导航工具

NavigationTool类用于地图的导航操作。它是一个非可视化控件，常常需要和界面控件结合起来使用。其中，NavigationTool类和ToggleButtonBar控件结合应用的情况比较多。两者分工协作，ToggleButtonBar控件提供和用户鼠标的交互功能，NavigationTool类负责控制地图的缩放、漫游等操作。NavigationTool类提供的主要功能包括拉框放大、拉框缩小、漫游、上一视图、下一视图、缩放至全图等。NavigationTool类在ArcGIS Flex API的1.x版本中名称为Navigation，在ArcGIS Flex API的2.x版本中被重新命名为NavigationTool，这样做有效避免了和另外一个类（地图控件上的缩放滑动条）的名称冲突。

在NavigationTool类提供的多个工具中，有三个需要与地图有鼠标交互操作。它们分别是拉框放大、拉框缩小和漫游。在使用鼠标和地图的交互过程中，这三个工具不能同时启用，所以它们之间有互斥的特点，即同一时间只能有一个工具是处于启用状态，该特点正好符合ToggleButtonBar控件的使用习惯，如图7-6所示。

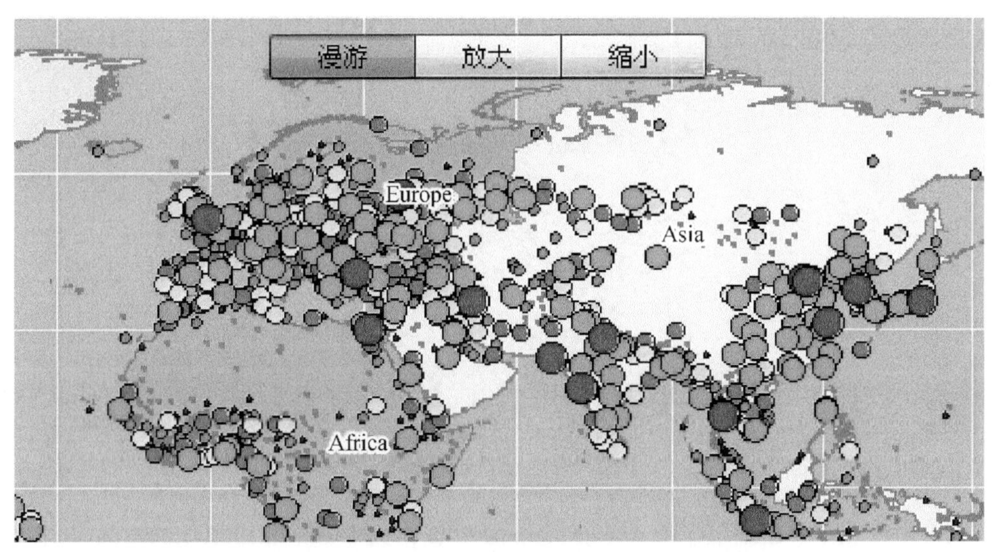

图7-6 NavigationTool类与ToggleButtonBar控件结合使用

chapter07_7.mxml 图7-6程序代码

```
<fx:Declarations>
        <esri:NavigationTool id="navToolbar" map="{map}"/>
</fx:Declarations>

<mx:ToggleButtonBar itemClick="toolbar_Clicked(event)">
    <mx:dataProvider>
        <fx:Array>
            <fx:String>漫游</fx:String>
```

```
                <fx:String>放大</fx:String>
                <fx:String>缩小</fx:String>
            </fx:Array>
        </mx:dataProvider>
</mx:ToggleButtonBar>

<fx:Script>
    <![CDATA[
        import mx.events.ItemClickEvent;
        protected function toolbar_Clicked(event:ItemClickEvent):
        void
        {
            switch(event.index)
            {
                case 0:
                    navToolbar.activate(NavigationTool.PAN);
                    break;
                case 1:
                    navToolbar.activate(NavigationTool.ZOOM_IN);
                    break;
                case 2:
                    navToolbar.activate(NavigationTool.ZOOM_OUT);
                    break;
            }
        }
    ]]>
</fx:Script>
```

Flex 4 比 Flex 3 新增加了一个 Declarations 标签，该标签是非可视化对象的容器，经常使用的 Array、ArrayCollection、XML 等都需要放在该标签内。因为 NavigationTool 不是可视化控件，所以也需要放到 Declarations 标签内部。上面的示例中涉及几个工具之间的切换，使用的是 activate 函数，该函数的签名如下：

```
activate(navType:String, enableGraphicsLayerMouseEvents:Boolean = false):void
```

该函数有两个参数，上面示例只使用了第一个参数，第二个参数使用了默认值 false。第一个参数用于指定启用哪个地图操作工具，第二个参数用于设置是否让 GraphicsLayer 中的图形元素可以感知鼠标事件。关于该参数具体应用效果的详细介绍请参考第 8 章 8.4 节。activate 函数负责启用地图操作工具，与之相对应的 deactivate 函数用于取消当前的地图操作工具并恢复成默认的地图导航模式（漫游）。

NavigationTool 类的前一视图、后一视图、全图功能可以和按钮绑定在一起使用，如

图7-7所示。其中前一视图、后一视图按钮不应该一直可用，因为地图在浏览的过程中，会产生一个地图范围序列，如果返回上一视图操作多次以后，可能已经位于整个序列的第一个地图范围，这时候需要把“上一视图”按钮的enable属性设置为false；同理也适用于“下一视图”。

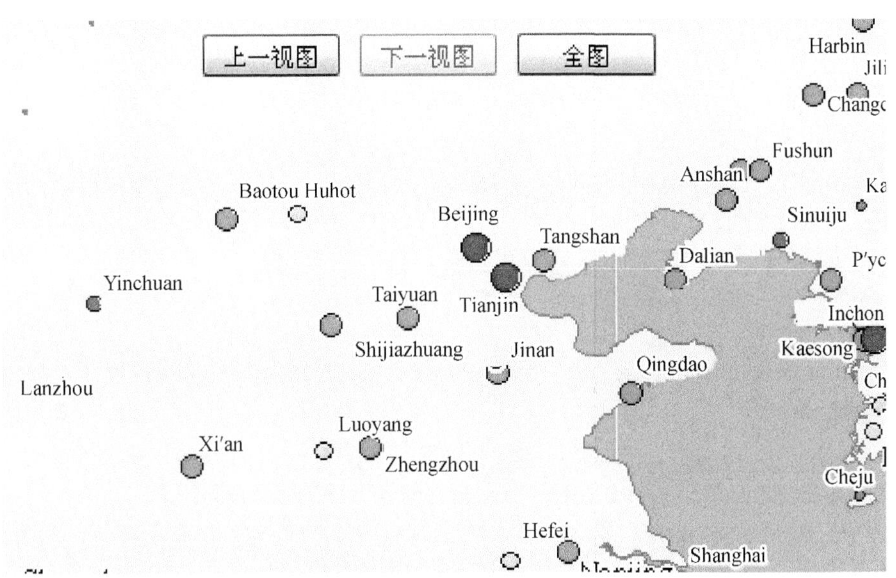

图7-7 NavigationTool类与Button结合使用

```
<s:Button label = "上一视图"
          enabled = "{! navToolbar. isFirstExtent}"
          click = "navToolbar. zoomToPrevExtent();"/ >
<s:Button label = "下一视图"
          enabled = "{! navToolbar. isLastExtent}"
          click = "navToolbar. zoomToNextExtent();"/ >
<s:Button label = "全图"
          click = "navToolbar. zoomToFullExtent();"/ >
```

7.4 绘制工具

DrawTool类封装了一些用于在浏览器端绘制几何图形的功能，这些功能主要体现在鼠标和地图控件交互的过程中。与NavigationTool类似，在与地图的鼠标交互过程中所绘制的几何图形是事先通过activate函数设定的，DrawTool类封装的这些绘制功能之间是互斥的，同一时间只能启用一个几何图形的绘制。DrawTool类支持的几何类型包括以下内容。

（1）点（MapPoint）：左键点击绘点。

（2）多点（MultiPoint）：左键点击绘点，多次点击添加节点，双击结束绘制。

（3）折线（Polyline）：左键点击开始绘制线，多次点击添加节点，双击结束绘制。

（4）面（Polygon）：左键点击开始绘制画多边形，多次点击添加节点，双击结束绘制。

（5）两点线（Line）：左键点击两次完成绘制。

（6）矩形（Extent）：左键点击开始拉框绘制矩形，鼠标抬起完成绘制。

（7）圆（Circle）：左键点击开始绘制圆形，鼠标抬起完成绘制。

（8）椭圆（Ellipse）：左键点击开始绘制圆形，鼠标抬起完成绘制。

（9）自由线（FreeHand _ Polyline）：左键保持按下状态，鼠标每移动一下都会产生节点，直到绘制完成。

（10）自由面（FreeHand _ Polygon）：左键保持按下状态，鼠标每移动一下都会产生节点，直到绘制完成。

chapter07 _ 8. mxml　图 7-8 程序的部分代码

```
<fx:Declarations>
    <esri:DrawTool id="drawTool" map="{map}" graphicsLayer="{layer}"/>
</fx:Declarations>

<mx:ToggleButtonBar top="10" itemClick="toolbar _ Clicked(event)">
    <mx:dataProvider>
        <fx:Array>
            <fx:String>点</fx:String>
            <fx:String>多点</fx:String>
            <fx:String>线段</fx:String>
            <fx:String>折线</fx:String>
            <fx:String>多边形</fx:String>
            <fx:String>自由线</fx:String>
            <fx:String>自由面</fx:String>
            <fx:String>矩形</fx:String>
            <fx:String>圆</fx:String>
            <fx:String>椭圆</fx:String>
        </fx:Array>
    </mx:dataProvider>
</mx:ToggleButtonBar>

<fx:Script>
    <![CDATA[
        import mx.events.ItemClickEvent;
        protected function toolbar _ Clicked(event:ItemClickEvent):
        void
        {
```

```
            switch(event. index)
            {
                case 0:
                    drawTool. activate(DrawTool. MAPPOINT);
                    break;
                case 1:
                    drawTool. activate(DrawTool. MULTIPOINT);
                    break;
                case 2:
                    drawTool. activate(DrawTool. LINE);
                    break;
                case 3:
                    drawTool. activate(DrawTool. POLYLINE);
                    break;
                case 4:
                    drawTool. activate(DrawTool. POLYGON);
                    break;
                case 5:
                    drawTool. activate(DrawTool. FREEHAND _ POLYLINE);
                    break;
                case 6:
                    drawTool. activate(DrawTool. FREEHAND _ POLYGON);
                    break;
                case 7:
                    drawTool. activate(DrawTool. EXTENT);
                    break;
                case 8:
                    drawTool. activate(DrawTool. CIRCLE);
                    break;
                case 9:
                    drawTool. activate(DrawTool. ELLIPSE);
                    break;
            }
        }
    ]] >
< /fx:Script >
```

DrawTool 类的 map 属性和 graphicsLayer 属性在使用时需要特别设置，map 属性用来指定绘制工具作用的对象，graphicsLayer 属性用来指定绘制的图形存放的位置。如果没有给 graphicsLayer 赋值有效的图层对象，就无法在地图上看到绘制的几何图形。绘制几何图形的过程中鼠标在默认情况下有一个英文的提示信息，该提示信息可以通过设置 showDrawTips 属性为 false 进行隐藏。fillSymbol、lineSymbol、markerSymbol 属性分别用于设定绘制的点、线、面等几何图形的符号，默认情况下都是用黑色符号，如图 7-8 所示。Activate 和 deactivate 函数的用法和 NavigationTool 完全一样。

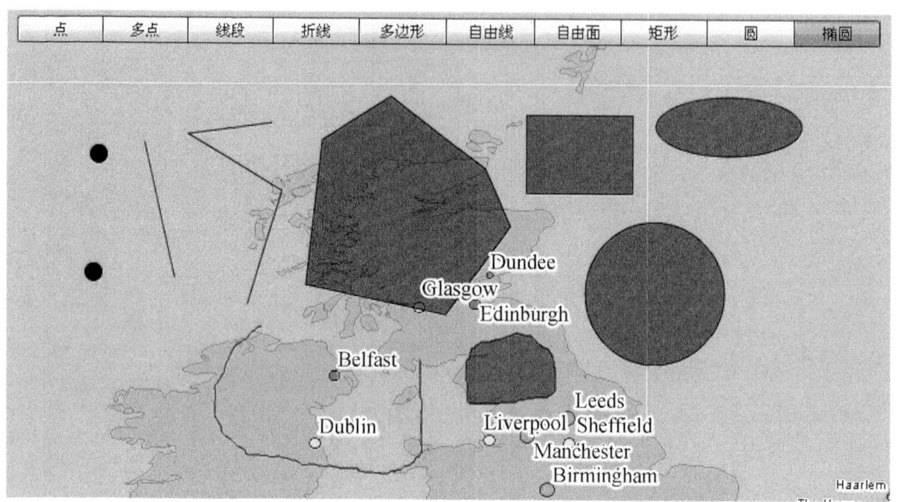

图 7-8 DrawTool 类与 ToggleButtonBar 结合使用

DrawTool 类提供了两个监听绘制过程的事件。

（1）drawStart：绘制开始时触发。

（2）drawEnd：绘制结束时触发。

```
<esri:DrawTool drawEnd = "onDrawEnd(event)" />

......
<fx:Script>
    <![CDATA[
            import com. esri. ags. events. DrawEvent;
            import mx. controls. Alert;
            protected function onDrawEnd(event:DrawEvent):void
            {
                var graphic:Graphic = event. graphic; //获得绘制的图形
                mx. controls. Alert. show("绘制结束!");
            }
]]>
</fx:Script>
```

drawEnd 是一个常用的事件，在多数系统中会涉及的拉框查询就需要在该事件处理函数中获取到绘制的图形，然后向服务器发出空间查询请求。

第 8 章　矢量图形绘制

ArcGIS Flex API 提供了矢量图形绘制的功能，并且可以定制矢量图形的符号、颜色。在第四章中介绍的动态地图服务（ArcGISDynamicMapServiceLayer）和缓存地图服务（ArcGISTiledMapServiceLayer）都是由服务器端负责渲染成图片（jpeg 或者 png 等格式），然后通过 HTTP 传送给浏览器显示，这时的地图控件类似于图片浏览控件 Image，当然要比 Image 控件要复杂的多，因为其中会涉及坐标的转换、多张切片地图的拼接等。本章涉及的内容也可以渲染出矢量地图，不过和前面的图层是不同的机制，它是由客户端的 Flash Player 渲染引擎负责绘制图形，每一个几何图形都是矢量图形，是可以单独响应鼠标事件的对象，而在动态地图服务图层上的几何图形已经渲染成图片，无法单独响应鼠标事件。

在浏览器端渲染几何图形是一个很有用的功能，尤其适用于高亮显示几何要素、选择矢量要素、GPS 轨迹实时跟踪等一些场景。

可能有人会提出疑问，为什么不把所有的矢量图层都放在客户端渲染？因为在客户端渲染矢量图层是需要把每个要素的准确坐标从服务器传送到客户端，对于点状数据，每个点都对应一个 X、Y 坐标；对于线和面状数据，每个要素可能对应几十甚至上百个点坐标，需要在网络上传输的数据量非常大，而且 Flash Player 渲染大量的矢量图形会给客户端造成很大性能上的压力。作者曾经测试过在客户端绘制的大量点状要素，数量一旦超过 1000 个，就明显感觉到地图浏览的速度变慢，响应延迟。从网络传输压力和渲染压力上看，大量矢量数据的图层仍然需要在服务器端完成，客户端绘制适用于少量几何图形的情形。

8.1　GraphicsLayer 图层

在客户端绘制的几何体图形都需要有一个图层作为容器，这个容器就是 GraphicsLayer，每个地图控件中可以包含多个 GraphicsLayer，单个 GraphicsLayer 中包含的矢量图形的几何类型不做唯一性限制，即一个 GraphicsLayer 中既可以包含点状图形，也可以包含线状图形、面状图形。在这一点上 GraphicsLayer 和 ArcMap 中的矢量图层是有所区别的，ArcMap 中的矢量图层只能包含单一的几何类型，即全部是点，或者全部是线，或者全部是面，不能多种几何类型混合存储。

GraphicsLayer 是从 mx.core.UIComponent 继承下来的子类，凡是 UIComponent 支持的事件和属性，GraphicsLayer 也同样支持，如鼠标的 click 事件、mouseOut 事件，mouseOver 事件、mouseDown 事件、show 事件和 hide 事件，透明度 alpha 属性、toolTip 属性、visible 属性等。此外还有一些其他的属性和方法，见表 8-1 和表 8-2。

表 8-1 GraphicsLayer 的常用属性

属性名称	数据类型	说明
graphicProvider	Object	图层的数据源，类似于 DataGrid 的 dataProvider 属性；一般该属性设置为一个 Array、ArrayCollection、或者 Graphic 对象。不论设置其中的哪一个类型，最终都会转化为 ArrayCollection，所以读取该属性获得的对象类型是 ArrayCollection
numGraphics:	Int	只读属性，获取当前图层中包含的 Graphic 数量
renderer	Renderer	指定该图层中包含的 Graphic 的渲染方式，可以设置为类 SimpleRenderer、ClassBreaksRenderer 或者 UniqueValueRenderer 的对象
spatialReference	SpatialReference	该属性用于过滤显示地图服务中的矢量要素，功能类似于 ArcMap 中的 Definition Expression
symbol	Symbol	该图层默认使用的符号，如果图层中包含的 Graphic 没有定义自身的符号，那么就使用图层的符号，如果其中的 Graphic 自身指定了符号，那么使用自身符号
units	String	该图层的地图单位

表 8-2 GraphicsLayer 的常用方法

函数签名	说明
add (graphic: Graphic): String	向图层中添加一个 Graphic
clear (): void	清空图层中的所有 Graphic
moveToTop (graphic: Graphic): void	图层中有多个 Graphic，并且存在压盖的时候，把指定的 Graphic 移到最上面
remove (graphic: Graphic): void	从图层中删除一个 Graphic

使用脚本方式显示和隐藏 GraphicLayer：

```
graphicLayer. visible = true;
graphicLayer. visible = false;
```

使用 MXML 标签在 GraphicLayer 中添加一个点：

```
<esri:Map>
    <esri:ArcGISTiledMapServiceLayer
        url="http://server/ArcGIS/rest/services/WorldMap/MapServer"/>
    <esri:GraphicsLayer>
        <esri:Graphic>
            <esri:geometry>
                <esri:MapPoint x="1447000" y="7477000" spatialReference=
                "{new SpatialReference(102100)}"/>
            </esri:geometry>
        </esri:Graphic>
    </esri:GraphicsLayer>
```

```
</esri:Map>
```

GraphicsLayer 类提供了三个事件：graphicAdd、graphicRemove 和 graphicClear。这三个事件可以监听图层中增加 Graphic、删除 Graphic、清空 Graphic；其中，graphicAdd 比较实用。在大多数应用系统中，GraphicsLayer 的数据源 graphicProvider 是来自于查询的结果，图层往往直接绑定结果集上，为了给每个 Graphic 添加事件处理或者添加提示（ToolTip），可以在 graphicAdd 事件处理函数中对每个 Graphic 对象进行处理，如下代码所示：

```
protected function onGraphicAdd(event:GraphicEvent):void
{
    if (event. graphic. attributes. Name)
    {
        event. graphic. toolTip = event. graphic. attributes. Name;
    }
}
```

8.2　几　何　体

Flex 提供了在浏览器端绘制图形的接口，ArcGIS Flex API 在这些图形绘制接口的基础上实现了多种几何形状图形的绘制，在 8.1 节中用到了 MapPoint（点）。另外，GIS 中常见的几何形状还有：线、面、矩形等，所有的几何体类都是从 Geometry 类派生。

Geometry 类中封装了几何体（Geometry）共有的特征。

（1）extent：几何体的外接矩形。

（2）spatialReference：几何体坐标的坐标系。

（3）type：几何体的类型，标识该几何体是点、线或者面。

MapPoint 是最简单的几何体对象，其坐标由一个坐标对（x，y）组成。

使用 MXML 标签创建点对象：

```
<esri:MapPoint x = "117. 5" y = "29" />
```

使用 ActionScript 脚本创建点对象：

```
var marker:MapPoint = new MapPoint(117. 5,39. 2);
```

Polyline（线）由一组 Path 构成，每个 Path 由一系列点构成，一个 Polyline 对象可以由空间上不连接的多个线段组成，Polyline 对象的属性和方法见表 8-3 和表 8-4。

表 8-3　Polyline 的常用属性

属性名称	数据类型	说明
extent	Extent	线的外接矩形
paths	Array	组成 Polyline 的 Path 数组
type	String	几何类型，对于 Polyline 而言，type 属性值为 “POLYLINE”

表 8-4　Polyline 的常用方法

方法签名	说明
addPath（points：Array）：void	往 Polyline 对象中添加一个 Path
getPoint（pathIndex：int，pointIndex：int）：MapPoint	从 Polyline 对象中获取指定 Path 上的一个点对象
insertPoint（pathIndex：int，pointIndex：int，point：MapPoint）：void	往指定的 Path 上添加一个点
removePath（index：int）：MapPoint	从 Polyline 对象中删除一个 Path
removePoint（pathIndex：int，pointIndex：int）：MapPoint	删除一个点
setPoint（pathIndex：int，pointIndex，point：MapPoint）：void	修改指定 Path 上的一个点对象

Polyline 实际上是由一个 Path 数组构成，每个 Path 由一个 MapPoint 数组构成，如下 MXML 标签所示，下面的示例中 Polyline 对象只有一个 Path，并且该 Path 由六个点构成。

```
<esri:Polyline spatialReference="{new SpatialReference(102100)}">
    <fx:Array>
        <fx:Array>
            <esri:MapPoint x="15558700" y="1770100"/>
            <esri:MapPoint x="12959100" y="2261100"/>
            <esri:MapPoint x="11901900" y="3238400"/>
            <esri:MapPoint x="1447100" y="4244300"/>
            <esri:MapPoint x="-13627000" y="2012200"/>
            <esri:MapPoint x="-13330400" y="1623400"/>
        </fx:Array>
    </fx:Array>
</esri:Polyline>
```

使用 ActionScript 脚本方式创建 Polyline 对象：

```
var paths:Array = [];
var points:Array = [];

points.push(new MapPoint(117,39));
points.push(new MapPoint(147,35));
points.push(new MapPoint(127,50));

paths.push(points);
var polyline:Polyline = new Polyline();
polyline.paths = paths;
```

Polygon 是常见的面状几何体，由一个 ring 数组构成，每个 ring 由一组 MapPoint 构成一个闭合的区域，组成 Polygon 的多个 ring 对象一般情况下是物理上不连续的区域。为了保证每个 ring 都是一个闭合的区域，在构建 ring 的时候需要使第一个点和最后一个点的坐标重合。Polygon 对象有三种应用场景，第一种是使用 DrawTool 绘制得到 Polygon，第二种是从服务器上查询得到返回值是 Polygon，第三种是开发人员用点构面，用点构面时重点要注意 ring 的第一个点和最后一个点重合。如下示例是使用 MXML 标签创建一个 Polygon 对象：

```
<esri:Polygon spatialReference = "{new SpatialReference(4326)}" >
    <fx:Array >
        <fx:Array >
            <esri:MapPoint x = "13" y = "55. 59"/ >  <! -- 第一个点 -- >
            <esri:MapPoint x = "18. 42" y = "-33. 92"/ >
            <esri:MapPoint x = "-43. 23" y = "-22. 90"/ >
            <esri:MapPoint x = "13" y = "55. 59"/ >  <! -- 最后一个点,与第一个点
            重合 -- >
        </fx:Array >
    </fx:Array >
</esri:Polygon >
```

Polygon 和 Polyline 的成员很类似，区别在于 Polygon 多了一个 contains 方法，该方法的签名如下：

```
contains(point:MapPoint):Boolean
```

contains 方法用于判断一个点坐标是否落在一个多边形范围内，是一个很典型的矢量数据的空间分析功能。如图 8-1 所示，一个三角形，两个点，其中一个点在三角形内，一个在三角形外，ActionScript 脚本使用 contains 方法的示例如下：

```
points. push(new MapPoint(130,30)); //第一个点
points. push(new MapPoint(140,30));
points. push(new MapPoint(130,20));
points. push(new MapPoint(130,30)); //最后一个点，与第一个点重合
rings. push(points);

var polygon:Polygon  =  new Polygon();
polygon. rings  =  rings;
var within:Boolean  =  polygon. contains(new MapPoint(135. 6,25);
if(within)
    mx. controls. Alert. show("点在面内");
else
    mx. controls. Alert. show("点在面外");
```

Extent 几何对象是一个规则的矩形，横平竖直，也叫 bounding box。每个几何体对

象都有一个 extent 属性，如 Polyline 有 extent 属性，该属性是线对象中所有坐标点的最大、最小坐标值（x，y）构成的矩形区域。如图 8-2 所示，黑色的线是 Polyline 对象，虚线的边框是其 extent。Extent 常用属性和方法如表 8-5 和表 8-6 所示。

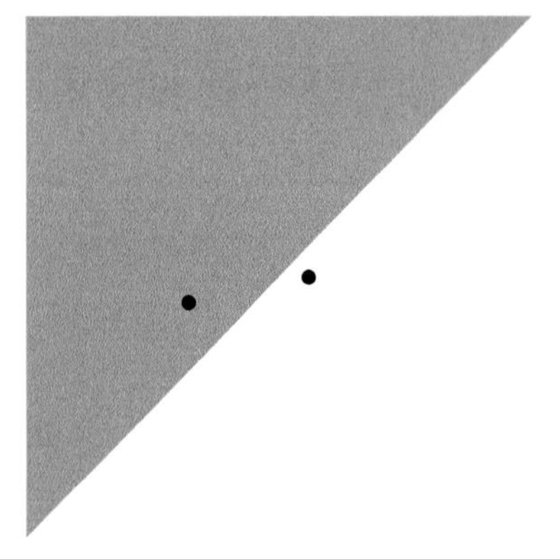

图 8-1　点与多边形的关系

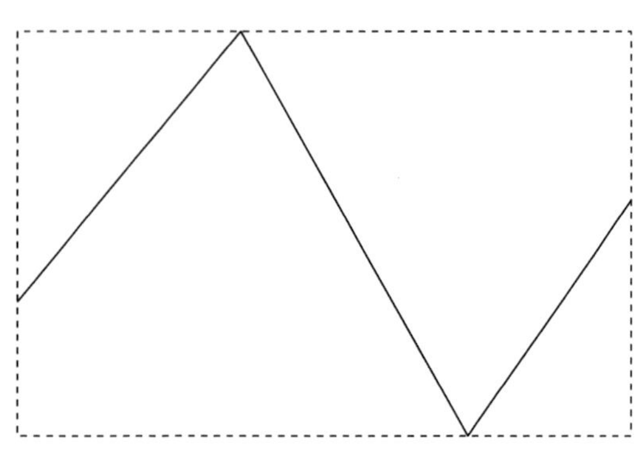

图 8-2　线的包围盒

表 8-5　Extent 的常用属性

属性名称	数据类型	说明
center	MapPoint	矩形的中心点坐标
height	Number	矩形的宽度
width	Number	矩形的高度
xmax	Number	x 的最大值
xmin	Number	x 的最小值
ymax	Number	y 的最大值
ymin	Number	y 的最小值

表 8-6　Extent 的常用方法

方法签名	说明
centerAt（point：MapPoint）：Extent	把当前的 Extent 对象中心移到到 point，Extent 的大小不变，返回新的 Extent 对象，该方法不改变原来 Extent 对象的位置
contains（geometry：Geometry）：Boolean	检查 geometry 是否位于该 Extent 对象范围内
expand（factor：Number）：Extent	根据指定的因子 factor 缩放，返回新的 Extent，该方法不影响原来 Extent 对象
intersection（extent：Extent）：Extent	计算两个 Extent 对象重叠的部分，如图 8-3 所示
intersects（geometry：Geometry）：Boolean	判断一个 geometry 对象是否位于 Extent 对象的空间范围内
offset（dx：Number，dy：Number）：Extent	把当前的 Extent 对象在 x、y 方向上平移得到一个新的 Extent 对象
union（extent：Extent）：Extent	合并两个 Extent 对象，得到一个更大范围的 Extent 对象，且可以完全覆盖合并的两个 Extent 对象

注意 Extent 对象的几个方法在使用过程中，不论是 centerAt，还是 union，这些方法

计算完成后返回一个新的 Extent 对象，不会改变原有 Extent 对象。

```
//extent3 是重叠的部分，等价于 extent2. intersection (extent1);
var extent3: Extent = extent1. intersection (extent2); //如图 8-3 所示
```

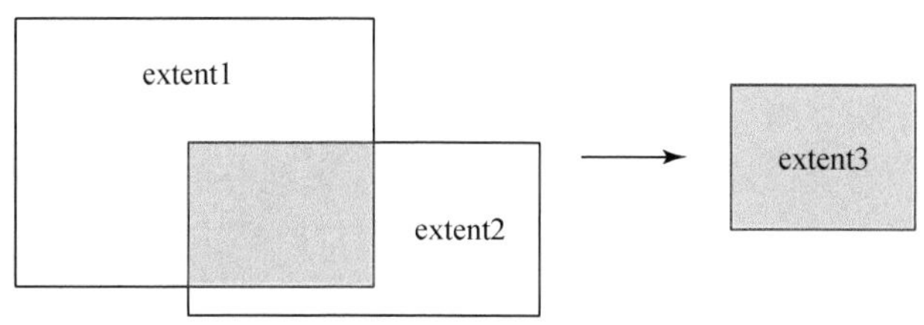

图 8-3　两个 Extent 对象求交的结果

```
//A 是 Extent 对象，B 为一个 geometry 对象
var bIntersect:Boolean = A. intersects (B); // 如图 8-4 所示，bIntersect 的结果是 true
if(bIntersect)
    mx. controls. Alert. show("A 和 B 有重叠部分。");
```

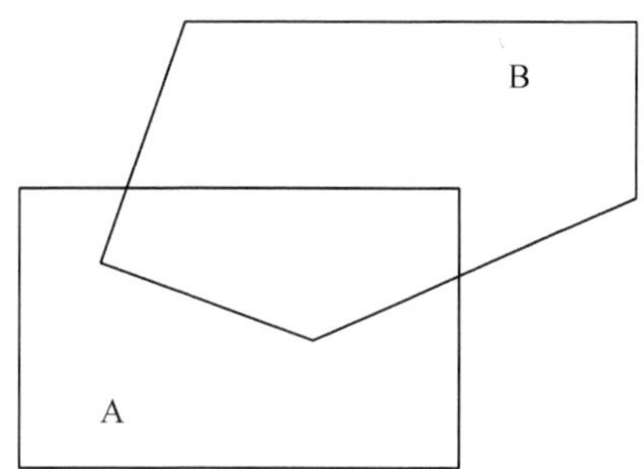

图 8-4　判断两个多边形是否有重叠部分

Map 控件的地图范围控制也是通过 Extent 对象来实现的，如下 MXML 标签代码是设置地图的初始显示范围：

```
<esri:Map>
    <esri:extent>
        <esri:Extent xmin="15" ymin="54" xmax="40" ymax="71">
            <esri:SpatialReference wkid="4326"/>
        </esri:Extent>
    </esri:extent>
</esri:Map>
```

或者通过如下的属性绑定方式：

```
<esri:Extent id="myExtent" xmin="15" ymin="54" xmax="40" ymax="71"
    spatialReference="{new SpatialReference(4326)}"/>
<esri:Map extent="{myExtent}"/>
```

8.3 符　　号

一般把 GIS 的核心简要的分为三大块：空间数据、制图表达、空间分析。其中符号（Symbol）和渲染器（Renderer）在“制图表达”中扮演重要角色。符号用于绘制地理要素，它的特征用于描述地理要素的显示样式，主要分为四种类型：点状符号、线状符号、面状符号和文字符号。该分类是按照几何特征来划分的，因此在绘制几何图形时，需要使用对应的符号类型。针对每一种几何类型，可以使用的符号如下所示。

（1）点：SimpleMarkerSymbol，PictureMarkerSymbol，InfoSymbol，CompositeSymbol

（2）线：SimpleLineSymbol，CartographicLineSymbol，CompositeSymbol

（3）面：SimpleFillSymbol，PictureFillSymbol，CompositeSymbol

（4）文字：TextSymbol

下面依次介绍这些符号类的使用方法。

SimpleMarkerSymbol 是最简单的点符号类，其特征有样式、颜色、大小、透明度和轮廓线等，常用属性如表 8-7 所示。在使用的过程中，如果为点符号指定了一个对比度相对较高的轮廓线，那么点状符号会更漂亮，如浅蓝色的点符号配以黄色的轮廓线。

表 8-7　SimpleMarkerSymbol 的常用属性

属性名称	数据类型	说明
alpha	Number	透明度，取值区间是 0 ~ 1，0 表示完全透明，1 表示完全不透明
color	uint	颜色，如果在 ActionScript 脚本中，一般使用 0x 开头的 16 进制数值，例如：0xff0000 表示红色；在 MXML 标签中一般使用#开头的 Web 描述方式，例如：#00ff00 表示绿色
outline	SimpleLineSymbol	轮廓线，用于设定线的颜色、宽度等
size	Number	大小，默认大小是 15 个像素
style	String	样式，有六种可选的样式：circle，cross，diamond，square，triangle，x 等

用 MXML 标签创建 SimpleMarkerSymbol 对象：

```
< esri:SimpleMarkerSymbol id = "smsBigRedSquare" size = "18"
    color = "0xFF0000" style = "square" alpha = "0. 7"/ >
```

用 ActionScript 方式创建 SimpleMarkerSymbol 对象：

```
var myPointSymbol:SimpleMarkerSymbol = new SimpleMarkerSymbol(SimpleMarker-
   Symbol. STYLE _ CIRCLE, 10, 0xFF0000, 0. 5);
```

PictureMarkerSymbol 是另一个常用的点符号类，它用一个小图片来绘制一个点，支持的图片格式有 jpg、gif、png、swf 和 svg；svg 格式必须以嵌入（Embed）资源的形式使用，其他格式既可以是嵌入资源，也可以是引用外部的 URL 地址。常用属性如表 8-8 所示。

表 8-8　PictureMarkerSymbol 的常用属性

属性名称	数据类型	说明
source	Object	图片的地址，可以是 string 类型的 URL，也可以是 Embed 的 Object
width	Number	符号的宽度
height	Number	符号的高度
xoffset	Number	X 轴方向的偏移量，默认值是 0，即定位图片符号的时候是以图片的中心为地理坐标点的
yoffset	Number	Y 轴方向的偏移量，默认值是 0，即定位图片符号的时候是以图片的中心为地理坐标点的
angle	Number	图片旋转的角度

把图片嵌入 swf 文件的使用方法如下：

```
<esri:PictureMarkerSymbol id = "pms _ embedded" source = "@ Embed(source = 'assets/
    fire. gif')"/ >
```

使用 URL 地址引用图片的使用方法如下，地址可以是绝对 http 地址或者相对地址：

```
<esri:PictureMarkerSymbol id = "pms _ by _ url" source = "assets/warningsmall. gif"/ >
```

使用图片绘制点时，默认情况下对应的点位置在图片的中心。有些图片符号的形状比较特别，如图 8-5 所示，该图片对应的点位置最好位于尖角处，这些需要设置 xoffset 和 yoffset 属性，使图片产生一定的偏移，使得尖角处正好对上地理坐标点。

```
<esri:PictureMarkerSymbol id = "picSym" yoffset = "16" xoffset = "8" source = "assets/ima-
    ges/marker. png" / >
```

图 8-5　点符号

SimpleLineSymbol 是比较简单易用的线符号类，也是使用频率最高的线符号类，它提供了四个属性来对符号进行设置（表 8-9）。

表 8-9 **SimpleLineSymbol 的常用属性**

属性名称	数据类型	说明
color	uint	线的颜色，为 16 进制的数值，如 0xff0000 代表红色
width	Number	线的宽度，单位是像素，默认值是 1 个像素
alpha	Number	透明度，取值范围是 0 ~ 1，0 表示完全透明，1 表示完全不透明
style	String	线的样式，有六种可选的样式：dash、dashdot、dashdotdot、dot、none、solid

用 MXML 标签创建 SimpleLineSymbol 对象：

```
<esri:SimpleLineSymbol id = "sls" color = "0xFF3333" style = "dash" width = "2" alpha =
    "0. 5"/>
```

用 ActionScript 方式创建 SimpleMarkerSymbol 对象：

```
var sls:SimpleLineSymbol =
    new SimpleLineSymbol(SimpleLineSymbol. STYLE_SOLID, 0xFF0000, 0. 8, 2);
```

或者：

```
var myOtherLineSymbol:SimpleLineSymbol = new SimpleLineSymbol();
myOtherLineSymbol. color = 0xFFFF99;
myOtherLineSymbol. width = 2;
myOtherLineSymbol. alpha = 1. 0;
myOtherLineSymbol. style = "dot";
```

CartographicLineSymbol 符号类也是用于绘制线状图形，是 SimpleMarkerSymbol 类的子类，相比而言，前者增加了两个属性，即 join 和 cap，这两个属性可以设置线的拐弯处和两端的形状，如图 8-6 所示。

```
<esri:CartographicLineSymbol id = "cls" cap = "round" join = "round"/>
```

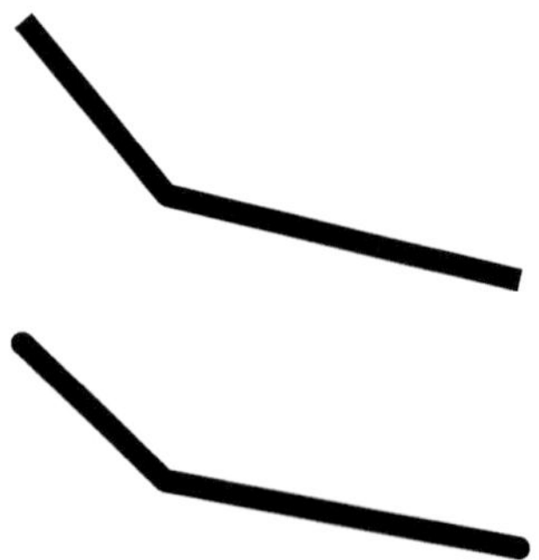

图 8-6 直角端点和圆角端点

SimpleFillSymbol 符号类用于绘制面状图形，可以设置填充样式、透明度，也可以用一个线符号对象来设置其边线的样式，常见属性见表 8-10。

表 8-10　SimpleFillSymbol 的常用属性

属性名称	数据类型	说明
color	uint	填充的颜色，为 16 进制的数值，如 0xff0000 代表红色
outline	SimpleLineSymbol	面的边线样式，边线的颜色和样式都可以和填充区域不同，单独通过 outline 属性设置为一个线符号对象
alpha	Number	透明度，取值范围是 0 ~ 1，0 表示完全透明，1 表示完全不透明
style	String	面的填充的样式，有八种可选的样式：backwarddiagonal、forwarddiagonal、diagonalcross、cross、horizontal、null、vertical、solid

用 MXML 标签创建 SimpleFillSymbol 对象：

```
< esri:SimpleFillSymbol id = "sls" color = "0x2299FF" alpha = "0. 6" >
```

用 ActionScript 方式创建 SimpleFillSymbol 对象，如果 SimpleFillSymbol 的 outline 属性没有设置，那么边线和填充区域使用同样的颜色和样式渲染：

```
var symbol:SimpleFillSymbol =
    new SimpleFillSymbol(SimpleFillSymbol. STYLE _ SOLID, 0xFF0000, 0. 1);
symbol. outline = new SimpleLineSymbol (SimpleLineSymbol. STYLE _ SOLID, 0xFF0000,
    1. 0, 2);
```

TextSymbol 符号类用于在 GraphicsLayer 中绘制文字，和 MapPoint 点对象结合使用，构成一个文字图形（Graphic）添加到 GraphicsLayer 中。TextSymbol 符号类可以设置文字的字体、颜色、大小等特征，常用的属性见表 8-11。

表 8-11　TextSymbol 的常用属性

属性名称	数据类型	说明
color	uint	字体的颜色，为 16 进制的数值，如 0xff0000 代表红色
placement	String	文字相对坐标点的位置，有五种选择：above、below、end、middle、start
text	String	文本内容
textFormat	TextFormat	文字的格式，如大小、字体等
xoffset	Number	控制文字在 x 方向上的偏移量
yoffset	Number	控制文字在 y 方向上的偏移量

以 MXML 标签形式使用 TextSymbol 的示例如下：

```
< esri:TextSymbol id = "txtSym" text = "Beijing" placement = "above" xoffset = "0" yoffset = "
    0" color = "0xFF0000" border = "false" >
     < flash:TextFormat size = "26" font = "Arial" bold = "true" italic = "false" / >
< /esri:TextSymbol >
……
……
```

```
<esri:Graphic id = "theTextGraphic" symbol = "{txtSym}"
                                    toolTip = "This is a demo of textSymbol. " >
      <esri:geometry >
            <esri:MapPoint x = "3465900" y = "3500900"/ >
      </esri:geometry >
</esri:Graphic >
```

8.4 Graphic

Graphic 是显示在客户端的几何图形，每个 Graphic 都由几何体（geometry）、符号（symbol）和属性（attributes）组成。ArcGIS Flex API 中提供的一些 Task 执行结果的返回值都是 Graphic；也可以根据坐标创建 Graphic 实例。

Graphic 的父类是 mx. core. UIComponent。从父类 UIComponent 可以得出两个结论：其一，父类的成员（属性、方法、事件等）Graphic 都应该支持，如鼠标点击事件（click）、鼠标按下事件（mouseDown），visible 属性等；其二，UIComponent 属于大对象，占用资源和实例化的成本都较高，所以在绘制的 Graphic 较多时，性能会比较慢。Graphic 的常用属性如表 8-12 所示。

表 8-12　Graphic 的常用属性

属性名称	数据类型	说明
attributes	Object	该 Graphic 具有的属性，由属性名和属性值组成。例如，{name：“beijing”，population：236000}
geometry	Geometry	几何体，决定该 Graphic 所在的位置，具体的几何体类型可以是点、线或者面
symbol	Symbol	绘制该 Graphic 所用的符号

GraphicsLayer 是显示 Graphic 的客户端图层类，使用 GraphicsLayer 的 add 方法单独添加一个 Graphic，也可以使用 GraphicsLayer 的 GraphicProvider 属性直接绑定一组 Graphic 对象来显示。

下面示例代码在地图加载时随机生成了 100 个点，在鼠标划过点时把点符号设为半透明，并且通过拉框来选择这些点，具体的代码实现如下所示：

chapter08 _ 4. mxml

```
// 地图 load 事件发生时,往地图上添加 100 个随即点,坐标是使用 Math. random 随机生成的
private function onMapLoad():void
{
    for(var i:int =0;i < 100;i + + )
    {
        var random1:Number  =  Math. random();
```

```
        var x:Number = - 14015000 + random1* 700000;
        var random2:Number = Math. random();
        var y:Number = 5558000 + random2 * 800000;
        var graphic:Graphic = new Graphic();
        graphic. geometry = new MapPoint(x,y);
        graphic. symbol = defaultSymbol;
        graphic. attributes = {ID:i}; //为 graphic 添加一个属性 ID
        //为 graphic 添加鼠标进入和鼠标离开事件
        graphic. addEventListener(MouseEvent. MOUSE _ OVER,onMouseOver);
        graphic. addEventListener(MouseEvent. MOUSE _ OUT,onMouseOut);
        myGraphicsLayer. add(graphic);
    }
    // 第二个参数 true 非常关键,该参数决定了是否能够触发 Graphic 的鼠标事件
    drawTool. activate(DrawTool. EXTENT,true);

    function onMouseOver(evt:MouseEvent):void
    {
        var graphic:Graphic = evt. currentTarget as Graphic;
        graphic. alpha = 0. 5; //鼠标进入时,半透明
    }
    function onMouseOut(evt:MouseEvent):void
    {
        var graphic:Graphic = evt. currentTarget as Graphic;
        graphic. alpha = 1; // 鼠标离开时,恢复原来的不透明状态
    }
}

// 在绘制矩形结束后,进行空间分析,得到选中的图形,并且改变颜色高亮显示
private function drawEndHandler(event:DrawEvent):void
{
    var extent:Extent = event. graphic. geometry as Extent;
    var graphic:Graphic;
    var results:ArrayCollection = new ArrayCollection;
    for (var i:Number = 0;i < myGraphicsLayer. graphicProvider. length; i + +)
    {
        graphic = myGraphicsLayer. graphicProvider[ i] as Graphic;
        if (extent. contains(MapPoint(graphic. geometry)))
        { // 如果点在拉框的矩形内,改变显示符号
            graphic. symbol = highlightedSymbol;
```

```
            results. addItem(graphic. attributes. ID);
        }
        else if (graphic. symbol = = highlightedSymbol)
        { // 如果点不在拉框的矩形内,恢复原来的默认符号
            graphic. symbol = defaultSymbol;
        }
    }
    labelPoints. text = "选中的个数为:" + results. length;
    dg. visible = true;
    dg. dataProvider = results;
}
```

小提示：

NavigationTool 和 DrawTool 的 activate 方法的第二个参数在使用的过程中往往被省略了，该参数名称为 enableGraphicsLayerMouseEvents，类型为 Boolean，其作用非常关键，其默认值为 false，即在启用工具后，GraphicsLayer 不可以捕获鼠标事件，所以在代码中给 Graphic 添加了鼠标事件后，始终无法触发，问题非常奇怪。原因就在此参数上，如果要触发 Graphic 的鼠标事件，必须把第二个参数设置为 true。

使用 Graphic 可以比较方便的开发鹰眼的功能，效果如图 8-7 所示。

图 8-7　使用 Graphic 制作鹰眼功能

实现鹰眼有三个关键环节，即监听主地图的 extentChange 事件、在鹰眼图上绘制矩形（Graphic）和鹰眼的显示、隐藏开关。

示例代码如下：

chapter08 _ 5. mxml

```
<fx:Declarations>
        <esri:SimpleFillSymbol id="fillsym" color="#ff0000" />
    </fx:Declarations>
    <esri:Map id ="map" width="100%" height="100%"
              extentChange="onExtentChanged();">
        <esri:ArcGISTiledMapServiceLayer
url="http://server/ArcGIS/rest/services/World/MapServer"/>
        </esri:Map>
        <s:BorderContainer id="overview" width="180" height="180" right="0" bottom
="0" borderAlpha="0.5" borderColor="#000000" visible="false">
<esri:Map id="overviewmap" panEnabled="false" scaleBarVisible="false" width="100%"
height="100%"
                logoVisible="false" zoomSliderVisible="false">
          <esri:ArcGISTiledMapServiceLayer
url="http://server /ArcGIS/rest/services/World/MapServer"/>
          <esri:GraphicsLayer id="rectlayer">
            <esri:graphicProvider>
                <esri:Graphic id="rect" symbol="{fillsym}" />
            </esri:graphicProvider>
          </esri:GraphicsLayer>
      </esri:Map>
    </s:BorderContainer>
    <mx:Image id="overviewimage" source="assets/images/show.png" bottom="0" click
="toggleOverView();" right="0" useHandCursor="true" buttonMode="true" />
    <fx:Script>
        <![CDATA[
            private function onExtentChanged():void
            {   //rect 为鹰眼图上的红色矩形,在每次主地图的空间范围发生变化时,
                //更新 rect 的 geometry 属性
                rect.geometry = map.extent;
            }

            //右下角的图片是鹰眼图的开关,点击时切换箭头图片,隐藏、显示鹰眼
            private function toggleOverView():void
            {
                if(overview.visible)
                  overviewimage.source="assets/images/show.png";
                else
```

```
            overviewimage. source = "assets/images/hide. png";

            overview. visible  =  !  overview. visible;//注意取反符号
        }
    ]]>
</fx:Script>
```

8.5 渲 染 器

渲染器（Renderer）根据属性符号化 Graphic，决定一个 GraphicsLayer 如何绘制，对于生成专题图很有帮助。渲染器与符号的作用相比有很多相似之处，都是为了绘制图形，但是又存在着很大的差别，这些差别也就是渲染器存在的必要性。

符号是针对单个 Graphic 而言的，渲染器是针对一个 GraphicsLayer 图层中的所有 Graphic 都起作用，并且渲染器需要依赖 Graphic 的属性值（attributes），而符号是和属性无关的。一个 GraphicsLayer 图层中可以包含多种几何类型（如点和线），渲染器适合于只有单一类型几何体的情形。目前版本的 ArcGIS Flex API 中有如下四种渲染器。

（1）ClassBreaksRenderer：针对数值型的属性，分级渲染。

（2）SimpleRenderer：简单渲染器，单一符号渲染。

（3）TemporalRenderer：根据时间来渲染图形。

（4）UniqueValueRenderer：根据属性与符号的对应关系，每个 Graphic 寻找对应符号进行渲染。

下面主要介绍一下使用频率较高的 ClassBreaksRenderer 和 UniqueValueRenderer。

ClassBreaksRenderer 应用的对象 Graphic 要求具有数值型的属性，不同的数值范围使用不同的符号来绘制，可以比较明显的突出重要程度。ClassBreaksRenderer 最重要的两个属性是 infos 和 attribute，infos 用于描述符号与分级范围的对应关系，是个数组；attribute用于指定使用 Graphic 的哪个属性产生映射关系。具体的实现如下所示：

chapter08 _ 6. mxml

```
<esri:GraphicsLayer id = "graphicsLayer">
        <esri:renderer>
                <esri:ClassBreaksRenderer attribute = "ranking">
                    <esri:ClassBreakInfo maxValue = "0. 33" symbol = "{smallSym}"/>
                    <esri:ClassBreakInfo maxValue = "0. 67" minValue = "0. 33"
                            symbol = "{mediumSym}"/>
                    <esri:ClassBreakInfo minValue = "0. 67" symbol = "{largeSym}"/>
                </esri:ClassBreaksRenderer>
        </esri:renderer>
</esri:GraphicsLayer>
```

```
private function addGraphics():void
{
        //往 GraphicsLayer 随机的添加 100 个 Graphic
         for (var i:int; i < 100; i + +)
         {
                var mapX:Number = Math. random() * 40044000 - 20022000;
                var mapY:Number = Math. random() * 40044000 - 20022000;
                var attributes:Object = { "ranking": Math. random()};
                // attributes 对象中 ranking 属性的值将决定采用哪个符号来渲染
    var graphic:Graphic = new Graphic(new MapPoint(mapX, mapY),null,attributes);
                graphicsLayer. add(graphic);
         }
}
```

UniqueValueRenderer 应用的对象 Graphic 一般要求有字符串型的属性，例如

{type:“居民地”},{type:“工业用地”},{type:“商业用地”}

UniqueValueRenderer 最重要的两个属性同样是 infos 和 attribute，infos 用于描述符号与单一值之间的映射关系，是个数组；attribute 用于指定使用 Graphic 的哪个属性产生映射关系。另外，如果 Graphic 的属性值没有落在渲染器的映射关系内，那么使用 UniqueValueRenderer 类的 defaultSymbol 属性定义的符号来绘制。创建 UniqueValueRenderer 对象的示例如下：

```
< esri:SimpleFillSymbol id = "rFill" alpha = "0. 5" color = "0xFF0000"/ >
< esri:SimpleFillSymbol id = "gFill" alpha = "0. 5" color = "0x00FF00"/ >
< esri:SimpleFillSymbol id = "bFill" alpha = "0. 5" color = "0x0000FF"/ >
……
……
< esri:UniqueValueRenderer id = "uniqueValueRenderer" attribute = "type" >
    < esri:UniqueValueInfo value = "居民地" symbol = "{rFill}"/ >
    < esri:UniqueValueInfo value = "工业用地" symbol = "{gFill}"/ >
    < esri:UniqueValueInfo value = "商业用地" symbol = "{bFill}"/ >
< /esri:UniqueValueRenderer >
```

8.6　FeatureLayer 图层

FeatureLayer 是从 ArcGIS API For Flex 2.0 版本以后增加的图层类，它的父类是 GraphicsLayer。和 GraphicsLayer 一样，该图层的绘制也是在客户端完成的，它的数据源是一个来自服务器端的矢量图层，该矢量图层可以位于 Feature Service 或者 Map Service 中。FeatureLayer 提供了查询、选择、编辑矢量要素等功能，常用属性如表 8-13 所示。

表 8-13　FeatureLayer 的常用属性

属性名称	数据类型	说明
definitionExpression	String	用于过滤图层中哪些要素显示的 SQL 语句，SQL 语句主要使用要素的属性字段作为条件。该属性的功能类似于 ArcMap 中矢量图层的 definition Query
isEditable	Boolean	只读属性，标识该图层是否可以编辑。当图层来自于一个 FeatureService 时可以编辑，来自于 Map Service 时不可以编辑
mode	String	从服务器端获取要素的模式，有三个可选项：onDemand、snapshot、selection
outFields	Array	属性字段名称列表，该字段列表决定了从服务器端获取要素时，返回哪些属性值。为了提高性能考虑，列表中应该包含尽可能少的字段。如果需要返回所有字段的属性，那么使用通配符“*”，返回结果中将包含要素的所有属性值
url	String	要素图层的 REST 资源地址
useAMF	Boolean	与服务器之间的通信使用 AMF

小提示：

AMF 是 Adobe 公司开发的通信协议，数据经过二进制压缩后传输。相比 Web Service 等纯文本的传输方式具有更高的信息传输效率，尤其适用于大数据量传输。ArcGIS Server 9.3 的服务器端 REST API 不支持 AMF 传输协议。因此，在访问 9.3 版本的服务时，需要把该属性设置为 false；在访问 ArcGIS Server 10 及以后版本的服务时，设置为 true。

FeatureLayer 图层中要素来自于服务器，从服务器上获取要素的方式有三种，下面分别介绍一下它们的特点和区别。

（1）On demand：是 mode 属性的默认值；简单说即按需获取，根据地图的当前范围，向服务器请求视域内的要素。在每次地图的视域范围发生变化时，都要向服务器发生请求，这种模式会频繁的向服务器上的图层发出 query 请求，但是每次请求的数据量都尽可能按增量的方式请求，具体的实现方式是在 query 的 where 参数中加入 ObjectID not in 语句，以排除那些重复的要素。

（2）Snapshot：在图层初始化时，从服务器上下载所有的要素；在后面的浏览地图过程中，不再下载数据，这样减少了请求的次数，但是如果图层中的要素数据非常多，则会给服务器造成比较大的负载压力，而且浏览器在绘制这些大量的图形时也会遇到性能的压力。服务器响应客户端查询请求，运行返回的最大记录数在 ArcGIS Server 10 版本的默认值是 1000，更老的版本中是 500；当然这个值可以在服务的 cfg 配置文件中修改。总而言之，Snapshot 适合于那些数据量比较小的图层。

（3）Selection：图层在初始化以后，暂时先不从服务器下载要素数据，直到在 FeatureLayer 对象上产生选择集后才会从服务器下载数据，然后绘制在地图上。该模式的使用一般是配合一个 Map Service 使用，在上面高亮绘制选中的要素。

小提示：

在使用 FeatureLayer 访问地图服务图层时，经常会遇到在客户端看不到任何要素的情况，通过 Fiddler2 监听 HTTP 通信，如果能够看到如下错误提示：

“{"error":{"code":400，"message":""，"details":["'outSR' parameter is invalid"]}}”

往往是因为地图服务的坐标系问题导致的，作者建议尽量使用 ArcGIS 提供的坐标系，ArcGIS 提供每个坐标系都有一个 wkid（well known ID），如 WGS1984 大地坐标系的 wkid 是 4326。估计在以后的版本中对于自定义坐标系的支持会更好。

与 GraphicsLayer 不同的是，FeatureLayer 根据 url 属性自动从服务器端下载要素并且在客户端渲染，常常用在如下三种场景中。

（1）编辑矢量图层：自从 ArcGIS Server 10 和 Flex API 2.0 发布以后，新增加的矢量编辑功能需要使用 FeatureLayer 来完成，关于编辑的使用方法将在后面的章节详细介绍，这里不再赘述。

（2）属性条件控制要素的绘制：根据属性字段构建 SQL 语句，对要素的绘制进行控制。

（3）选择矢量图层中的要素：在一些应用系统中，经常会遇到一些选择要素，高亮突出显示要素的需求，这种场景下比较适合用 FeatureLayer。

chapter08_7.mxml　图 8-8 程序的部分代码

```
<esri:FeatureLayer id="fLayer" graphicAdd="onGraphicAdd(event);"
    mode="selection"outFields="[Name,Magnitude,Num_Deaths]"
    url="http://server/ArcGIS/rest/services/Earthquakes/MapServer/0">
</esri:FeatureLayer>
……
……
<s:HGroup top="15" width="100%" horizontalAlign="center" verticalAlign="middle">
     <s:Label fontSize="18" text="1970 - 2009 年间全球地震:"/>
     <s:TextInput id="txtYear" />
     <s:Button label="查询" click="selectFeature();"/>
</s:HGroup>
……
private function selectFeature():void
{
    var query:Query = new Query();
    query.where = "YYYYMMDD like '" + txtYear.text + "%'";
    fLayer.selectFeatures(query,"new");
}
```

```
protected function onGraphicAdd(event:GraphicEvent):void
{
    event. graphic. toolTip = event. graphic. attributes. Name + "\n";
    if (event. graphic. attributes. Num _ Deaths)
    {
        event. graphic. toolTip + = event. graphic. attributes. Num _ Deaths + "人死亡";
    }
}
```

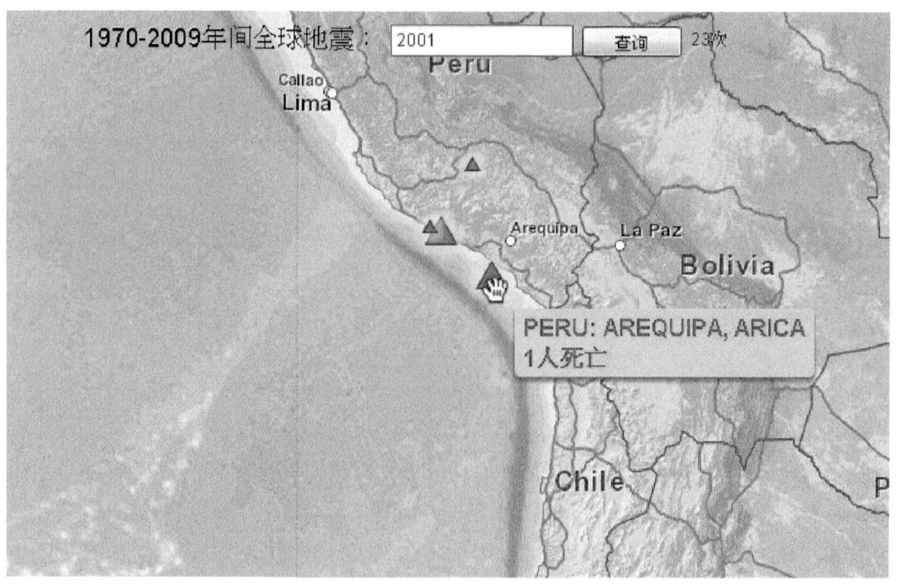

图 8-8　Graphic 监听鼠标事件

使用 FeatureLayer 访问 ArcGIS Server 10 的地图服务中的图层时，FeatureLayer 能够自动提取服务器端图层的渲染样式，并且在客户端以同样的效果渲染每个要素。但是，如果使用 FeatureLayer 访问 ArcGIS Server 9. 3 的地图服务中的图层，由于 ArcGIS Server 9. 3 的 REST API 没有提供图层符号，FeatureLayer 无法提取服务器端图层的符号样式，这种情况下需要在客户端使用 FeatureLayer. renderer 来定制要素的渲染方式。

小提示：

当使用 FeatureLayer 对象的 selectFeatures 方法选中一些要素以后，不论图层的 mode 属性是哪种，选中的这些要素始终都在客户端保存并且有效。即使 mode 是 On demand 模式，当地图从选中要素的区域移开，又重新回到该区域这些要素也不需要再请求服务器。如果选中的要素数量比较多，为了性能优化的考虑，在必要的时候应该清空这个选择集。

8.7 聚　类　点

使用客户端的 Flex API 绘制点符号时，如果点的数量超过几百个，甚至上千个，那么地图浏览就会变得很慢，主要是因为绘制大量点符号给 Flash Player 造成很大压力。对于这样的情形，即使电脑硬件配置比较高，能够比较顺畅地把大量的点符号渲染出来，对于读图人员而言，也没有太大意义，因为在一个屏幕上同时显示上千个点，整个屏幕就会变得密密麻麻，没有头绪，而且会把其他重要的信息给遮挡住。

ArcGIS Flex API 2.x 版本引入了点要素聚类的功能，如图 8-9 所示，每个圆圈里面的数字代表由几个点聚集而成，随着地图的缩放重新计算聚类的方案，有时合并，有时分裂。点要素聚类可以减少绘制的点要素的绝对数量、提高绘制的速度，在一定程度上能体现出地图学上的制图综合的思想。

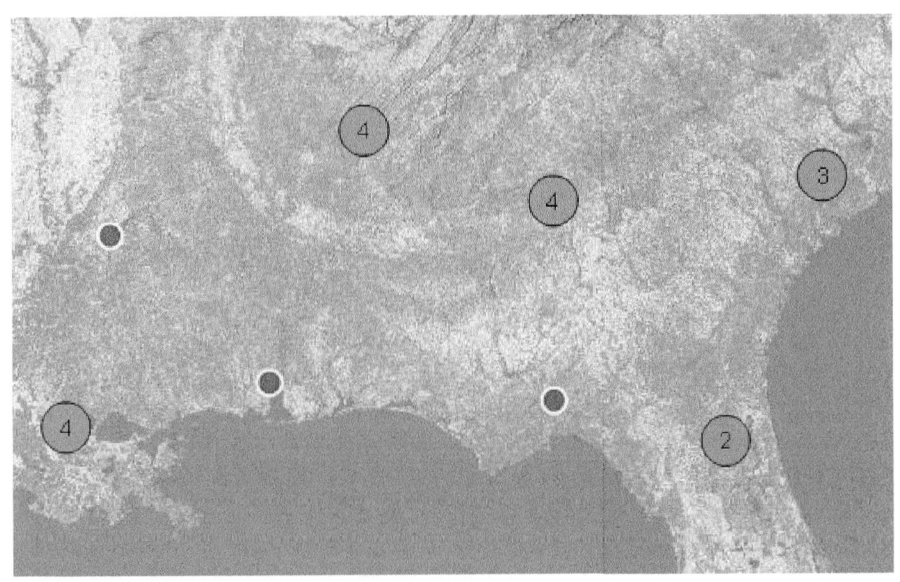

图 8-9　点聚类渲染

点要素聚类的关键是 GraphicsLayer 的 clusterer 属性，该属性决定了在绘制点之前使用什么算法计算聚类。如果 clusterer 属性值为 null，表示不进行任何聚类计算，直接把所有的要素全部绘制出来。ArcGIS Flex API 中提供了两种聚类的算法：GridClusterer（格网聚类）和 WeightedClusterer（权重聚类）。GridClusterer 聚类算法的思路是把屏幕按照一定的像素大小划分成规则的格网，每一个格网是一类，计算的过程主要是判断格网里面包含了多少个点，每个聚类的位置是固定的，不会随着包含点的数量而发生变化，如图 8-10 所示。WeightedClusterer 聚类算法的思路也是以格网为基础进行聚类，与 GridClusterer 相比最明显的区别是聚类的中心会根据权重来调整，GridClusterer 聚类的中心是不会变化的。可以使用本节的示例程序体验在添加点要素的过程中聚类过程的差异。综合考虑，使用 WeightedClusterer 能更合理的表达地理现象。

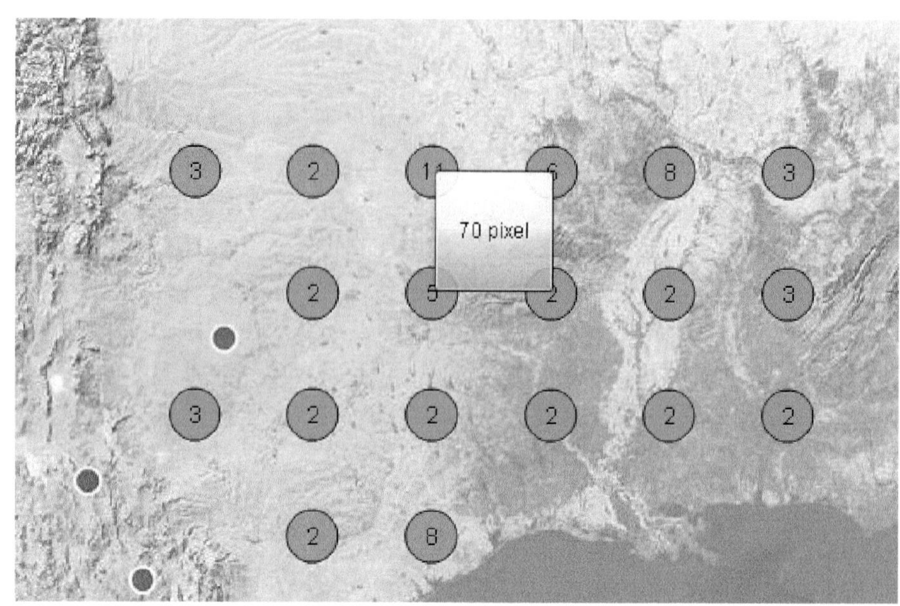

图 8-10　大小为 70 像素的 Grid 聚类

聚类的符号一般都是圆圈或矩形内添加一个数字，数字表示聚类包含的要素数量，当鼠标放到符号上时，符号可以散开变成多个单独的点，如图 8-11 所示。

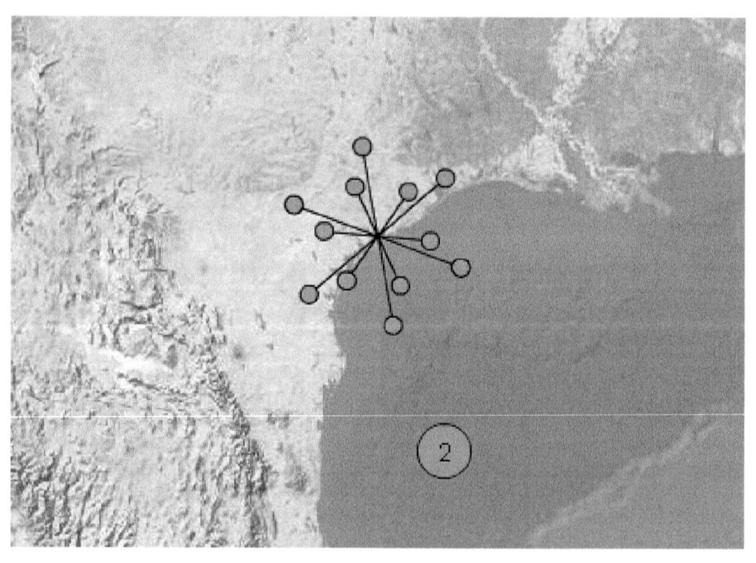

图 8-11　FlareSymbol 符号

本节的示例代码结合 GraphicsLayer、WeightedClusterer、FlareSymbol 三个类实现聚类功能，其中 GraphicsLayer 也可以用 FeatureLayer 替换，示例程序的应用方法是：在地图上连续点击以增加点要素，在点击的过程中注意聚类（cluster）的变化。

chapter08_8.mxml

```
<!--鼠标悬浮到散落开的小点上时,小点变成大点,大点的半径是 flareSizeIncOnRollOver-->
<esri:FlareSymbol id="flareSymbol" flareSizeIncOnRollOver="5"/>
......
<!--sizeInPixels 是在聚类过程中使用的格网的大小,单位是像素,默认值是 70-->
<esri:WeightedClusterer id="weightclusterer" sizeInPixels="70" symbol="
    {flareSymbol}"/>
......
<esri:GraphicsLayer id="glayer" clusterer="{weightclusterer}"/>
```

第 9 章　数据查询及数据表达

9.1　DataGrid 和 Chart

表格（DataGrid）和统计图表（Chart）是数据表现最常用到的控件。在 WebGIS 应用开发过程中，会频繁地用到这两类控件展示业务数据。

DataGrid 是基于列表的控件，以表格的形式表现数据，可以看作是一个多列的 List。DataGrid 具有非常强大的功能，如可调整列宽度，自定义列标题，支持列的拖放功能，支持选择单行或多行，每个列可以单击排序，单元格嵌入其他控件等。

下面首先介绍 DataGrid 的数据绑定，以程序内部的数组为例。

chapter09_1. mxml

```
import mx. collections. ArrayCollection;
[Bindable]
private var data:ArrayCollection = new ArrayCollection([
    {useridname:"张三",age:"20",phone:"1380",usertype:"VIP"},
    {useridname:"李四",age:"21",phone:"13800",usertype:"普通会员"},
    {useridname:"王五",age:"22",phone:"138000",usertype:"A 级会员"},
    {useridname:"马六",age:"23",phone:"138000",usertype:"黄金会员"},
    {useridname:"路人甲",age:"24",phone:"138000",usertype:"VIP"}
]);
……
<mx:DataGrid dataProvider = "{data}" />
```

DataGrid 绑定的数据大多数是从服务器端查询得到的结果，下面介绍如何在服务器端通过 Web Service 为 Flex 提供数据表。

服务器端 CustomService. cs 部分代码

```
[WebMethod]
public DataTable Query(string sql,string tableName)
{
    OleDbConnection connection =
    new OleDbConnection(@"Provider = Microsoft. Jet. OLEDB. 4. 0;Data Source = C:\ipe. mdb");

  if (connection. State ! = ConnectionState. Open)
```

```
        connection.Open();

    OleDbCommand aCommand = new OleDbCommand(sql,connection);
    OleDbDataReader reader = aCommand.ExecuteReader();
    DataTable dt = new DataTable();
    dt.Load(reader);
    dt.TableName = tableName;
     return dt;
}
```

使用 Flex 的 WebService 类访问服务器端封装的 Web Service，并且把查询到的结果表绑定到 DataGrid 控件上，结果如图 9-1 所示，代码如下：

chapter09_2.mxml

```
private function init():void
{
    server = new WebService();
    server.wsdl = "http://localhost/webgis/CustomService.asmx?wsdl"
    server.loadWSDL();
    server.addEventListener(ResultEvent.RESULT,callback);
    server.Query("select*  from pipelines","pipeline");
}
private function callback(event:ResultEvent):void
{
    if(event.result && event.result.Tables. pipeline.Rows)
    {
        var rows:ArrayCollection = event.result.Tables. pipeline.Rows;
        datagrid.dataProvider = rows;
    }
}
```

上面示例中服务器端的代码 dt.TableName = tableName 是为了给表格定义一个名称，这个名称在序列化和客户端的访问时都要起作用，在 Flex 中的代码带有下划线的 pipeline 必须要求和表格名称一致才能访问到结果表。

Flex 提供了多种类型的 Chart，如 PieChart、ColumnChart、BarChart、AreaChart、PlotChart 等。这里主要介绍 PieChart 和 ColumnChart 的用法。

PieChart 比较适合于有比例关系的数据组合，在使用 PieChart 时，主要是为其属性 dataProvider 设置数据源、设置数据字段（PieSeries.field）和标注字段（PieSeries.nameField）。另外，下面的示例应用了一个特效 SeriesInterpolate，在切换数据源时，可以看到饼图旋转的动画效果，如图 9-2 所示。

OBJECTIC	埋设方式	建设时间	权属单仨	材质	管径	管线性质	终点号	起点号
8	直埋	2007.06.10	热电厂	铸铁	500	低硅水管	RDDC	RDDGS
9	直埋	2007.06.10	热电厂	铸铁	500	低硅水管	RDDC	RDDGS
10	直埋	2007.06.10	水气厂	铸铁	400	低硅水管	RWD(	RWDGS
11	直埋	2007.06.10	水气厂	铸铁	400	低硅水管	RWD(	RWDGS
12	直埋	2007.06.10	水气厂	铸铁	200	低硅水管	RWD(	RWDGS
13	直埋	2007.06.10	水气厂	铸铁	200	低硅水管	RWD(	RWDGS
14	直埋	2007.06.10	水气厂	铸铁	200	低硅水管	RWD(	RWDGS
15	直埋	2007.06.10	水气厂	铸铁	200	低硅水管	RWD(	RWDGS
16	直埋	2007.06.10	水气厂	铸铁	200	低硅水管	RWD(	RWDGS
22	直埋	2007.06.10	水气厂	铸铁	20	低硅水管	RWD(	RWDGS
23	直埋	2007.06.10	水气厂	铸铁	20	低硅水管	RWD(	RWDGS

图 9-1　DataGrid 控件

chapter09_3. mxml

```
<fx:Declarations>
        <mx:SeriesInterpolate id="interpolateEffect"duration="500"/>
</fx:Declarations>
<s:ButtonBar id ="btnYears" horizontalCenter="0"top="30"
                click="chart. dataProvider=medals[btnYears. selectedIndex]">
    <s:ArrayCollection>
            <fx:String>2004 年</fx:String>
            <fx:String>2008 年</fx:String>
    </s:ArrayCollection>
</s:ButtonBar>
<mx:PieChart id ="chart" height="300" width="300"
                showDataTips="true" dataProvider="{medalsAC2004}">
    <mx:series>
            <mx:PieSeries showDataEffect="{interpolateEffect}"
                nameField="Country"field="Gold" labelPosition="callout"/>
    </mx:series>
</mx:PieChart>
<fx:Script>
    <![CDATA[
            [Bindable]
            private var medalsAC2008:ArrayCollection=new ArrayCollection([
                {Country:"USA",Gold:48},
```

```
            { Country:"China",Gold:50},
            { Country:"Russia",Gold:27}]);

        [Bindable]
        private var medalsAC2004:ArrayCollection = new ArrayCollection([
            { Country:"USA",Gold:60},
            { Country:"China",Gold:36},
            { Country:"Russia",Gold:23}]);
        private var medals:Array = [medalsAC2004,medalsAC2008];
    ]]>
</fx:Script>
```

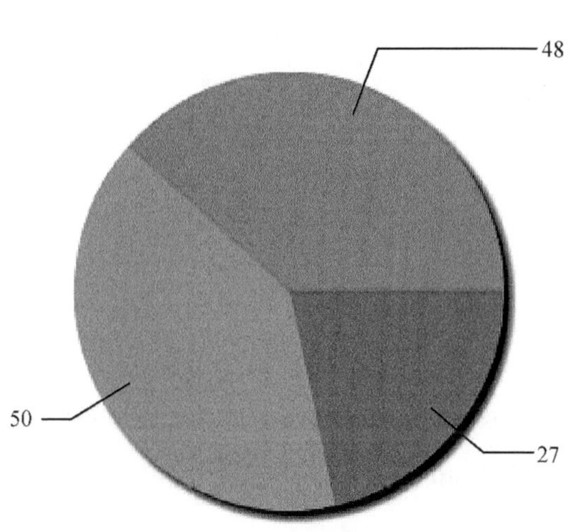

图 9-2　PieChart 控件

ColumnChart（柱状图）比较适合用于平行的多个数据对比，如 2006 年、2007 年、2008 年、2009 年四个年份北京人口的对比。柱状图的使用主要是绑定数据源（dataProvider）、定义水平轴、定义 x 和 y 轴数据字段。另外，百叶窗特效（SeriesSlide）常常和柱状图一起使用。下面示例说明使用 ColumnChart 的方法。

chapter09_3. mxml

```
<mx:SeriesSlide id="slide" duration="500" direction="up" /> <!--百叶窗特效-->
……
<mx:ColumnChart id="columnChart" dataProvider ="{popBeijing}">
    <mx:horizontalAxis>
        <mx:CategoryAxis categoryField ="Year" />
```

```
        </mx:horizontalAxis>
        <mx:series>
            <mx:ColumnSeries xField ="Year"yField ="Pop" showDataEffect ="{slide}" />
        </mx:series>
</mx:ColumnChart>
……
[Bindable]
private var popBeijing:ArrayCollection = new ArrayCollection([
    {Year:"2006",Pop:1581},
    {Year:"2007",Pop:1633},
    {Year:"2008",Pop:1695},
    {Year:"2009",Pop:1755}]);
```

9.2 FindTask

FindTask 是针对地图服务进行属性搜索的功能，在搜索时，可以指定搜索哪些字段、搜索哪些图层，但是无法指定返回的字段。使用 FindTask 的步骤如下。

第一步，实例化 FindTask：关键是设置 url 属性和 executeComplete 事件，url 属性指向搜索的地图服务 REST 节点地址，executeComplete 事件在搜索结果返回时触发。另外，FindTask 是非可视化类，需要放在 < fx：Declarations >标签内。

```
<esri:FindTask id = "findTask"
        executeComplete ="executeCompleteHandler(event)"
        url ="http://localhost/ArcGIS/rest/services/Cities/MapServer"/>
```

第二步，设置搜索参数 FindParameters 类，其常用属性如表 9-1 所示。

```
<esri:FindParameters id = "myFindParams"
        contains = "true"
        layerIds = "[0,1,2]"
        outSpatialReference = "{map.spatialReference}"
        returnGeometry = "true"
        searchFields = "[CITY_NAME,NAME,STATE_ABBR,STATE_NAME]"
        searchText = "{fText.text}"/>
```

表 9-1 FindParameters 属性

属性名称	数据类型	说明
contains	Boolean	指示是否执行严格匹配搜索，默认值是 true。如果为 true，那么搜索时大小写不敏感，只要包含搜索的字符就符合要求；如果为 false，那么搜索时大小写敏感，并且要求严格等于搜索的字符
layerIds	Array	图层索引号列表，如［0，1，2］

续表

属性名称	数据类型	说明
outSpatialReference	SpatialReference	搜索结果的空间参考
returnGeometry	Boolean	是否返回要素的几何坐标
searchFields	Array	搜索的目的字段数组
searchText	String	搜索的字符串

第三步，提交请求：提交请求的代码即为调用 FindTask 的 execute 方法，该方法异步执行，向服务器发送数据后，即执行完成，进入下一行代码。该函数的执行不会等待服务器的返回结果。

```
    findTask.execute (myFindParams);
```

第四步，接收返回结果：在第一步实例化 FindTask 类时，注册 executeComplete 事件，那么在该事件的处理函数中处理返回的结果。

```
private function executeCompleteHandler(event:FindEvent):void
{
    myGraphicsLayer.clear();
    var graphic:Graphic;
    var resultCount:int = event.findResults.length;
    for (var i:Number = 0;i < resultCount;i + +)
    {
        graphic = event.findResults[i].feature;
        myGraphicsLayer.add(graphic);
    }
}
```

9.3　IdentifyTask

IdentifyTask 的功能类似于 ArcMap 的 Identify 工具，使用 Identify 工具在地图上点击以后，该工具对地图中的图层进行空间查询，得到点中的要素。在使用 IdentifyTask 进行点击查询的时候，可以指定多个查询的目标图层，但是不能指定要素的返回字段。使用 IdentifyTask 的步骤如下。

第一步，实例化 IdentifyTask：url 属性指向点击查询的地图服务 REST 节点地址，executeComplete 是查询完成事件。

```
<esri:IdentifyTask id = "identifyTask"
    concurrency = "last"
    executeComplete = "executeCompleteHandler(event)"
    url = "http://localhost/ArcGIS/rest/services/StatesCities/MapServer"/>
```

第二步，设置搜索参数 IdentifyParameters：参数 IdentifyParameters 的设置可以使用 MXML 标签，也可以使用 ActionScript 代码，其常用属性如表 9-2 所示。下面示例以 ActionScript 代码的形式实现。

```
var identifyParams:IdentifyParameters = new IdentifyParameters();
identifyParams. returnGeometry = true;
identifyParams. tolerance = 3;
identifyParams. width = myMap. width;
identifyParams. height = myMap. height;
identifyParams. geometry = event. mapPoint;
identifyParams. mapExtent = myMap. extent;
identifyParams. spatialReference = myMap. spatialReference;
```

表 9-2　IdentifyParameters 属性

属性名称	数据类型	说明
tolerance	Number	空间查询的容限值，以像素为单位，默认值是两个像素
width	Number	地图控件的像素宽度
height	Number	地图控件的像素高度
mapExtent	Extent	地图控件当前的地理坐标范围
returnGeometry	Boolean	是否返回要素的几何坐标
geometry	Geometry	空间查询的几何体条件，一般是鼠标点击产生的 MapPoint 对象
spatialReference	SpatialReference	输入、输出的几何体坐标的空间参考系

第三步，提交请求：该方法异步执行，向服务器发送数据后，继续执行下一行代码。该函数的执行不会等待服务器的返回结果。

```
identifyTask. execute(identifyParams);
```

第四步，接收返回结果：在第一步实例化 IdentifyTask 类时，注册 executeComplete 事件，那么在该事件的处理函数中处理返回的结果。

```
protected function executeCompleteHandler(event:IdentifyEvent):void
{
    var results:Array = event. identifyResults;
    if (results && results. length > 0)
    {
        var result:IdentifyResult = results[0];
        var resultGraphic:Graphic = result. feature;
        lastIdentifyResultGraphic = resultGraphic;
    }
}
```

concurrency 是 IdentifyTask 从 BaseTask 继承而来的一个属性，在一个请求尚未返回结果之前，如果在同一个 IdentifyTask 对象上再次发起请求，concurrency 属性用来指示 BaseTask 如何处理。该属性有下列三种选项。

（1）multiple：指示 BaseTask 的对象发起根据调用多次请求，开发人员需要在多次返回数据之间负责甄别。

（2）single：当多次调用发起请求时，报错。

（3）last：把已经发出、且没有响应的请求放弃，只保留最后一次调用。

9.4　QueryTask

QueryTask 的功能类似于 ArcObjects 中的 ISpatialFilter，既可以执行空间查询，又可以执行属性查询。在 ArcGIS Server 9.x 版本时，QueryTask 只能应用于图层；而在 ArcGIS Server 10 版本，QueryTask 除了可以应用于图层之外，还可以针对表格进行查询。QueryTask 查询的目标图层不要求位于 Map 控件中，即可以发布一个专门用于查询的地图服务，该服务不用于地图浏览。

在使用 QueryTask 进行查询的过程中，会涉及三个类：QueryTask、Query、FeatureSet。具体的实现步骤如下。

第一步，实例化 QueryTask。QueryTask 的 showBusyCursor 属性控制在查询过程中鼠标是否显示为繁忙漏斗形状。url 属性指向一个图层，与 FindTask、IdentityTask 有所区别。

```
<esri:QueryTask id="queryTask" showBusyCursor="true"
    url="http://localhost/ArcGIS/rest/services/Census/MapServer/5"/>
```

注意 url 中包含图层的 id。地图服务中的图层 id 号从 0 开始递增，遇到有组图层（GroupLayer）时情况会稍微复杂一些，如果不确定图层的 id 号，可以直接在浏览器的地址栏中输入地图服务的 REST 节点地址，如

http://sampleserver1.arcgisonline.com/ArcGIS/rest/services/Demographics/ESRI_Census_USA/MapServer

该地图服务中的图层对应的 id 号如图 9-3 所示。

Laters:

- Census Block Points (0)
- Census Block Group (1)
- Counties (2)
    - Coarse Counties (3)
    - Detailed Counties (4)
- states (5)

图 9-3　地图服务中的图层 id 号

第二步，设置搜索参数 Query，其属性如表 9-3 所示。下面的代码同时约束了空间条件和属性条件，其中空间条件定义为当前的地图范围。

```
<esri:Query id="query"
                outSpatialReference="{myMap.spatialReference}"
                returnGeometry="true"
                geometry="{myMap.extent}">
    <esri:outFields>
        <fx:String>MED_AGE</fx:String>
        <fx:String>POP2007</fx:String>
    </esri:outFields>
</esri:Query>
```

表 9-3　Query 的属性

属性名称	数据类型	说明
geometry	Geometry	空间查询条件
where	String	属性查询条件，语法类似 SQL 语句
text	String	属性条件的简写，使用 text 进行的属性查询应用于图层的显示字段（DisplayField）上，等效于：where DisplayField like '%text%'
spatialRelationship	String	空间关系，默认值是 esriSpatialRelIntersects
returnGeometry	Boolean	是否返回要素的几何坐标，默认值是 false
outSpatialReference	SpatialReference	查询结果要素的几何体坐标系
outFields	Array	指定返回的字段，例如：[“NAME”，“AGE”]

第三步，提交请求，注册事件处理函数。下面代码中 onResult 函数为结果回调函数，onFault 是错误处理函数。

```
query.where = "STATE_NAME like '%" + qText.text + "%'";
queryTask.execute(query,new AsyncResponder(onResult,onFault));
```

第四步，接收返回结果。

```
function onResult(featureSet:FeatureSet,token:Object = null):void
{
    myGraphicsLayer.graphicProvider = featureSet.features;// 把要素绘制到地图上
    datagrid.dataProvider = featureSet.attributes;   // 把要素的属性显示到表格中
}
function onFault(info:Object,token:Object = null):void
{
    Alert.show(info.toString(),"Query Problem");
}
```

在使用 Query 构建查询参数时，可以同时使用空间条件（geometry 属性）和属性条件（where 或 text），也可以任选其一。属性查询时大多数使用 where 属性，较少使用

text 属性，因为 where 属性更灵活，可以精确指定查询条件，类似于 SQL 语句中的 where 子句，而使用 text 属性构建的查询条件只能应用在 DisplayField 上。在使用 where 属性查询字符串字段时，要注意常见的语法错误，如

NAME = Knoxville —— 错误
NAME = 'Knoxville' —— 正确

QueryTask 的 executeLastResult 属性可以用于绑定到 GraphicsLayer 的 graphicProvider 属性，这样可以更简单快捷地绘制查询结果，不需要依赖事件处理函数。

小提示：

在使用 QueryTask 查询图层，如果确认查询条件正确，且肯定有满足条件的要素，但是却看不到地图上绘制的结果时，很可能是 Query 的 returnGeometry 参数没有设置 true，因为该属性默认值是 false，查询返回的结果没有包含几何坐标。

FindTask、IdentifyTask、QueryTask 三者都具有查询的功能，但是，其具体的应用场景有较大的区别，如表 9-4 所示。总的来看，QueryTask 的功能最灵活，最全面，使用的最频繁。

表 9-4　FindTask、IdentifyTask、QueryTask 的区别

功能	FindTask	IdentifyTask	QueryTask
url 指向	地图服务	地图服务	图层或表格
空间查询	不支持	支持	支持
属性查询	支持	不支持	支持
指定返回字段	不支持	不支持	支持

在使用 Fiddler 软件监听 QueryTask 会话时，经常会看到返回的结果是 304 Not Modified 或者根本没有发生 HTTP 会话就能看到绘制的结果，这是因为浏览器端已经缓存了查询结果数据。该机制的一个优点是可以减少网络请求次数，提供速度，但是隐藏的一个问题是，如果服务器端的数据发生更新，那么缓存会导致客户端无法看到最新的数据。该问题可以通过在 QueryTask 的请求地址中加入时间戳来解决，示例代码如下：

```
var dt:Date = new Date();
queryTask.url = http://localhost/ArcGIS/rest/services/Census/MapServer/5"
    + "?currenttime = " + dt.toString();
```

9.5　气　　泡

气泡是一种把业务数据和地图结合在一起的有效方式。ArcGIS Flex API 提供了两种实现方式，即 InfoWindow 和 InfoSymbol。气泡效果如图 9-4 所示。

图 9-4　气泡效果

地图控件（Map）提供了一个属性 infoWindow 用来在地图上显示气泡信息，具体用法如下：

```
map. infoWindow. show(mappoint);//在 mappoint 点显示气泡
map. infoWindow. hide();            //隐藏气泡
```

气泡右上角内置了一个关闭按钮,可以通过属性控制其显示与隐藏:

```
map. infoWindow. closeButtonVisible = false;// 隐藏关闭按钮
```

气泡中显示的内容由 map. infoWindowContent 属性控制，该属性的类型是 UIComponent，一般对气泡内容的定制是通过创建一个继承自 com. esri. ags. components. LabelDataRenderer 的组件来完成的。例如，下面代码创建了一个 PopupDemo1 组件：

PopupDemo1. mxml

```
<?xml version="1.0" encoding="utf-8"?>
<esri:LabelDataRenderer xmlns:fx="http://ns.adobe.com/mxml/2009" color="#ffffff"
                        xmlns:s="library://ns.adobe.com/flex/spark"
                        xmlns:mx="library://ns.adobe.com/flex/mx"
xmlns:esri="http://www.esri.com/2008/ags" width="130" height="98">
    <fx:Declarations>
        <!-- Place non-visual elements (e.g., services, value objects) here-->
    </fx:Declarations>
    <esri:layout>
        <s:VerticalLayout gap="8" paddingBottom="10" paddingLeft="10" paddingTop="10"/>
    </esri:layout>
    <s:Label text="{'2000 年:' + data.pop2000 }"/>
    <s:Label text="{'2001 年:' + data.pop2001 }"/>
    <s:Label text="{'2002 年:' + data.pop2002 }"/>
    <s:Label text="{'2003 年:' + data.pop2003 }"/>
</esri:LabelDataRenderer>
```

在气泡中显示该组件的方法是创建一个组件的实例，并且把组件实例赋值给

map. infoWindowContent，组件与外界数据的通信是由属性 data 来完成，如下代码所示。该示例在地图加载以后添加一个 Graphic，并且为该 Graphic 添加了鼠标点击事件，在 Click 事件触发后，弹出气泡。

chapter09_7. mxml

```
private function onMapLoad():void
{
    var x:Number = - 14015000;
    var y:Number =5558000;
    var graphic:Graphic = new Graphic();
    var point:MapPoint = new MapPoint(x,y);
    graphic. geometry = point;
    graphic. symbol = defaultSymbol;
    graphic. attributes ={pop2000:12000,pop2001:13980,pop2002:15089,pop2003:16012};
    graphic. addEventListener(MouseEvent. CLICK,onMouseClick);
    myGraphicsLayer. add(graphic);
    map. centerAt(point);
    function onMouseClick(evt:MouseEvent):void
    {
        var popup:PopupDemo1 = new PopupDemo1();
        popup. data =graphic. attributes;
        map. infoWindowContent =popup;
        map. infoWindow. label ="人口统计";
        map. infoWindow. show (point);
    }
}
```

当地图上有很多图形（Graphic）时，ArcGIS Flex API 提供了一个更简捷的方法显示气泡：

```
GraphicsLayer. infoWindowRenderer = new ClassFactory(PopupDemo1);
```

该方法适用于 GraphicsLayer 图层和 FeatureLayer 图层，在点击图层中的要素时弹出气泡，只需这一行代码就可以完成显示气泡的功能，并且自动完成 Graphic. attributes 属性与气泡组件的 data 属性之间的传递。PopupDemo1. mxml 示例代码中黑体显示的 data 是组件的公有属性（public），之所以使用 data 来为组件中的 Label 赋值，是因为 data 是与外界通信的桥梁。实现代码如下所示：

chapter09_8. mxml

```
private function onMapLoad():void
{
    var x:Number = - 14015000;
```

```
    var y:Number = 5558000;
    var graphic:Graphic = new Graphic();
    var point:MapPoint = new MapPoint(x,y);
    graphic.geometry = point;
    graphic.symbol = defaultSymbol;
    graphic.attributes = {pop2000:12000,pop2001:13980,pop2002:15089,pop2003:16012};
    myGraphicsLayer.add(graphic);
    map.centerAt(point);
    map.infoWindow.label = "人口统计";
    myGraphicsLayer.infoWindowRenderer = new ClassFactory(PopupDemo1);
}
```

在本章 9.1 节中已经介绍了统计图表，通过气泡的定制功能，可以方便地把图表嵌入到气泡中，把要素的属性数据和图表绑定到一起，实现代码如下所示：

PopupChart.mxml

```
<?xml version="1.0" encoding="utf-8"?>
<esri:LabelDataRenderer xmlns:fx="http://ns.adobe.com/mxml/2009"
                        dataChange="dataChangeHandler(event)"
                        xmlns:s="library://ns.adobe.com/flex/spark"
                        xmlns:mx="library://ns.adobe.com/flex/mx"
                        xmlns:esri="http://www.esri.com/2008/ags"
                        width="288" height="200">
    <esri:layout>
        <s:VerticalLayout paddingLeft="10" paddingTop="10"
                paddingRight="10" paddingBottom="10"/>
    </esri:layout>
    <fx:Declarations>
    </fx:Declarations>
    <mx:ColumnChart id="chart" dataProvider="{arr}"
            color="#ffffff" height="100%" width="100%">
        <mx:horizontalAxis>
            <mx:CategoryAxis categoryField="Year"/>
        </mx:horizontalAxis>
        <mx:series>
            <mx:ColumnSeries xField="Year" yField="Pop"/>
        </mx:series>
    </mx:ColumnChart>
    <fx:Script>
        <![CDATA[
```

```
            import mx. collections. ArrayCollection;
            import mx. events. FlexEvent;

            [Bindable]
            private var arr:ArrayCollection;
            protected function dataChangeHandler(event:FlexEvent):void
            {
                if(data = = null)
                    return;
                arr = new ArrayCollection(
                    [{"Year":"2000","Pop":data. pop2000},
                    {"Year":"2001","Pop":data. pop2001},
                    {"Year":"2002","Pop":data. pop2002},
                    {"Year":"2003","Pop":data. pop2003}]
                );
            }
        ]]>
    </fx:Script>
</esri:LabelDataRenderer>
```

可以使用 CSS 样式表对气泡的外观风格进行设计，控制气泡的背景色、透明度、Label 的字体颜色、字体大小等，具体示例如下所示：

chapter09_8. mxml　使用 CSS 控制气泡样式

```
<fx:Style>
    @namespace esri "http://www. esri. com/2008/ags";
    esri|InfoWindowLabel
    {
        color:#ffffff;
        font-size:15;
    }
    esri|InfoWindow
    {
        content-background-alpha:0. 5;
        background-color:#000000;
        background-alpha:0. 5;
        border-style:solid;
    }
</fx:Style>
```

第 10 章　Geometry 服务

随着 WebGIS 应用越来越广泛和深入，它不再仅仅满足于地图的浏览和查询，而是在各种行业的业务系统逐步加入一些空间分析的功能。这些空间分析功能放在客户端实现不太现实，因为大量的算法已经在 ArcObjects 类库中使用 COM 实现，这些算法全部在客户端用 ActionScript 重新实现一遍所需的工作量太大，最好的办法是在服务器端把这些 ArcObjects 类库中的分析功能通过 Web 开放出来，这其实就是 Geometry 服务。Geometry 服务只是把 ArcObjects 类库中的一部分空间分析功能封装了 REST 访问接口，ESRI 以后应该会把更多的功能开放出来。

ArcGIS API For Flex 中提供了 GeometryService 类，它封装了对服务器端的访问和结果事件的触发，Flex 中的 GeometryService 类本质上是一个代理，其提供的各种分析功能都需请求服务器端，然后等待服务器端返回结果，最后触发计算完成事件。在 Flex API 中 GeometryService 类提供的每个方法都是异步执行的，下面依次介绍。

10.1　缓冲区分析

作为 GIS 最重要也是最常用的空间分析功能之一，缓冲区分析（Buffer）的应用领域非常广泛，主要用于分析事物对周围地理环境的影响。例如，高速公路对周围 50m 范围内造成较大的噪声污染，那么可以用缓冲区工具对高速公路创建 50m 距离的缓冲区，形成的缓冲区多边形就是公路的噪声污染范围。

进行缓冲区分析最重要的参数有两个：其一是原始几何体，即对谁做缓冲区，几何体的类型可以是点、线、面；其二，缓冲区距离半径，也就是几何体对周围环境的影响的地理范围。

完成缓冲区分析，需要用到 GeometryService 和 BufferParameters 两个类。其中 GeometryService 类封装了多个空间分析的方法，这些方法本质上是一个代理，负责把空间分析所需的参数收集起来，封装成必要的格式发送给服务器端的 GeometryService REST API，并且等待 REST API 返回结果，最后在客户端触发空间分析完成（Complete）的事件，把分析的结果以合理的方式展示出来。不同的空间分析方法要求的参数不一样，对于 Buffer 分析，需要用到的参数都封装在 BufferParameters 这个类中，该类的常用属性如表 10-1 所示。

表 10-1　BufferParameters 的常用属性

属性名称	数据类型	说明
distances	Array	缓冲区的距离，可以一次请求多个距离的缓冲区，如［60 100 300］
geometries	Array	要做缓冲区的几何体，可以一次请求多个几何体的缓冲区，如［geometry1，geometry2］

续表

属性名称	数据类型	说明
unit	Number	距离单位，一般使用 GeometryService 类的静态变量，如 GeometryService. UNIT_ METER（m），GeometryService. UNIT_ KILOMETER（km）
bufferSpatialReference	SpatialReference	计算缓冲区使用的坐标系

计算缓冲区的过程中，所有的参数都是通过 BufferParameters 来设置的，其中会涉及三个坐标系：第一个是输入坐标系（inSpatialReference），即 geoemtries 的坐标系；第二个是缓冲区计算的坐标系（bufferSpatialReference），即在计算偏移量（offset）、缓冲区边界坐标时所用的坐标系；第三个是计算结果的坐标系（outSpatialReference），缓冲区的计算结果肯定是一个多边形几何体，该几何体也是位于某个坐标系下的。如果 bufferSpatialReference 与 outSpatialReference 不一样，那么缓冲区计算完成后，还需要使用投影转换把结果几何体转换到 outSpatialReference 坐标系下面。这三个坐标系中，第一个是必填的参数，第二个和第三个可以为空（null），当 bufferSpatialReference 为 null 时，bufferSpatialReference 使用 outSpatialReference 代替，如果 outSpatialReference 也为 null，这三个坐标系都使用 inSpatialReference。

小提示：

输入的几何体（geometries 属性）必须有坐标系信息（spatialReference），否则缓冲区计算没有结果。

chapter10_1. mxml

```
<esri:GeometryService id="geoService"
     url="http://server/ArcGIS/rest/services/Geometry/GeometryServer"/>
……
//该函数示例是针对地图的中心点分别做80km 和 120km 的缓冲区，
//并且把缓冲区的计算结果显示在 graphicsLayer 中
private function bufferCenterOfMap():void
{
    var centerPoint:MapPoint = MapPoint(myMap. extent. center);
    var bufferParameters:BufferParameters = new BufferParameters();
    //从 ArcGIS Flex API 2. 0 以后,geometries 变为几何体的数组,不再是 Graphic 数组
    bufferParameters. geometries = [centerPoint];
    bufferParameters. distances = [80,120];
    bufferParameters. unit = GeometryService. UNIT_KILOMETER;
    bufferParameters. bufferSpatialReference = new SpatialReference(4326);
    bufferParameters. outSpatialReference = myMap. spatialReference;
```

```
    geoService. addEventListener(GeometryServiceEvent. BUFFER_COMPLETE,bufferComplete);
    geoService. buffer(bufferParameters);

    function bufferComplete (event:GeometryServiceEvent):void
    {
    geoService. removeEventListener(
    GeometryServiceEvent. BUFFER_COMPLETE,bufferComplete);
    //从 ArcGIS Flex API 2.0 以后,缓冲区的计算结果变成几何体数组
    //不再是 Graphic 数组,在程序升级的过程中需要注意
    for each (var geometry:Polygon in event. result)
    {
        var graphic:Graphic = new Graphic();
        graphic. geometry = geometry;
        graphicsLayer. add(graphic);
    }
  }
}
```

小提示:

针对线和面做缓冲区分析时，不能使用大地坐标系（经纬度坐标系）作为 bufferSpatialReference 属性的值，必须使用平面投影坐标系。针对点做缓冲区分析可以使用大地坐标系作为 bufferSpatialReference 属性的值。具体原因请看 ArcGIS 的在线帮助“How Buffer (Analysis) works”，地址如下：

http://help. arcgis. com/en/arcgisdesktop/10. 0/help/index. html#//00080000001s000000. htm

10.2 投　　影

坐标系（Coordinate System）是 GIS 中的一个非常核心的概念，在开发 WebGIS 系统时会经常遇到一些问题，在查错的过程中发现代码编写本身没有问题，问题出在了坐标系上。

坐标系是用来定位地图上地物的一个参照系，起源于测绘学科。主要分为两大类：大地坐标系（Geographic Coordinate System，GCS）和投影坐标系（Projected Coordinate System，PCS）。

大地坐标系即常说的经纬度坐标系，其定位坐标点的方式是经度和纬度。例如，北京的经纬度是东经 116.46 度、北纬 39.92 度，用 x、y 坐标描述就是 $x = 116.46$，$y = 39.92$；纽约的经纬度是西经 74 度、北纬 40.43 度，用 x、y 坐标描述就是 $x = -74$，$y = 40.43$，注意 x 是负值。西半球任何地点的 x 值都是负值，南半球的任何地点的 y 值都是负值。我国常用的大地坐标系有西安 1980 和北京 1954，不同大地坐标系的区别在

于其椭球体长短半径有差别。

大地坐标系是在一个椭球面上用经纬度定位，投影坐标系是使用数学算法把椭球面展到平面上，这样每一个经纬度坐标点都能对应一个投影坐标点，投影也就是把椭球面展成平面，在这个过程中地图会产生形变，有的地方被拉伸，有的地方被挤压。投影坐标系由两个部分组成：大地坐标系和投影方式。北京常用的北京 1954 的 6 度带或 3 度带投影坐标系就是在北京 1954 大地坐标系基础上，采用高斯 – 克吕格投影算法产生的坐标系。

ArcGIS Destkop 中提供了投影变换的工具，ArcGIS Engine 也提供了投影的接口。在 Flex 程序中做投影变换需要使用 GeometryService 提供的 Project 方法，该方法需要两个参数。

（1）geometries：几何体。

（2）outSpatialReference：投影变换的目标坐标系。

chapter10_2. mxml

```
<esri:GeometryService id="geometryService" concurrency="last"
            projectComplete="projectCompleteHandler(event)"
          url="http://server/ArcGIS/rest/services/Geometry/GeometryServer"/>

private function projectNow():void
{
    var outSR:SpatialReference = new SpatialReference(4326);
    geometryService.project([lastClick as Geometry],outSR);
    infoWindowText = "From wkid = " + myMap.spatialReference.wkid + ":\nX:"
                     + lastClick.x + "\nY:" + lastClick.y;
    myMap.infoWindow.show(lastClick);
}
private function projectCompleteHandler(event:GeometryServiceEvent):void
{
      try
      {
          // GeometryService 返回 geometries,而不是 graphics
          var pt:MapPoint = (event.result as Array)[0] as MapPoint;
          var textArea:TextArea = new TextArea();
          textArea.editable = false;
          textArea.width = 170;
          textArea.height = 130;
          infoWindowText = infoWindowText.concat("\r\nTo wkid = 4326:\n"
                              + " X:" + pt.x + "\n" + " Y:" + pt.y);
          textArea.text = infoWindowText;
```

```
        myMap. infoWindow. label = "Coordinates";
        myMap. infoWindow. content = textArea;
    }
    catch (error:Error)
    {
        Alert. show(error. toString());
    }
}
```

10.3 几何体叠加分析

叠加（Intersect）分析是 GIS 空间分析时常用的一种空间操作，如图 10-1 所示是两个多边形重叠部分的计算。在 ArcObjects 中进行 Intersect 计算可以使用 ITopologicalOperator 接口，在 Flex 中开发时调用该功能需要使用 GeometryService 类提供的 Intersect 方法。

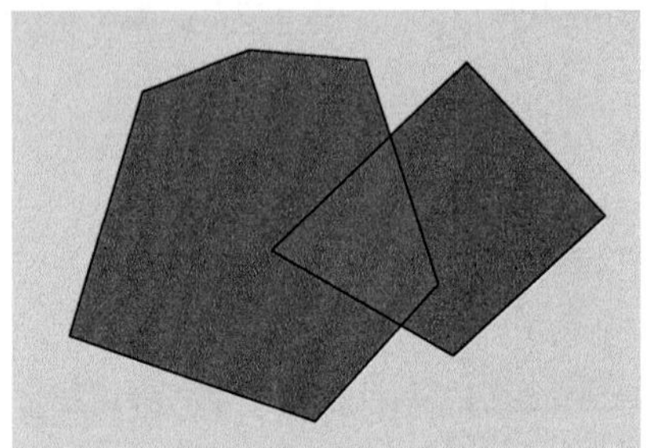

图 10-1 两个多边形 Intersect 结果

chapter10_3. mxml

```
<esri:GeometryService id = "gs" intersectComplete = "intersectComplete (event)"
      url = "http://svr/ArcGIS/rest/services/Geometry/GeometryServer" />
……
……
//把 layer 图层中的两个面做叠加分析
private function do_intersect(event:MouseEvent):void
{
        var graphics:ArrayCollection = layer. graphicProvider as ArrayCollection;
    var graphic1:Graphic = graphics[0]as Graphic;
    var graphic2:Graphic = graphics[1]as Graphic;
    gs. intersect([graphic1. geometry],graphic2. geometry);
}

//intersect 计算结果处理函数
```

```
private function intersectComplete(event:GeometryServiceEvent):void
{
    var sfs:SimpleFillSymbol = new SimpleFillSymbol("solid",0xff0000);
    //遍历结果集把每个重叠的面都加入到 GraphicsLayer 图层中
    for each(var geometry:Geometry in event.result)
    {
        var graphic:Graphic = new Graphic(geometry,sfs);
        layer.add(graphic);
    }
}
```

10.4　测量面积和周长

面状的几何体具有面积和周长特征，在客户端绘制了多边形以后，统计面积和周长（AreasAndLengths）的算法如果全部在客户端用 Flex 4 的 API 实现，那么需要编写大量的复杂代码，ArcGIS 提供的解决方案是把多边形的坐标传给服务器，由服务器端 ArcObjects 类库中的接口进行计算。

chapter10_4.mxml

```
<esri:GeometryService id="geometryService"
areasAndLengthsComplete="areasLengthsComplete(event)"
url="http://server/ArcGIS/rest/services/Geometry/GeometryServer"/>
……
……
//绘制多边形结束后,计算面积和周长
private function drawTool_drawEnd (event:DrawEvent):void
{
    var polygon:Polygon = event.graphic.geometry as Polygon;
    var areasAndLengthsParameters:AreasAndLengthsParameters = new
AreasAndLengthsParameters();
    areasAndLengthsParameters.areaUnit = GeometryService.UNIT_SQUARE_KILOME-
    TERS;
    areasAndLengthsParameters.polygons = [polygon];
    geometryService.areasAndLengths(areasAndLengthsParameters);
}

private function areasLengthsComplete(event:GeometryServiceEvent):void
{
    var area:String = event.result.areas[0].toString();
```

```
    mx.controls.Alert.show(area);
}
```

小提示：

在调用 GeometryService 类的 AreasAndLengths 之前，需要确保提交的几何体（AreasAndLengthsParameters 的 polygons 属性中包含的几何体）坐标是平面投影坐标，如果是经纬度的坐标，那么计算出来的结果就没有意义了。对于经纬度的多边形面积计算问题，一般先用 GeometryService 类的 project 方法做投影转换为平面投影坐标，然后在调用 areasAndLengths 方法计算面积。

10.5 凸　　包

凸包（ConvexHull）是一个凸多边形，一般计算凸包都是针对多个几何体进行的，如计算一个点集的凸包，或者一个线集合的凸包。点集的凸包如图 10-2 所示。

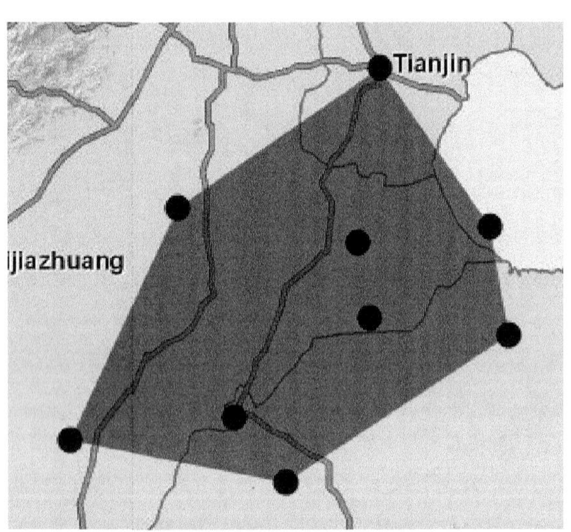

图 10-2　点集的凸包

chapter10_5.mxml

```
<esri:GeometryService id="gs"
convexHullComplete="convexHullComplete(event)"
    url="http://svr/ArcGIS/rest/services/Geometry/GeometryServer"/>
……
//提交凸包计算的请求
private function doConvexHull():void
{
    var geometries:Array = [];
```

```
    for each(var graphic:Graphic in layer. graphicProvider)
    {
        geometries. push(graphic. geometry);
    }
    gs. convexHull(geometries,map. spatialReference);
}
//凸包计算完成事件
protected function convexHullComplete(event:GeometryServiceEvent):void
{
    var graphic:Graphic = new Graphic(Geometry(event. result));
    layer. add(graphic);//把凸包添加到地图上
}
```

小提示：

进行凸包计算时，ConvexHull 方法的第一个参数是几何体数组。该函数要求几何体数组中的几何类型要单一，不能混合点、线、面。如果数组中包含不同几何类型的几何体，那么计算就会出错。

第 11 章　GP　服　务

Geoprocessing（地理处理，GP）是 ArcGIS 产品的三大核心（Geoprocessing、Geodatabase、GeoPresentation）之一，主要面向地理数据的分析处理。从 ArcGIS Server 诞生开始，就把 ArcGIS Desktop 中强大的 GP 模块完全植入服务器端，成为 ArcGIS Server 与其他商用 GIS 平台、开源 WebGIS 平台竞争的重要砝码。通过 Geoprocessing 服务，客户端可以提交参数给服务器，然后服务器返回处理结果。所有的处理都由服务器访问模型完成，减少客户端机器的资源占用，并且能够解决模型的共享问题。同时，从 ESRI 传导的理念上，从科学研究者或者 GIS 应用专家的角度，无需编程就能将 GIS 模型发布到网络上，使 GIS 不仅做到数据、地图的共享，还实现了分析模型的共享。另外，GP 服务也是 ArcGIS Flex、Silverlight、Javascript 等轻量级基于浏览器的 API 在功能上的有力补充。

11.1　制作 GP 模型和地图文档

数据是 GIS 的基础，更是 Geoprocessing 服务的基础。对于 Geoprocessing 服务中模型使用的数据，有两种类型：一是客户端提交给服务器端 Geoprocessing 服务的数据，二是服务器 Geoprocessing 服务中的模型直接访问或在服务器上生成的数据。第一种数据的提交方法在本章后面结合代码示例介绍。这里，重点介绍一下第二种情况——服务器数据。

首先，Geoprocessing 服务对于输入输出数据的类型是有要求的（注意，Geoprocessing 服务的限制条件比 Geoprocessing 模型多，经常会遇到模型在桌面端可以独立运行，而发布成服务失败。这些问题多是因为 Geoprocessing 服务具有更严格的限制条件，如数据类型）。在创建模型时，必须严格检查模型的输入输出数据类型（常用的输入数据类型为 Feature Set，输出类型为 Feature Class）。对于 ArcGIS Desktop 提供的工具箱中的工具、脚本和模型，其支持的类型是相对宽泛的，若要将它们包装或组合成可以发布为服务的模型时，一般需要调整其输入、输出的数据类型。

另外，不同的 ArcGIS 客户端支持的 Geoprocessing 服务的数据类型也是不同的，如通过 Flex 、Silverlight 或 Javascript API 编写的客户端应用不支持栅格类型的访问，而 ArcGIS Desktop 支持。

下面通过 ModelBuilder 创建一个用于 GP 服务的模型，该模型在功能上实现一个简单的缓冲区操作，在制作模型的过程中要特别注意数据类型的设置和起始工作空间（scratchworkspace）的使用。

1. 准备数据

GP 模型及涉及的数据需要一个磁盘路径，下面的示例使用 D:\book。

（1）打开 ArcCatalog。

（2）在 D:\book 新建文件夹 Buffer，然后在 Buffer 下面新建两个文件夹 ToolData 和 Scratch，如图 11-1 所示。

（3）在 ToolData 文件夹下新建一个名为 GP 的 File Geodatabase。

（4）在 Buffer 文件夹下新建一个名为 BufferService 的工具箱。

（5）在 GP File Geodatabase 中新建一个名为 schema 点要素类，字段为空，坐标系选择 WGS 1984 Web Mercator（Auxiliary Sphere）。理论上坐标系可以任意选择，不过考虑到要配合地图服务一起使用，所以 Point 点要素类的坐标系要和地图服务一致。

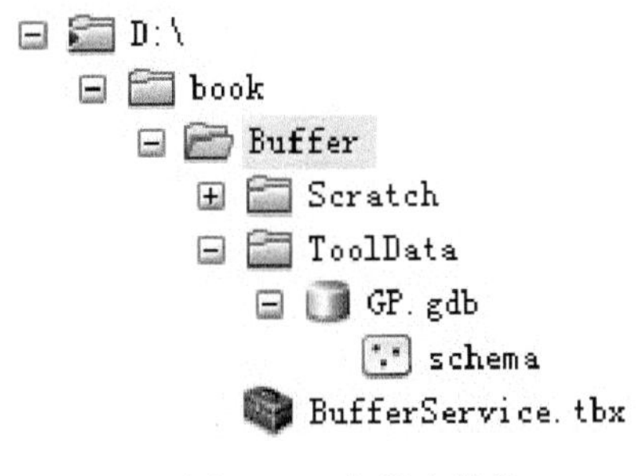

图 11-1　文件夹结构

2. 创建模型

（1）右键单击 BufferService 工具箱，选择 New→Model，打开 ModelBuilder 窗口。

（2）打开工具箱（Toolboxes），用鼠标把 Analysis Tools→Proximity→Buffer 工具拖放到 ModelBuilder 中，如图 11-2 所示。

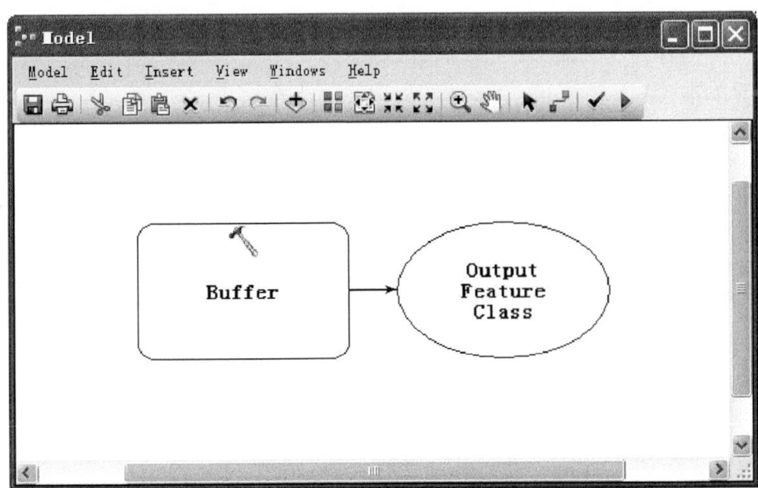

图 11-2　ModelBuilder 中的 Buffer 工具及自动生成的输出变量

（3）右键单击 ModelBuilder 中的 Buffer 方框，选择 Make Variable→From Parameter→Input Features，如图 11-3 所示，ModelBuilder 自动根据 Buffer 的输入参数 Input Features 创建输入变量 Input Features，效果如图 11-4 所示。

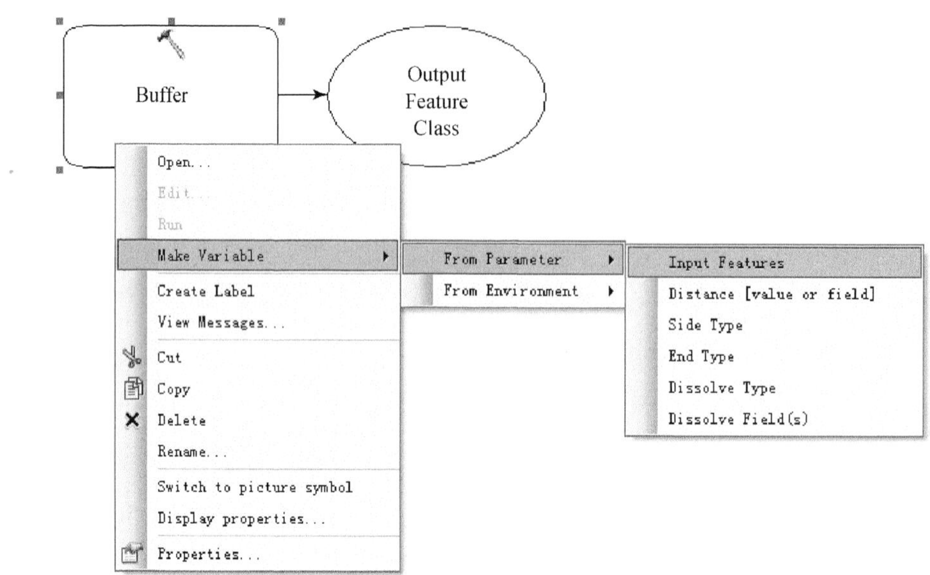

图 11-3　添加输入变量

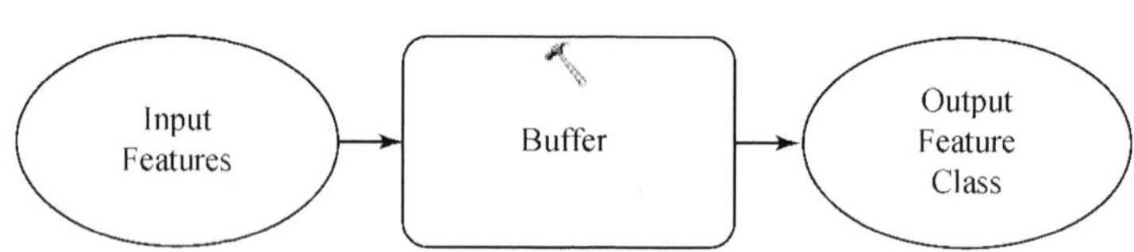

图 11-4　模型添加一个变量 Input Features

（4）同上步操作，创建输入变量 Distance。

（5）右键单击 Input Featuers，选择 Properties。在打开的 Input Featuers Properties 对话框，选择 Data Type 标签页。

（6）在 Select data type 下拉列表中选择 Featue Set，这种类型是最常用的输入空间数据类型之一，其特点是由客户端提交空间几何体（一般为用户交互绘制）给服务端。在 Import schema and symbology from 输入框中输入或导入数据或图层文件。该选项有两个作用：一是导入模式，即设定几何类型和属性表结构；二是符号化，如果导入的是数据，则起到导入模式的作用，如果导入的是图层文件，则除了模式外还包括图层符号化。本例，我们导入之前创建的 schema 点要素类，这样，在用户交互输入图形时，仅支持点状几何体。参数设置如图 11-5 所示。

（7）单击 OK 按钮。此时，Input Features 变为蓝色（颜色见实际操作软件）。

（8）在 ModelBuilder 中双击变量 Distance，在弹出的对话框中设置 distance 为 1000

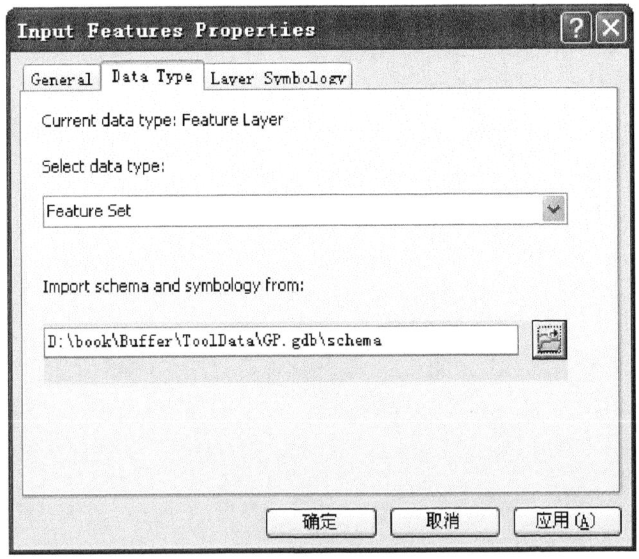

图 11-5　Input Featuers 的属性对话框参数设置

meters，点击“OK”按钮后，变量 Distance 变为蓝色，输出变量 Output Feature Class 变为绿色，如图 11-6 所示。

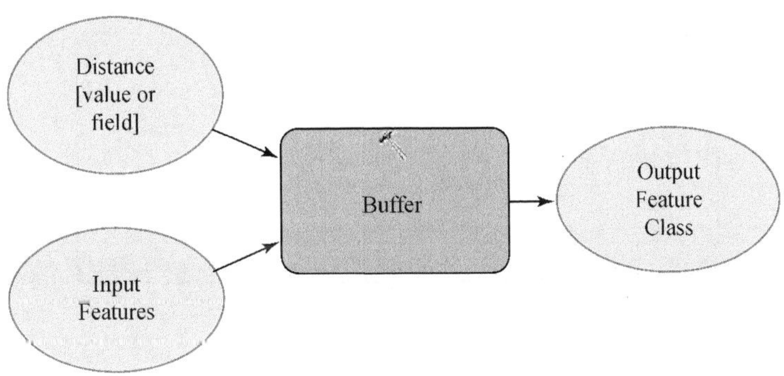

图 11-6　模型设置参数后变为彩色

（9）将 Output Feature Class 变量重命名为 Output Polygons，并双击 Output Polygons，在输入框中输入“% scratchworkspace% \BufferedPoints. shp”，这里将输入要素类指向起始工作位置，如图 11-7 所示，最后单击“OK”按钮。

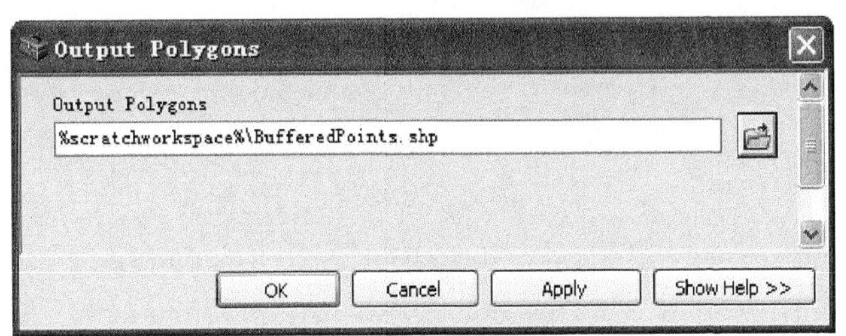

图 11-7　输出参数设置

（10）右键单击 Input Features，选择 Model Parameter，Input Features 椭圆的右上角出现一个 P 字符，表示该变量是模型的参数，模型参数是开放给模型使用者指定的。

（11）同上步操作，将所有变量都设为参数。需要说明的是，并不要求将所有变量都设为参数，变量是否作为参数，是否有输入输出参数，关键是看具体的应用需要。

（12）在 ModelBuilder 对话框菜单中，选择 Model→Model Properties，然后设置 Name 为 BufferPoints，Label 为 BufferPoints。注意 Name 必须为英文，可以有下划线，不能有空格和特殊字符。Label 无严格限制，可以为中文。勾选 Store Relative pathnames，为了方便整个 Buffer 文件夹复制移动，如图 11-8 所示。

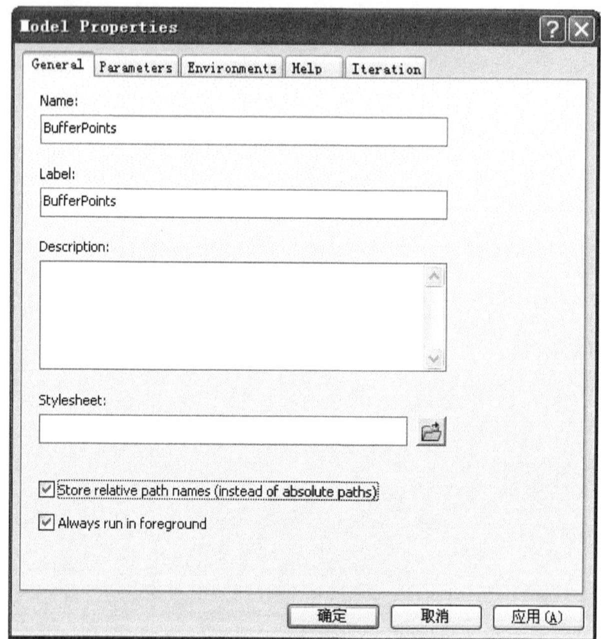

图 11-8　模型的属性设置

（13）保存并关闭 ModelBuilder，模型按照 GP 服务的要求创建完毕。

3. 测试模型

发布模型之前，需要首先在 ArcMap 中测试模型的可用性，只有正常运行的模型，才有可能发布成 GP 服务。具体步骤如下。

（1）打开 ArcMap，选择 Geoprocessing 菜单→Geoprocessing Optoins，打开 Geoprocessing Options 对话框。选中 Overwrite the outputs of Geoprocessing operations 选项框，如果输出位置已有数据，工具执行时自动覆盖输出。选中 Add results of Geoprocessing operations to the display 选项框，输出的结果会自动添加到地图中。

（2）选择 Geoprocessing 菜单→Enviroments，打开 Enviroments Settings 对话框，展开 Workspace 目录，设置 Scratch Workspace 为 D:\book\Buffer\Scratch，如图 11-9 所示，也就是之前创建的文件夹，该路径会直接替换在创建模型时使用的引用变量“% scratchworkspace%”，也就是说，模型的输出位置为 D:\book\Buffer\Scratch\BufferedPoints. shp。

（3）在 ArcMap 中，添加 D:\book\Buffer\ToolData\GP. gdb\schema 要素类。添加该要素类的目的主要是为了让 ArcMap 的当前坐标系与模型保持一致。

（4）在 ArcMap 中的 Catalog 窗口中，找到之前创建的 BufferService 工具箱。

（5）双击工具箱中的 BufferPonits 模型，打开 BufferPoints 模型对话框，如图 11-10 所示。

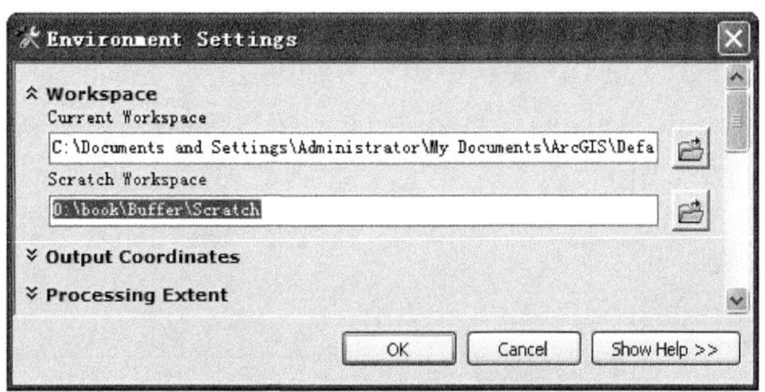

图 11-9　起始工作空间设置

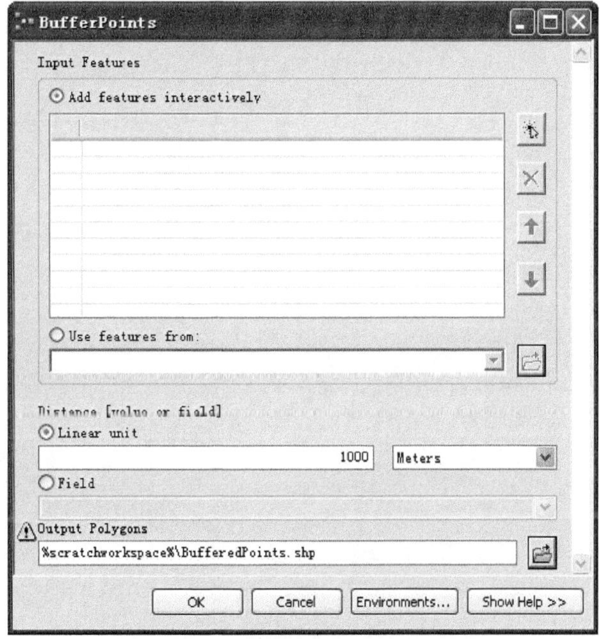

图 11-10　BufferPoints 模型对话框

（6）单击“Add Feature”按钮，然后点击地图添加用于创建缓冲区的一个或多个点。

（7）可以在 Distance 输入框设置缓冲区距离，也可以修改距离单位。

（8）单击“OK”按钮以后，模型开始执行。如果模型创建正确的话，在完成操作后，会有一个 BufferedPoints 多边形图层自动添加到 ArcMap 的图层列表（TOC）中。而且图层中包含之前交互添加的点和指定的缓冲区半径创建的缓冲多边形。至此，模型测试成功。

11.2 发布 GP 服务

发布 GP 服务需要使用 ArcMap 或者 ArcCatalog，如果没有 ArcGIS Desktop 环境，也可以使用 ArcGIS Server Manager。

在本书的 3.2 节中就已经介绍了每种服务所需要的 GIS 资源，GP 服务对应的资源是包含工具图层（Tool Layer）的地图文档或者工具箱（.tbx）。

通过 ArcGIS Desktop 发布 GP 服务有如下两种方法。

第一种，发布到 ArcGIS Server（Publish to ArcGIS Server）：右键单击资源，并选择 Publish to ArcGIS Server（图 11-11）。

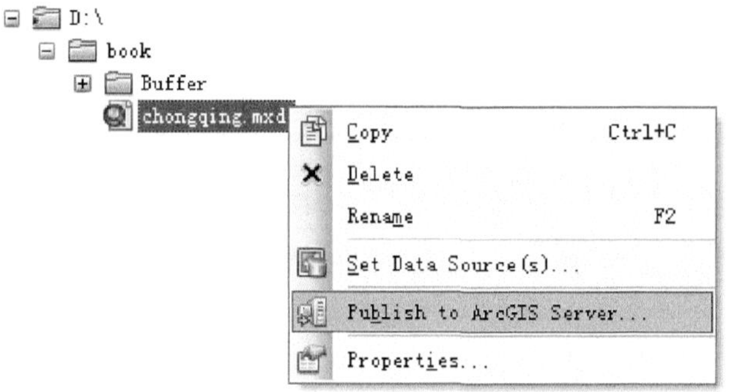

图 11-11 Publish to ArcGIS Server

第二种，添加新服务（Add new service）：右键单击一个 ArcGIS Server 连接，然后选择 Add New Service（图 11-12）。

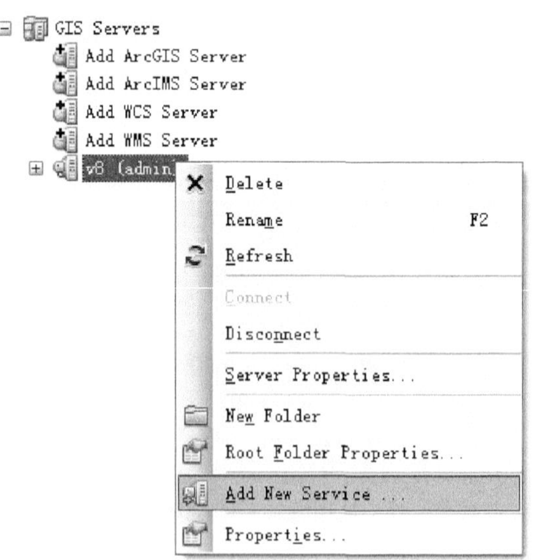

图 11-12 Add New Service

这两种方法在效果上是相同的，区别在于：第一种方法中系统根据所选资源的特点自动设置一些参数，用户只需要在向导中设置一些主要参数；而第二种方法，在向导中将与服务有关的所有参数完全开放出来供用户设置。如果用户使用第一种方法创建了服务，又希望设置向导中未出现的参数，只需在创建服务后，修改服务即可，具体操作如下。

（1）在 ArcCatalog 中，浏览至 server 节点。

（2）右键单击 server 节点下要修改的 service 节点，并选择 Stop（服务参数的修改，必须在服务停止的状态性下完成）。

（3）右键单击服务，并选择 Service Properties。

（4）在弹出的界面中修改服务属性。

（5）右键单击服务，并选择 Start，启动服务。

按照 GP 服务发布的具体形式，作者把 ArcGIS Server 中的 GP 服务分为三种：使用工具箱的 GP 服务、使用地图文档的 GP 服务和结合地图服务的 GP 服务，分别对应图 11-13 中的①、②和③。

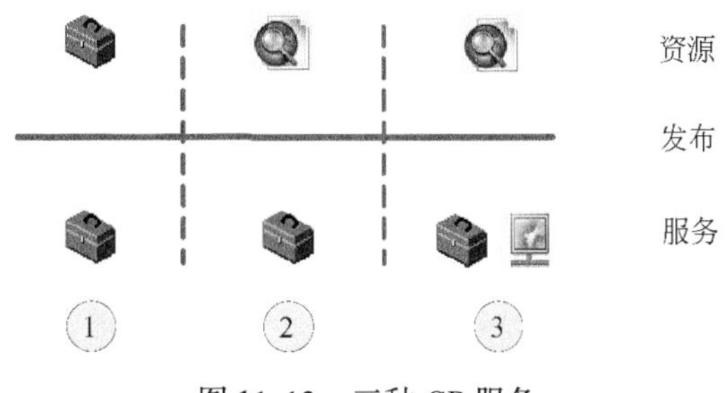

图 11-13　三种 GP 服务

下面针对三种类型，分别介绍具体的发布操作。

11.2.1　使用工具箱的 GP 服务

第一种 GP 服务使用工具箱（ToolBox）创建，工具箱中的每一个工具（模型）都是 GP 服务中的一个任务（task）。每个任务都可以使用磁盘数据，而任务的输出（数据）从服务端传给客户端，由客户端（如浏览器）在前端绘制出来，反映给用户。这种形式应用最为常见，一般所有的输入都是由客户端提交的，ESRI 的 ArcGIS Online 中的 GP 服务示例大多为此类服务。具体发布的两种方法如下。

1. 发布到 ArcGIS Server（Publish to ArcGIS Server）

（1）在 ArcToolbox 或者 Catalog 窗体中，右键单击工具箱，并选择发布到 ArcGIS Server（Publish to ArcGIS Server），即打开 Publish to ArcGIS Server 向导，如图 11-14 所示。

（2）向导第一步中可以使用“Create a new folder”创建服务文件夹来分组管理服务，如北京相关的服务（行政区划、道路等）放在“北京”服务文件夹下。对于服务

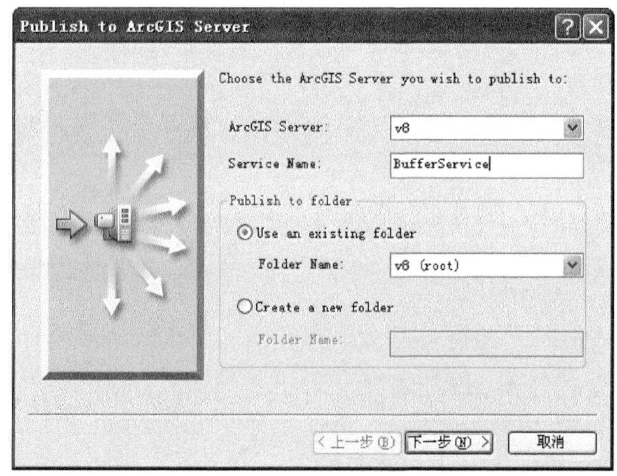

图 11-14　Publish to ArcGIS Server 向导

文件夹的个数并无限制，但只允许有一级文件夹。

（3）向导第二步列出了服务摘要信息。点击 Finish 后，随即创建 GP 服务。

2. 添加新服务（Add New Service）

（1）在 ArcMap 或 ArcCatalog 中的 Catalog 窗口，右键单击某个 ArcGIS Server 实例，并选择 Add New Service。打开 Add GIS Service 向导。

（2）输入服务名称，名称不能包含空格。

（3）服务类型（Type）选择 Geoprocessing Service。

（4）单击“Next”。

（5）设置工具箱路径。

（6）其他选项在“服务属性”部分介绍。

（7）单击“Next”。如有需要，可以禁用网络访问（Web access），这样客户端只能间接通过 Web 应用，而不能通过 URL 直接访问服务。

（8）单击“Next”。如有需要，可以修改池化（Pooling）和超时（Timeout）选项。

（9）单击“Next”。如有需要，修改服务实例运行方式。

（10）单击“Next”。此步骤打开摘要面板，可以选择立刻启动服务，或者之后启动。

（11）单击“Finish”。

11.2.2　使用地图文档的 GP 服务

第二种 GP 服务使用包含工具图层（ToolLayer）的地图文档创建，每一个工具层都是 GP 服务中的一个任务。任务既可以访问磁盘数据，又可以访问地图文档中的图层。任务的输出和第一种 GP 服务一样，也是由客户端（如浏览器）在前端绘制出来，反映给用户。在发布服务之前需要先制作一个包含工具图层（ToolLayer）的地图文档。注意，这种服务不能使用“Publish to ArcGIS Server”方法，只能使用“Add New Service”方法，具体操作如下。

（1）在 ArcMap 或 ArcCatalog 中的 Catalog 窗口，右键单击某个 ArcGIS Server 实例，并选择 Add New Service。打开 Add GIS Service 向导。

（2）输入服务名称，名称不能包含空格。

（3）在服务类型（Type）下拉框中选择 Geoprocessing Service。

（4）单击“下一步”。

（5）因为地图文档中的工具层要开放给 GP 服务，所以此处选择“A map”选项，设置地图文档路径，如图 11-15 所示。

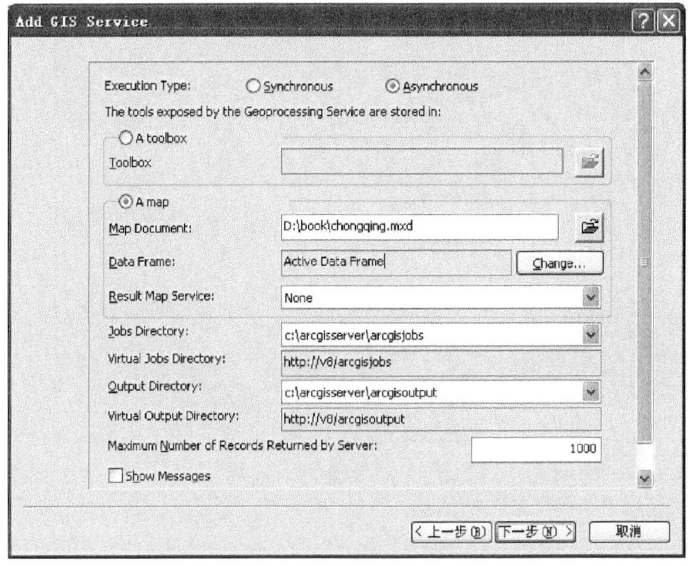

图 11-15　GP 服务参数设置

（6）单击“下一步”。如有需要，可以禁用网络访问（Web access），这样客户端只能间接通过 Web 应用，而不能通过 URL 直接访问服务。

（7）单击“下一步”。如有需要，可以修改池化（Pooling）和超时（Timeout）选项。

（8）单击“下一步”。如有需要，修改服务实例运行方式。

（9）单击“下一步”。此步骤打开摘要面板，可以选择立刻启动服务，或者稍后启动。

（10）单击“Finish”。

11.2.3　结合地图服务的 GP 服务

第三种是结合地图服务的 GP 服务，与第二种一样，这种 GP 服务也是使用包含工具层的地图文档创建，每一个工具层都是一个任务。与前两种的主要区别在结果的处理上，这种服务的结果直接在服务端由 GIS 服务器按照地图文档中工具层的设置生成图片，再返回给客户端展示给用户的，也就是说，即使是不同的客户端（或者说，不同的 web 应用），看到的处理结果是相同的。发布这种服务的两种方法如下。

1. 发布到 ArcGIS Server（Publish to ArcGIS Server）

（1）在 ArcMap 或 ArcCatalog 中的 Catalog 窗口，右键单击包含工具图层的地图文档，并选择 Publish to ArcGIS Server，打开 Publish to ArcGIS Server 向导。

（2）单击“下一步”。因为使用的是地图文档，而且包含工具层，所以默认启用制图（Mapping）和 Geoprocessing，如图 11-16 所示。

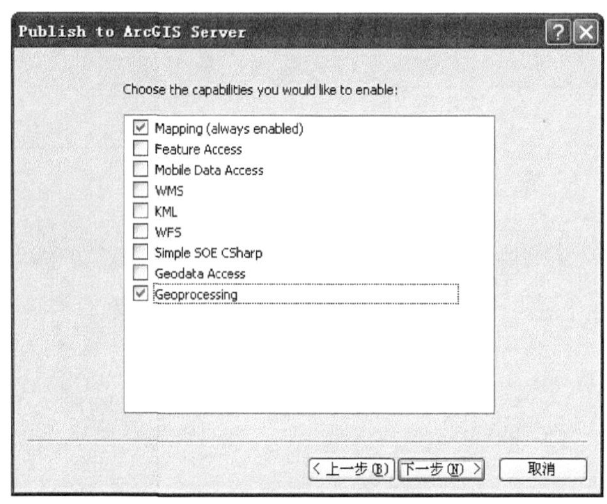

图 11-16　发布服务向导

（3）单击“下一步”。

（4）此步向导面板包含摘要信息，单击“Finish”，得到两个同名的地图服务和 GP 服务。

2. 添加新服务方法

与使用地图文档的 GP 服务的发布方法一致，具体见 11.2.2 节。

GP 服务有四个关键属性：执行方式、工作和输出目录、返回记录最大数、是否显示消息。

（1）执行方式——同步（Synchronous）VS 异步（Asynchronous）：同步方式下，客户端一直等待服务器处理任务完成。而异步方式下，客户端在服务器处理任务时做其他的工作。使用结合地图服务的 GP 服务不能设置为同步方式，一般仅对于处理速度较快的服务使用同步方式，以免 ArcGIS 服务或 Internet 服务超时限制引发错误。

（2）工作和输出目录：工作目录是 ArcGIS Server 为工具准备的临时工作空间，用于保存工具的中间处理结果，对应于 11.1 节制作模型时使用到的起始工作空间（scratchworkspace）；输出目录是保存结果的目录。

（3）服务器返回的最大记录数：用户通过 ArcGIS Desktop 之类的客户端调用服务并

获得结果时，能够将结果复制到本地，因此从防止用户大量“下载”数据的角度考虑，造成服务器负载过大，有必要通过此参数限制服务器每次返回给客户端的最大记录数。另外，大量的数据传输也会阻塞网络。

（4）显示消息：GP 进程在执行时可以写入警告、错误等日志信息，这些消息可能包含服务器或局域网的数据路径信息，出于安全的考虑，如果不希望用户看到这些数据路径，可以通过该参数关闭显示日志消息。当然，在系统调试或无安全顾虑时，一般打开此选项，帮助用户或开发者了解处理状态详细信息。

11.3　测试 GP 服务

如果成功发布服务，可以在 GIS 服务器的管理连接中看到 GP 服务对应的工具箱图标，如图 11-17 所示。

在使用 Web 客户端调用 GP 服务之前，建议在 ArcMap 中测试该服务是否能够正常工作，具体操作如下。

（1）打开 ArcMap，在 ArcMap 中的 Catalog 中找到 GIS 服务器下的 BufferService 中的 Buffer Points 任务（GP 服务对应于工具箱，服务中的任务对应于工具箱中的模型）。注意，不是之前创建的工具箱中的模型。

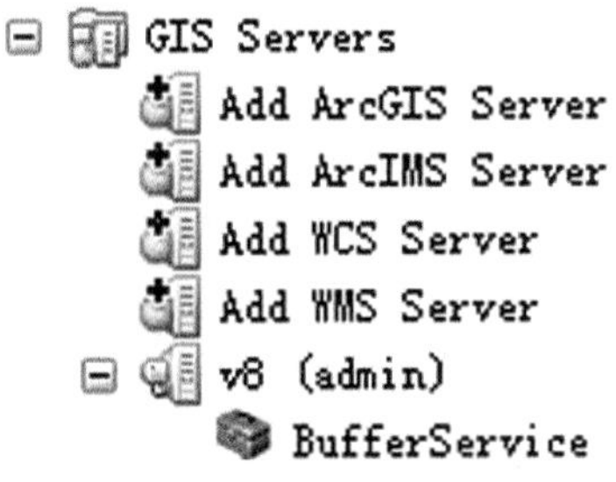

GIS Servers
Add ArcGIS Server
Add ArcIMS Server
Add WCS Server
Add WMS Server
v8 (admin)
BufferService

图 11-17　成功发布 GP 服务

（2）双击 Buffer Points 任务，随即打开 Buffer Points 任务对话框。注意与之前测试模型时打开的工具箱中的 Buffer Points 模型对话框有所不同，该对话框中不包含 Output Polygons 参数，这是因为 ArcGIS Server 要将输出写入服务器的工作文件夹（模型中使用的%scratchworkspace%对应于服务器的工作文件夹）下，不再需要也不允许用户在此指定输出位置。

（3）单击“Add Feature”按钮，然后点击地图添加用于创建缓冲区的一个或多个点。

（4）可以在 Distance 输入框设置值，也可以修改单位列表中的单位。

（5）在执行任务之前，要确认后台进程已经关闭。具体关闭操作参考步聚（6）~（8）。

（6）选择 ArcMap→Geoprocessing 菜单中的 Geoprocessing Options 菜单项。

（7）在打开的 Geoprocessing Options 对话框中，Background Processing 选择框不要勾选。

（8）单击 OK 按钮。此时任务开始执行。

在 ArcMap 中选择 Geoprocessing 菜单中的 Results，在打开的 Results 对话框中展开 BufferPoints 节点，能够看到输出、输入、运行环境、任务执行消息等。

如果模型创建正确的话，在完成操作后，会有一个名字 Output Polygons（该名称为模型中的输出变量名）的多边形图层自动添加到 ArcMap 的图层列表（TOC）中，如图 11-18 所示。而且图层中包含之前交互添加的点和创建的缓冲区多边形。至此，服务测试成功。

图 11-18　在 ArcMap 中测试 GP 服务

11.4　Flex 调用 GP 服务

在 Flex 中访问 GP 服务中的任务，主要通过 Geoprocessor 类完成。要调用 GP 服务，首先要清楚服务的关键信息，如任务的 REST 节点地址 URL、任务所必须的输入输出、任务类型（异步还是同步）。

一个 GP 服务对应于一个工具箱，一个工具箱中可以包含多个模型，而一个模型对应于一个任务，因此，一个 GP 服务中可以包含一个或多个任务，每一个任务唯一对应一个 URL。以之前发布的 GP 服务 BufferService 为例，GP 服务对应于一个地址：

http://192.168.1.100/ArcGIS/rest/services/BufferService/GPServer

该地址为 GP 服务的 RSET 服务地址，后缀 GPServer 标明该服务的类型为 GP 服务，其页面内容如图 11-19 所示。

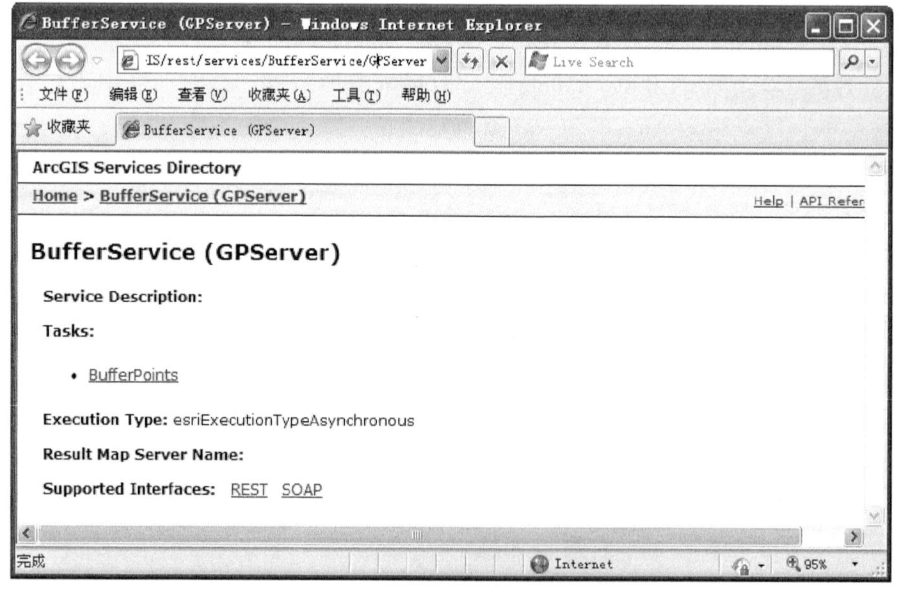

图 11-19　GP 服务的 REST 节点信息

从这个页面中，可以得到该 GP 服务中只有一个任务 BufferPoints，其执行类型为异步（esriExecutionTypeAsynchronous），没有结合地图服务，这与我们之前发布服务时所用的工具箱和配置的参数是完全一致的。对于 Flex 调用来讲，最重要的就是 URL 和执行类型，有了 URL，我们就可以实例化 Geoprocessor 类对象了，这里需要注意，在地址栏看到的只是 GP 服务的 URL，而对于 Geoprocessor 类来讲，需要的是任务的 URL，也就是 GP 服务的 URL 加上具体的任务名称。本例中 Buffer Points 任务的 URL 为：

http://edwardthink/ArcGIS/rest/services/BufferService/GPServer/BufferPoints

下面针对该任务介绍如何通过代码调用。首先根据任务的 URL 构建 Geoprocessor 对象：

MXML 代码：

```
<esri:Geoprocessor id = "gp"
    url = "http://localhost/ArcGIS/rest/services/BufferService/GPServer/BufferPoints" />
```

ActionScript 代码：

```
var gp:Geoprocessor = new Geoprocessor("http:// localhost
  /ArcGIS/rest/services/BufferService/GPServer/BufferPoints");
```

任务页面中列出了任务必须（Parameter Type 为 esriGPParameterTypeRequired）的输入（Direction 为 esriGPParameterDirectionInput）和输出参数（Direction 为 esriGPParameterDirectionOutput）。必须的输入参数是需要通过代码传给 Geoprocessor 对象的，而输出参数是以 ParameterValue 数组返回的。下面给出针对示例服务的输入参数的设置代码：

```
var params:Object = ("Input_Features":featureSet,"Distance":distance );
```

以上的代码声明了一个 Object 对象 params，并设定了两个输入参数：Input_ Features 和 Distance。

任务的执行类型决定运行任务需要调用的 Geoprocessor 类的方法。对于同步执行，客户端执行任务，在任务响应（成功结果或失败信息）返回前一直等待，所支持的操作为"Execute Task"（见任务页面底部的 Supported Operations），对应的 Geoprocessor 类的方法为 execute()。而异步执行，客户端提交输入参数，然后根据唯一的工作 ID 轮询服务器是否完成。任务完成时，客户端主动把结果从服务器取回，此种方式支持的操作为"Submit Job"，对应的方法为 submitJob()。

对于本节的示例，任务执行类型为同步，因此所使用的方法为 Execute()，该方法包括两个参数：第一个参数为提交给服务器的模型参数，需要严格按照任务页面中的参数顺序构建对象；第二个参数为回调函数，也就是处理返回结果的函数。具体代码如下：

```
gp.execute(params,myFunction);
```

任务结果以 ParameterValue 数组的形式返回给回调函数，数组中包含了所有的按顺序排列的输出参数。如果服务启用了消息，还可以获取到一个 GPMessage 对象数组。ParameterValue 和 GPMessage 为 GeoprocessorEvent 的属性。

对于 ParameterValue，可以通过循环取出其中的对象。如本例中，只有一个返回参数，因此可以通过 event. parameterValues[0]获取到返回参数。另外，从任务页面可以看到返回参数的类型为 GPFeatureRecordSetLayer，因此可以通过下面的回调函数进一步获取结果中的每一要素：

```
private function displayResult(event:GeoprocessorEvent):void
```

```
{
    for each ( var myGraphic:Graphic in event. parameterValues[0]. value. features )
    {
        myGraphic. symbol = viewshedSimpleFill;
        myGraphicsLayer. add( myGraphic );
    }
}
```

运行异步任务时，调用的是 Geoprocessor. submitJob( ) 方法。对于该方法，有三个参数：第一个参数为必须参数，是提交给服务器的模型的输入参数；第二个参数可选，为任务完成时的回调函数；第三个参数也是可选的，为工作状态回调函数。示例代码如下：

```
gp. submitJob(params,myCompleteCallback,myStatusCallback);
```

状态回调函数接收的是 geoprocessor 返回的一个包含工作 ID、工作状态、GPMessage 的 JobInfo 对象。

11.5 ArcObjects 开发自定义 GP 工具

本节要求读者具有一定的 ArcObjects 开发基础，并了解 GP 中的基本概念。在开始使用这种方法创建自定义 GP 工具之前，首先要检查所需的功能在 ArcGIS Desktop 工具箱中是否已经存在，或者通过 ModelBuilder 或脚本连接现有的工具就能够满足功能需求。因为无论是使用 ModelBuilder 还是脚本，其开发调试成本远远低于直接使用 ArcObjects 的方式，ArcObjects 创建自定义 GP 工具方式是最后的选择。

要创建自定义 GP 工具，必须实现两个接口：IGPFunction2 和 IGPFunctionFactory。在正式开始编码之前，要记住几个编写原则：①必须在 ParameterInfo 中新建一个参数数组；②必须有输出；③不能使用本地化关键字，如中文；④参数中若需用到布尔值，以代码值字符串代替，如“True”和“False”，或更简单的“T”和“F”。

如果是编写一个给用户使用的自定义工具，每一个属性都要设置的很精细，如类型检查要严格遵从数据要求。针对用于发布 GP 服务的工具编写，只需完成基本的设置即可，对于类型可设置的较为宽泛，也可以不设定验证。

使用 ArcObjects 创建自定义 GP 工具的步骤如下。

第一，在 .NET 应用程序中，创建两个类（分别实现 IGPFunction2 和 IGPFunction Factory接口）。

第二，在 IGPFunction2 接口的 ParameterInfo 属性部分通过 IGPParameter 设置 GP 参数属性（参数类型、方向和可接受的值类型）。

第三，IGPFunction2 接口的 Execute 方法是工具最重要的部分，具体的算法逻辑、执行操作在此编写。

第四，实现 IGPFunctionFactory 接口中的属性方法，从而完成工具箱的设置以及与工具箱中包含的工具的关联（也就是实现 IGPFunction2 接口的类）。

其中，IGPParameter 接口中有几个关键的属性需要提供具体的实现代码。

- Name：调用名称，也就是我们通过编码调用时或者在 GP 服务的任务页面中看到的名称。要求只能使用英文和下划线（如 input_featureclass），不能包含空格或特殊字符（如括号是不可以的）。
- DisplayName：参数显示名称，即在 ArcGIS Desktop 中直接打开该工具时界面上的参数名称，这里可以使用中文。
- ParameterType：参数类型，有三种，即 esriGPParameterTypeRequired（必须）、esriGPParameterTypeOptional（可选）和 esriGPParameterTypeDerived（继承），常使用前两种。
- Direction：参数方向，有两种，即 esriGPParameterDirectionInput（输入）和 esriGPParameterDirectionOutput（输出）。
- DataType：参数数据类型，用来约束输入或输出参数的数据类型，主要是起到校验作用。
- Schema：参数的数据结构模式。
- Value：与 DataType 对应，用于设定参数默认值。

编码完成之后编译成动态链接库（dynamic-link library，DLL），然后使用 ArcGIS 的 ESRIRegAsm 工具在 GIS 服务器上注册 DLL，或者制作安装包。这样，就可以在 ArcGIS Desktop 中把该工具添加到工具箱了，再按照之前 11.1、11.2 节中的方法进一步包装成模型，发布为 GP 服务。

下面说明编程的具体操作步骤和关键点，以缓冲区功能的自定义 GP 工具（包括输入要素类和输出要素类设置，不含缓冲区距离设置）为例。

（1）在 Visual Studio 中新建一个项目，选择模板 Visual C#→ArcGIS Extending ArcObjects→Class Library（Desktop），项目名称输入 MyFirstCustomGP，如图 11-20 所示。随后弹出的 Add Reference 可不做配置，亦可根据需要预先添加所需的程序集。

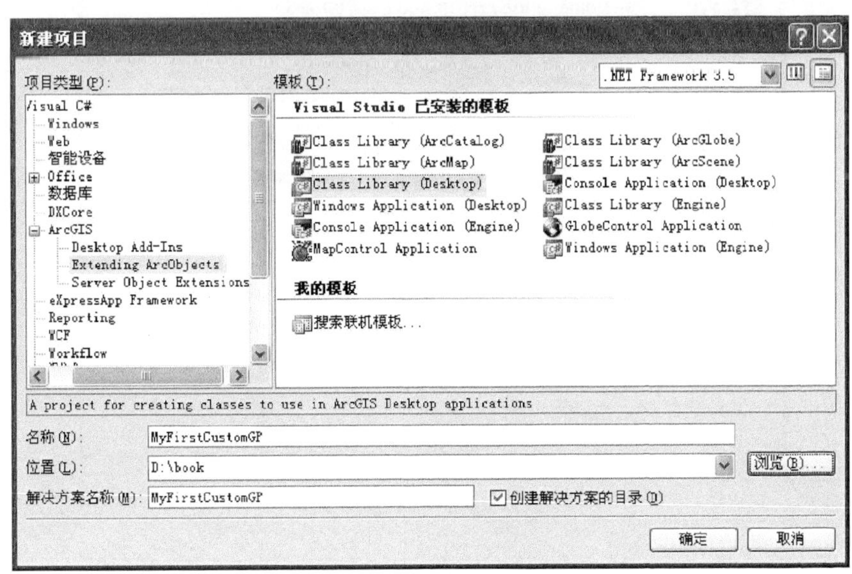

图 11-20　创建 .NET 项目

（2）将项目中自动生成的 Class1. cs 删除。

（3）右键单击项目，选择 Add→ New Item ... ，选择模板 Visual C# Items→ArcGIS→Extending ArcObjects→ArcGIS Class，并在 Name 输入框设置类名（本例设为 MyGPFunction），如图 11-21 所示。

（4）在弹出的 ArcGIS Add Class Wizard 中 Base Implementtation 的第二个下拉列表中选择 Geoprocessing，然后在 Base Component 中选择 GPFunction，如图 11-22 所示，单击“Finish”按钮，即可完成根据 ArcGIS 提供的类模板，自动创建了一个实现 IGPFunction2 接口的类。

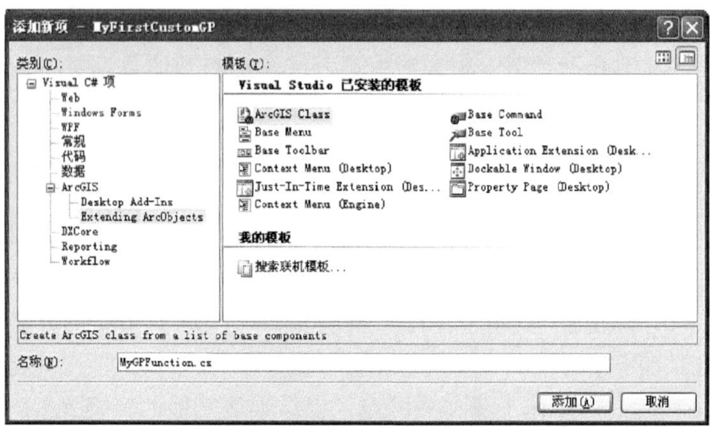

图 11-21　创建类

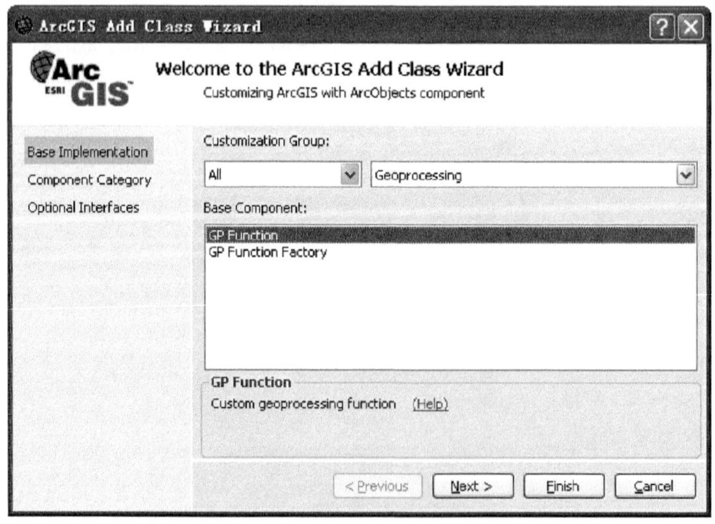

图 11-22　ArcGIS 类设置向导

（5）同上一步操作，创建一个实现 IGPFunctionFactory 接口的类 MyGPFunctionFactory。

（6）在 IGPFunctionFactory 实现类 MyGPFunctionFactory 中添加 COM 注册、反注册方法，具体代码如下。该代码是通用代码，可以直接复制使用。

MyGPFunctionFactory. cs 中注册 COM 的代码

```
[ComRegisterFunction()]
static void Reg(string regKey)
{
    GPFunctionFactories. Register(regKey);
}
[ComUnregisterFunction()]
static void Unreg(string regKey)
{
    GPFunctionFactories. Unregister(regKey);
}
```

（7）至此类的结构框架已经完成，下面要做的就是实现关键的属性和方法。

（8）在 IGPFunction2 实现类 MyGPFunction 中完成对工具显示名称、调用名称、参数、执行逻辑等的设定。

MyGPFunction. cs 部分代码，详细代码请查阅光盘

```
public string DisplayName //显示名称:DisplayName 属性
{
    ……
}
public string Name //调用名称:Name 属性
{
    ……
}

public ESRI. ArcGIS. esriSystem. IArray ParameterInfo //参数:ParameterInfo 属性
{
    ……
}
public void Execute(IArray paramvalues, ESRI. ArcGIS. esriSystem. ITrackCancel TrackCancel, ESRI. ArcGIS. Geoprocessing. IGPEnvironmentManager envMgr, IGPMessages message)
{   //此处代码量比较大,请查阅光盘
    ……
}
```

```
public ESRI. ArcGIS. esriSystem. IName FullName
{
    ……
}
```

（9）实现类 MyGPFunctionFactory 中的各个属性和方法，完成对工具箱名称、别名、类 ID 以及与工具的关联等的设定，详细代码请查阅光盘。

（10）生成项目（Build Project）。

（11）编译成功后，在 ArcCatalog 中找到本章创建的工具箱 BufferServices. tbx，右键点击选择菜单“Add”→“Tool”，如图 11-23 所示。然后在弹出的对话框中找到“My Buffer Tool”如图 11-24 所示。点击“OK”把刚创建的自定义工具添加到工具箱中。

（12）自定义 GP 工具的调用方法同样是按照本章之前介绍的方法创建模型、发布服务、Flex 调用即可，在此不再赘述。

在 ArcGIS Server 上部署自定义 GP 工具时，作者建议把. NET 工程打包生成一个可以安装的 setup. exe，然后在每台 SOC 机器上都要安装该自定义工具。制作安装工程的步骤如下。

（1）添加“安装程序类”，如图 11-25、图 11-26 所示。

（2）在“安装程序类”中添加如下代码，这两个函数主要是用来完成 COM 类的注册。

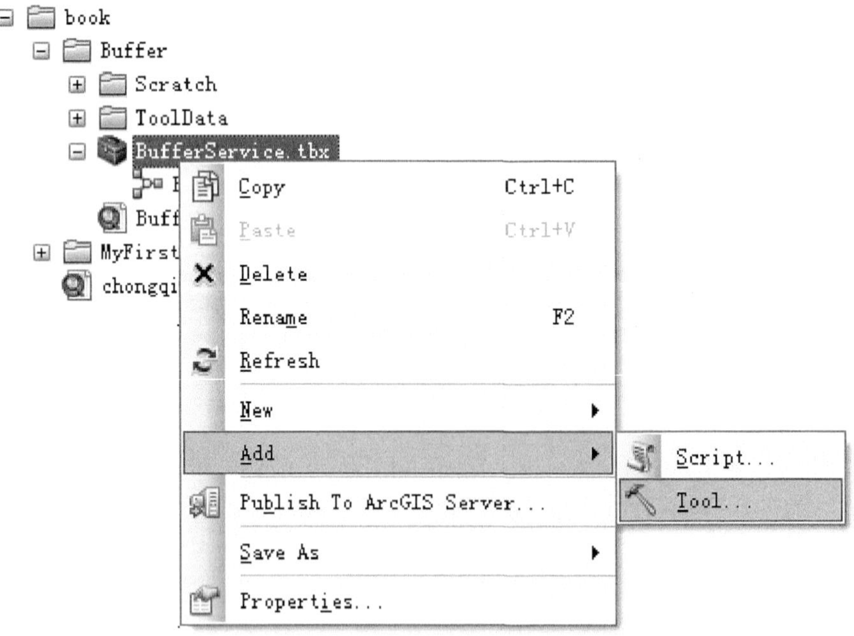

图 11-23 工具箱右键菜单

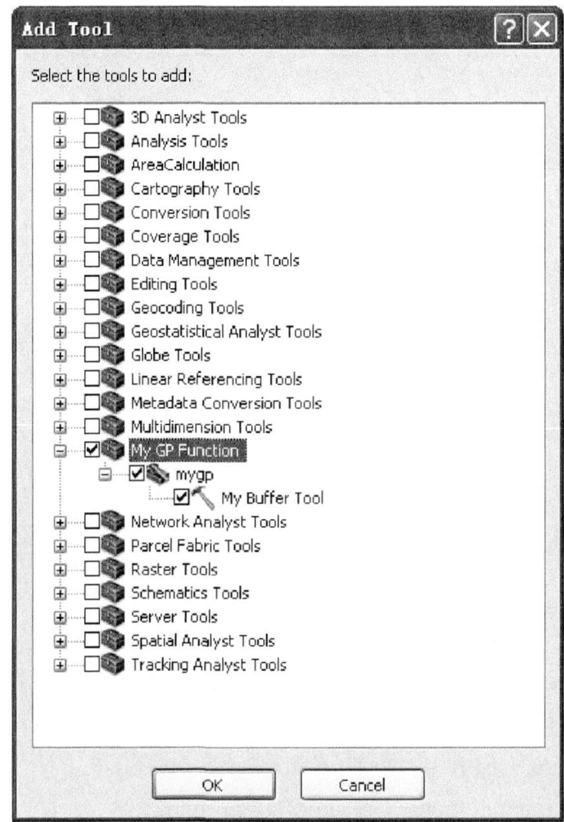

图 11-24　可用的工具列表

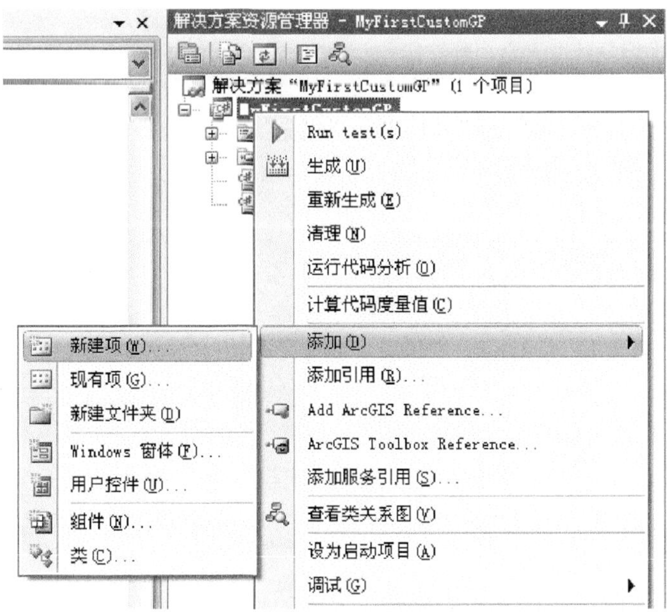

图 11-25　添加安装程序类

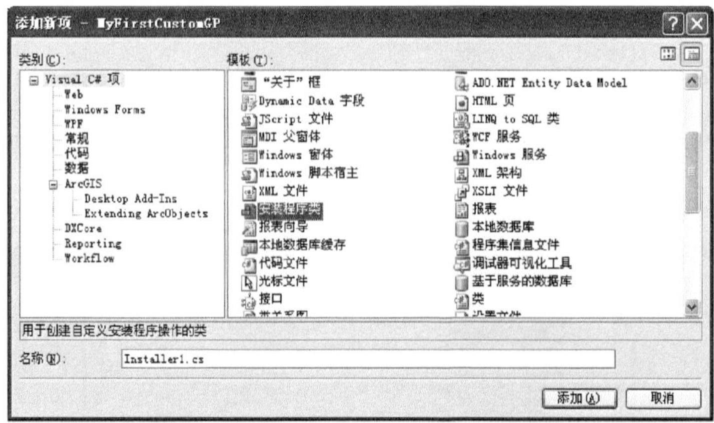

图 11-26　添加安装程序类

MyFirstCustomGP 项目中的 Installer1. cs 部分代码

```
using System. Runtime. InteropServices;

public override void Install(System. Collections. IDictionary stateSaver){
    base. Install(stateSaver);
    RegistrationServices regSrv = new RegistrationServices();
    regSrv. RegisterAssembly(base. GetType(). Assembly,
AssemblyRegistrationFlags. SetCodeBase);
}

public override void Uninstall(System. Collections. IDictionary savedState){
    base. Uninstall(savedState);
    RegistrationServices regSrv = new RegistrationServices();
    regSrv. UnregisterAssembly(base. GetType(). Assembly);
}
```

(3) 在解决方案中添加新的项目，如图 11-27 所示。

(4) 在“安装项目”中的“文件系统”中添加“项目输出”。

(5) 在“安装项目”中添加“自定义操作”。

(6) 在“自定义操作”视图下添加“安装”和“卸载”。安装和卸载都选择“主输出”。

(7) 在“安装项目”中把和 ESRI 有关的依赖项用右键“排除”。

(8) 把“安装项目”中的扩展名为 * . tlb 的文件的属性 Register 改为“vsdrfDoNotRegister”。

(9) 对“安装项目”编译，即完成对组件的打包。

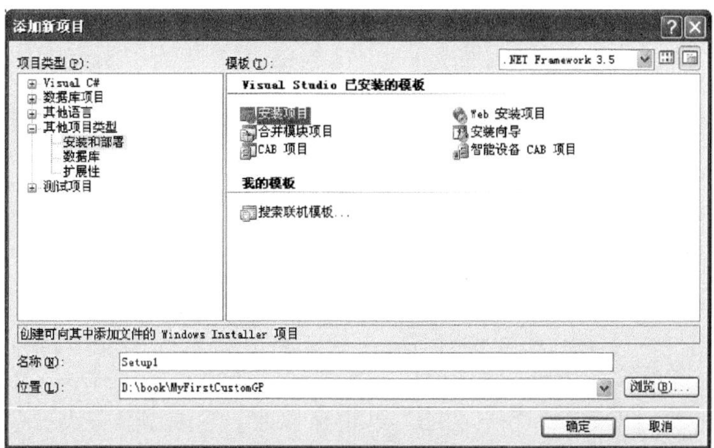

图 11-27　创建安装项目

第 12 章　矢量数据编辑

12.1　矢量数据在线编辑概述

一直以来，绝大多数 WebGIS 的应用系统都是以地图浏览、展示、查询、定位等功能为主，很少涉及地理数据编辑的功能，其中很大的一个原因是在 WebGIS 上开发编辑功能的难度比较大，开发周期长。这使得大多数 WebGIS 项目对地理数据编辑功能望而却步，最终选择了 B/S 和 C/S 架构结合的方式,把地理数据的编辑都放在 C/S 端实现。随着技术的发展，地理数据编辑功能开发难度大大降低，使得一些简单的地理数据编辑功能搬到 Web 上实现变得顺理成章。

ArcGIS Server 10 和 ArcGIS Flex API 2.x 提供了对矢量数据的在线编辑功能。对于 WebGIS 应用的开发，地理数据编辑功能的开发变得非常便捷。ArcGIS Server 10 在 REST 服务层面提供了编辑接口，ArcGIS Flex API 2.0 在客户端提供了编辑接口和交互功能组件，可以达到比较“傻瓜”的开发方式，只需简单的使用几个组件就可以快速完成数据编辑功能。

要完成地理数据编辑功能，主要涉及两方面的工作。

（1）服务器端：发布 Feature Service，要素必须来自于 ArcSDE。

（2）客户端：使用 FeatureLayer，配合 Editor 等组件进行前端开发。

ArcGIS Server 9.3 中没有提供用于在线编辑的 REST API，Flex API 1.x 中也没有提供用于编辑操作的组件，所以在使用的时候，需要特别注意使用软件的版本。

小提示：

ArcGIS Flex API 2.x 可以和 ArcGIS Server 9.3 的 REST API 组合起来使用，ArcGIS Flex API 1.x 版本也可以和 ArcGIS Server 10 组合使用，但是这样的组合不能使用新版本增加的功能，如在线编辑、点图层的 Cluster、amf 通信方式等。使用 ArcGIS Server 10 和 ArcGIS Flex API 2.x 的组合是比较推荐的方案，支持所有的新增功能。

目前在 WebGIS 中能够开发的编辑功能相比 ArcMap 桌面端软件而言还是要少一些，不过基本上能满足目前 Web 系统的需求，目前支持的主要编辑操作包括：创建新要素（点、线、面）、选中要素、平移要素、删除要素、编辑线和面的节点、缩放和旋转要素、编辑要素的属性字段、捕捉功能、撤销和重做等编辑事务操作。

面状图层编辑的效果如图 12-1 所示，在多边形的每个节点（vertex）处都有一个锚点（anchor），可以移动、删除单个节点，也可以移动整个多边形。

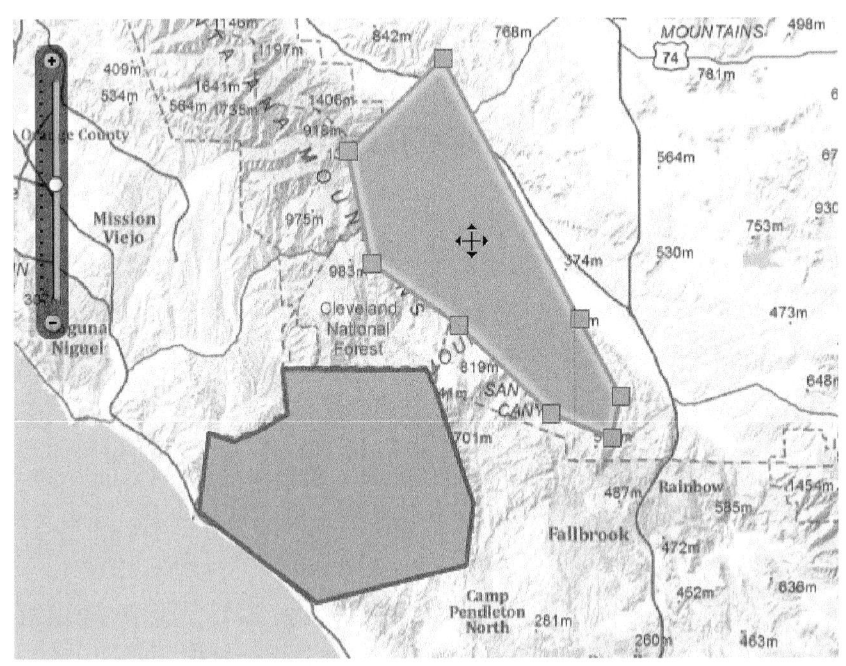

图 12-1　面状图层的编辑

在线要素编辑功能会遇到多用户同时编辑一个要素的情况，这时数据库按照时间先后顺序进行保存，即数据库最终的结果以最后一个用户编辑的结果为准。

下面的章节会分别介绍如何发布 Feature Service，如何使用客户端 API 进行用户交互编辑功能的开发。

12.2　要素服务

Feature Service（要素服务）顾名思义，是关于要素（Feature）的服务，是通过 Web 把矢量要素的空间信息和属性信息发布给客户端。该服务可以支持的操作包括要素信息查询、要素的空间信息编辑、要素的属性信息编辑、要素关联的属性表格的查询和编辑等。

与 Map Service 类似，使用 Feature Service 也需要三个步骤：第一步，制作 Feature Service 所需的资源；第二步，发布 Feature Service；第三步，在客户端访问 Feature Service。

1. 第一步，制作资源

制作资源的过程就是选择要把哪些 GIS 资源通过 Feature Service 暴露出来的过程。目前 Feature Service 还不是一个独立服务，需要依托地图服务而存在，具体的方法是在发布地图服务时，通过启用“Feature Access”选项来实现，并且在发布成功以后，地图服务的停止与启动也会直接影响 Feature Service 的运行状态。

Feature Service 发布的 GIS 资源是矢量图层，它对矢量图层有如下一些要求。

（1）服务中涉及的所有数据都要求来自于同一个 ArcSDE Geodatabase，这里所说的所有数据指的是矢量要素类和相关联的表格数据。

（2）服务中涉及的所有数据都必须在 Geodatabase 中注册，该要求主要是针对表格数据，有些业务数据表没有通过 ArcGIS 软件，直接在数据库层面管理，这样的表格数据是不能通过 Feature Service 发布的。

（3）如果要通过 Feature Service 编辑数据，那么要求具有对数据的写权限。如果数据库是 ArcSDE + Oracle，那么要求数据库用户具有写权限，如果数据的权限是通过操作系统用户来控制，那么必须授权 ArcSOC. exe 进程的启动用户写权限，因为对数据的编辑操作最终是由 ArcSOC. exe 进程来完成的。

小提示：

不论是注册版本，还是没有注册版本的数据，都可以发布为 Feature Service。但是如果要编辑不是简单几何类型的数据，如网络数据集中的边要素类，就需要注册版本。另外，Feature Service 不支持注记要素类（annotation）、dimensions、terrains 等数据类型。

如果计划把 Feature Service 用于在线的编辑功能，ESRI 官方推荐把要编辑的数据单独制作一个地图文档，那些不需要编辑的数据另外制作地图文档、发布服务。

如果要素类的几何体含有 Z 值，那么发布 Feature Service 后，服务的默认配置参数是不允许在线编辑的，需要专门启用 Z 值选项，并且赋予默认的 Z 值后才能在线编辑，如图 12-2 所示。另外，在修改服务的配置参数之前，一定要注意先停止服务，因为在服务启动的状态下这些参数是只读的。

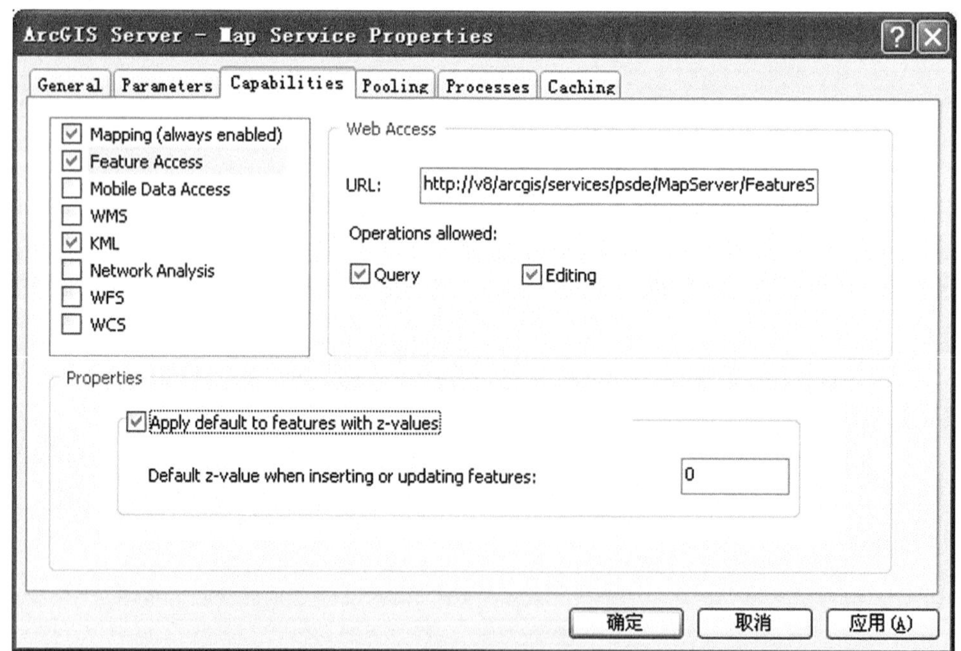

图 12-2　地图服务属性对话框中 Feature Service 的编辑参数设置

如果要素类的几何体含有 M 值，那么发布 Feature Service 以后，可以通过服务的 REST API 和 SOAP API 创建新的要素，删除已有的要素，修改要素的属性，但是不能修改已有要素的几何体坐标。

本书以 Personal ArcSDE Geodatabase（ArcSDE for SQL Server Express）为例介绍如何制作 Feature Service 资源。

首先，需要安装 Personal ArcSDE Geodatabase，该程序的安装包在 ArcGIS Desktop 的安装盘上，安装过程主要是把 SQL Server Express 数据库安装完成并且执行一些参数配置和授权。这里不再赘述。

其次，在 ArcMap 的 Catalog 目录树中通过“Add Database Server”连接 Personal ArcSDE。

再次，使用“New Geodatabase”环境菜单创建一个 Geodatabase，为该数据库命名为 flexbook。

最后，在 flexbook 中新建 Feature Class，命名为 Roads，如图 12-3 所示。

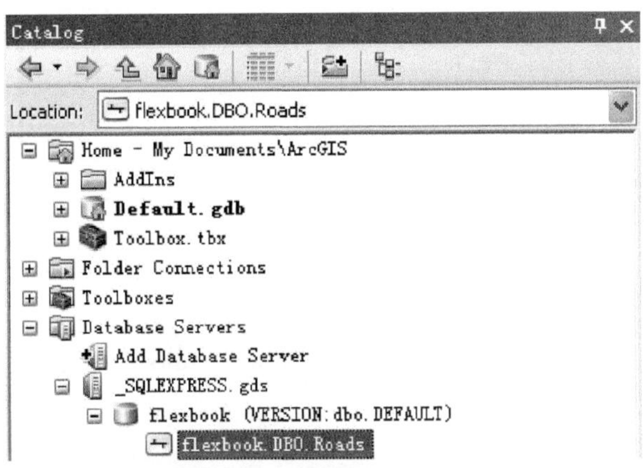

图 12-3　在 Personal ArcSDE 中创建要素类

查看 ArcSOC. exe 的启动用户，图 12-4 中的用户名是 soc。

Windows 任务管理器

文件(F)　选项(O)　查看(V)　帮助(H)

应用程序　进程　性能　联网

映像名称	用户名	CPU	内存使用
ArcMap.exe	Administrator	00	66,056 K
ArcSOC.exe	soc	00	33,112 K
ArcSOC.exe	soc	00	46,972 K
ArcSOC.exe	soc	00	1,656 K
ArcSOC.exe	soc	00	60,932 K
ArcSOCMon.exe	soc	00	2,856 K
ArcSOM.exe	som	01	6,520 K
aspnet_wp.exe	ASPNET	00	38,844 K
DctSer.exe	SYSTEM	00	264 K
dllhost.exe	SYSTEM	00	1,088 K
EvtEng.exe	SYSTEM	00	1,536 K

☑显示所有用户的进程(S)　结束进程(E)

进程数: 67　CPU 使用: 1%　提交更改: 2086M / 3870M

图 12-4　任务管理器中的 ArcSOC 进程及其用户名

为 ArcSOC. exe 的启动用户 soc 授权数据库读写权限，因为以后要在数据库上执行在线编辑操作。授权过程分两步：第一步是使用数据库连接的“Permissions”环境菜单为整个数据库添加用户 soc，如图 12-5 所示，第二步是使用 flexbook Geodatabase 的“Administration”→“Permissions”环境菜单为 flexbook 设置读写权限，如图 12-6 所示。

把新建的 Roads 要素类添加到 ArcMap 中，并且配置图层的符号，如图 12-7 所示，把地图文档保存为 Roads. mxd。

到此为止第一步基本完成，其中还有一些步骤是可选操作，如创建要素模板。本示例使用系统默认创建的模板。

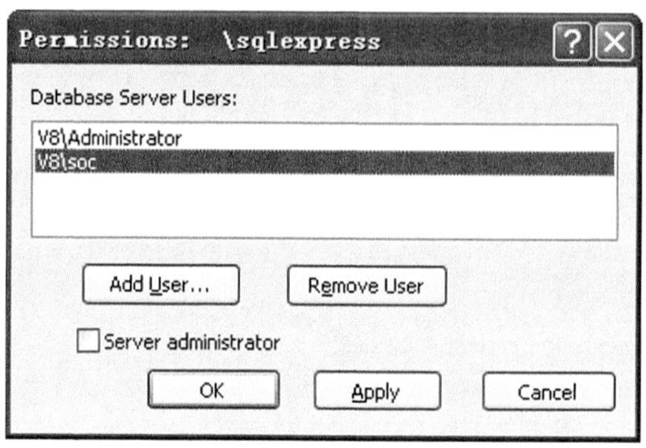

图 12-5 向 Personal ArcSDE 中添加用户 soc

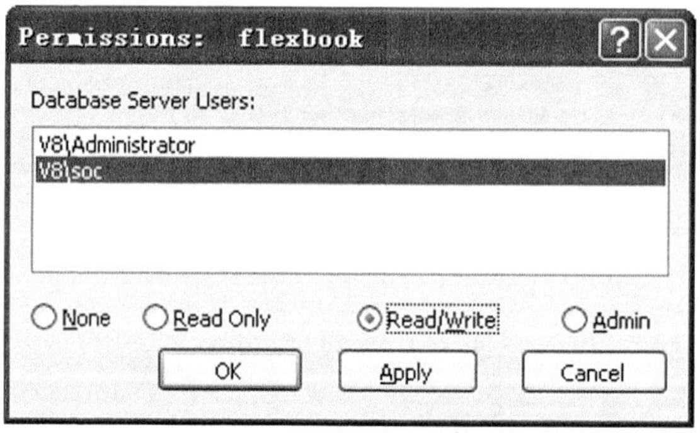

图 12-6 授权 soc 读写权限

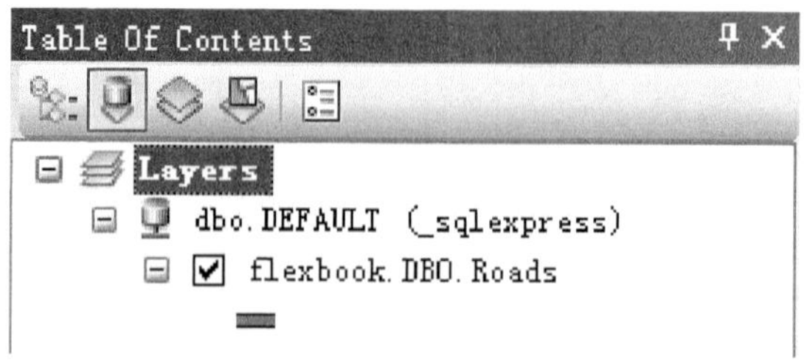

图 12-7 ArcMap 中的图层列表

2. 第二步，发布 Feature Service

在 ArcMap 的 Catalog 目录树中找到保存的 Roads. mxd，使用“Publish to ArcGIS Server”环境菜单发布为地图服务，Feature Service 目前还不是独立的服务，需要依附地图服务而存在，这个特点类似于 Network analysis 服务。

在发布服务向导对话框中，选中“Feature Access”选项，如图 12-8 所示，该选项是发布 Feature Service 的关键。

在浏览器中输入 http://localhost/arcgis/rest/services 查看服务列表，如图 12-9 所示，有两个同名的服务，一个是地图服务，另一个是 Feature Service。如果看不到刚发布的服务，那么需要使用第 5 章介绍的方法清除缓存（Clear Cache）。

3. 第三步，在客户端访问 Feature Service

第三步主要是利用 Flex API 调用 Feature Service 的 REST API，开发客户端应用，这部分内容将在 12.3 节详细介绍。

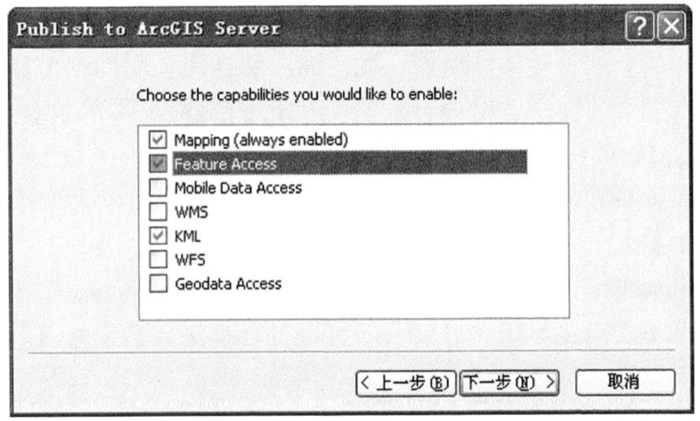

图 12-8　发布地图服务向导中的 Feature Access 选项

Folder: /

Current Version: 10.0

View Footprints In: Google Earth

Services:

- Roads (MapServer)
- Roads (FeatureServer)
- World (MapServer)

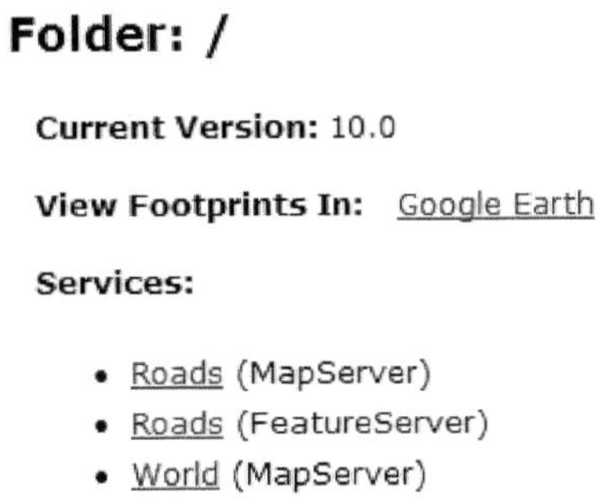

图 12-9　REST API 目录

12.3 编辑矢量数据

本节主要涉及如何使用 EditTool、DrawTool 和 FeatureLayer 完成编辑功能。

矢量图层在客户端的编辑过程分为如下四个步骤。

第一，从服务器端下载矢量数据。

第二，在客户端绘制矢量图形。

第三，在矢量图层上添加新的要素，或者编辑已有的要素。

第四，把客户端的新增要素和编辑后的要素提交给服务器保存。

第一个步骤需要使用服务器端的 Feature Service 提供的 REST API，在此要注意 Feature Service 包含的数据必须位于 ArcSDE 中才能够支持编辑，其他的具体要求请查看 12.2 节。从 Feature Service 的 REST API 下载数据并且绘制的过程由 Flex API 中的 FeatureLayer 类完成。在客户端绘制新要素的过程由 DrawTool 完成，编辑已有要素的过程由 EditTool 完成，最后由 FeatureLayer 类负责向服务器提交数据。

第一步、第二步主要使用 FeatureLayer 类来下载数据和绘制图形，具体的步骤见 8.6 节。

编辑要素的过程会涉及整体移动点、线、面，移动线、面的单个节点，添加节点和删除节点等一系列复杂的操作，这些针对几何图形的编辑操作都封装在 EditTool 类中。在使用 EditTool 类编辑的过程中以下三点需要注意。

（1）增加线和面的节点：鼠标接近边线时，自动捕捉到边线并且显示一个节点，点击即可完成增加节点。

（2）删除线和面的节点：右键点击节点，选择“Delete Vertex”，即可删除该节点。“Delete Vertex”菜单的汉化可以通过 Flex 4 标准的环境菜单类来修改其名称。

（3）移动线：按下 Shift 键然后点击线并且拖动。

小提示：

激活 EditTool 工具后，直接点击线时会增加节点，所以需要按下 Shift 后再拖动，以区别于增加节点的功能。

EditTool 类的 activate 方法用于激活编辑功能，该方法的签名如下：

```
public function activate(editType:Number,graphics:Array):void
```

参数 graphics 是指待编辑的要素数组；参数 editType 的值有以下三个选项。

（1）EditTool. MOVE：移动要素。

（2）EditTool. EDIT_VERTICES：编辑 graphics 数组中的第一个 Graphic 的节点。

（3）EditTool. MOVE | EditTool. EDIT_VERTICES：即可以移动又可以编辑节点，要求 graphics 数组中只有一个要素。

与 activate 方法相反，取消编辑功能的方法是 deactivate，类似于 NavigationTool 和 DrawTool 的 deactivate 方法，取消之后地图回到导航状态。

添加要素、编辑要素的过程往往会把 DrawTool 和 EditTool 结合起来使用。图 12-10 的示例程序中有两个按钮，一个按钮用于添加新要素，一个按钮用于编辑已有要素，类似于 ArcMap 中 Editor 工具条上的的绘制工具和编辑工具，新增的要素和编辑的要素都放在 GraphicsLayer 中，没有向服务器提交数据。该示例主要是介绍在客户端交互式的编辑几何图形的过程。

该示例程序的操作方法是：新增要素之前，先点击"绘制多边形"按钮；编辑要素之前，先点击"编辑"按钮。

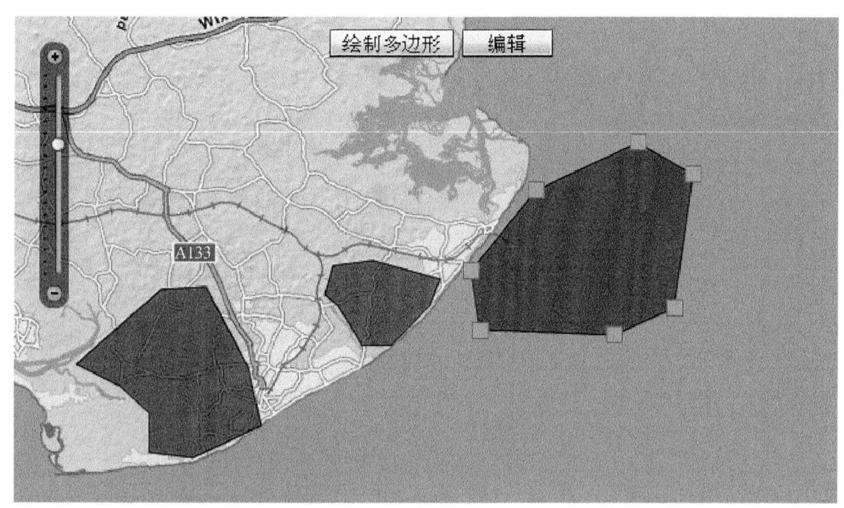

图 12-10　结合使用 DrawTool 和 EditTool 在客户端编辑图形

chapter12_1. mxml 部分代码,客户端编辑多边形,不涉及保存功能

```
<esri:DrawTool id="drawTool" map="{map}" graphicsLayer="{layer}" />
<esri:EditTool id="edittool" map="{map}" />
……
……
<esri:Map id="map">
……
……
        <esri:GraphicsLayer id="layer" />
</esri:Map>
……
……
<s:Button label="绘制多边形" click="drawPolygon();" />
<s:Button label="编辑" click="editGraphic()"/>
……
//激活绘制多边形工具,取消编辑工具,取消 layer 图层的 Click 事件监听
protected function drawPolygon():void
```

```
{
    edittool. deactivate();
    layer. removeEventListener(MouseEvent. CLICK,layer_clickHandler);
    drawTool. activate(DrawTool. POLYGON);
}
//
protected function layer_clickHandler(event:MouseEvent):void
{
    //当鼠标在图层上点中要素时,事件参数 event 的 target 属性就是点中的要素
    //EditTool 把该图形设置为编辑状态,并且激活编辑节点和平移图形的工具
    if (event. target is Graphic)
    {
        edittool. activate(EditTool. EDIT_VERTICES | EditTool. MOVE,
        [event.target]);
    }
}
//取消绘制工具,添加 layer 图层的 Click 事件监听函数
protected function editGraphic():void
{
    drawTool. deactivate();
    layer. addEventListener(MouseEvent. CLICK,layer_clickHandler);
}
```

编辑之后的提交、保存操作使用 FeatureLayer 的 applyEdits 方法来完成。下面示例程序介绍如何使用 DrawTool、EditTool、FeatureLayer 来完成编辑功能的开发。下面的代码是在上面示例程序的基础上进行修改，把 GraphicsLayer 换成 FeatureLayer，在编辑事件发生后，把更新以后的数据提交保存即可，其中重点是如何使用 applyEdits 方法、如何监听 EditTool 的各个编辑操作事件，在适当的时机提交数据。

chapter12_2. mxml 部分代码,客户端编辑多边形,并且保存到服务器上

```
// 添加新要素,启用 DrawTool 工具,取消 EditTool 工具
// 删除 FeatureLayer 的 Click 事件处理函数
protected function drawGeometry():void
{
    editTool. deactivate();
    featureLayer. removeEventListener(MouseEvent. CLICK,layer_clickHandler);
    drawTool. activate(DrawTool. POLYLINE);
}
// 编辑已有要素
// 取消 DrawTool 工具,注册 FeatureLayer 的 Click 事件处理函数
```

```
protected function editGraphic():void
{
        drawTool. deactivate();
        featureLayer. addEventListener(MouseEvent. CLICK,layer_clickHandler);
}

private var selectedGraphic:Graphic;// 在 Delete 键删除要素时使用

//鼠标点击 FeatureLayer,如果点中要素,那么把该要素置于编辑状态下
protected function layer_clickHandler(event:MouseEvent):void
{
    if (event. target is Graphic)
    {
       selectedGraphic = event. target as Graphic;// 记录点击选中的要素
       editTool. activate(EditTool. EDIT_VERTICES | EditTool. MOVE,[selectedGraphic]);
    }
}
// 绘制完成后,向服务器提交新要素数据
protected function onDrawEnd(event:DrawEvent):void
{
    featureLayer. applyEdits([event. graphic],null,null);
}
// 节点编辑以后,向服务器提交更新后的要素
private function editTool_vertexAddDeleteMoveHandler(event:EditEvent):void
{
     featureLayer. applyEdits(null,[event. graphic],null);
}
// 整个要素移动以后,向服务器提交更新后的要素
private function editTool_graphicsMoveHandler(event:EditEvent):void
{
     featureLayer. applyEdits(null,[event. graphics[0]],null);
}
// 在键盘上按下 Delete 键后,向服务器提交将要删除的要素
private function deleteKeyDownHandler(event:KeyboardEvent):void
{
     if (event. keyCode = = Keyboard. DELETE)//判断按键是否为 Delete
     {
          if(selectedGraphic!  = null)
          {
```

```
                featureLayer.applyEdits(null,null,[selectedGraphic]);
                selectedGraphic = null;
            }
        }
}
```

小提示：

不要将 DrawTool 的属性 graphicsLayer 设置为 FeatureLayer，否则在使用绘制工具的时候就会失去橡皮筋效果。

FeatureLayer 的 applyEdits 方法的签名如下：

```
public function applyEdits(adds:Array,updates:Array,deletes:Array,responder:IResponder
 = null):AsyncToken
```

使用该方法时只需要关注前三个参数，这三个参数都是数组。

（1）adds：是“新增的要素”数组，可以包含一个 Graphic，也可以包含多个 Graphic。

（2）updates：是“更新的要素”数组，可以包含一个 Graphic，也可以包含多个 Graphic。

（3）deletes：是“删除的要素”数组，可以包含一个 Graphic，也可以包含多个 Graphic。

在向服务器提交数据时，applyEdits 方法把“添加的新要素”、“更新的要素”、“删除的要素”分别由不同的参数来进行存储。这样一来，服务器能够明确哪些要素是需要在数据库中新建的、哪些是需要更新的、哪些是需要删除的；之所以把“增”、“删”、“改”区别开，是因为数据库对于这三者的处理方式不一样。这样的提交方式，可以看作是增量提交，即只提交那些发生变化的要素。有人可能会想到如果把整个图层的要素都提交到服务器重新写一次磁盘，就可以不用区别“增”、“删”、“改”了，而且也可以完成数据的保存。这种思路的问题是需要传输的数据量比较大，尤其对于网络应用不太可取。

FeatureLayer 的 applyEdits 方法提供了比较灵活的提交方式，在开发编辑功能时需要考虑如何设计操作体验，是每更新一个要素时立刻保存？还是更新多个要素后，一起提交？是否需要设计一个“保存”按钮来一起提交所有发生变化的要素？对于这些问题，需要考虑项目的具体需求情况和性能优化。客户端的提交频率越高，服务器需要承受的压力就越大；所以多个要素一起提交比单个要素分别提交更好，给服务器造成的压力更小。

12.4 编 辑 器

12.3 节主要介绍了如何使用 EditTool、DrawTool、FeatureLayer 完成编辑功能，开发

过程中需要处理比较多的编辑逻辑工作，如绘制新要素、保存新要素、移动要素、移动要素的节点、保存要素等，相对比较烦琐。

本节介绍如何使用 Editor（编辑器）组件来快速的开发编辑程序，在 12.3 节中涉及的诸多代码都可以省略。

Editor 组件提供了现成的编辑功能，它把多个与编辑相关的类所包含的功能封装到了一起。Editor 中封装的类包括 DrawTool、EditTool、TemplatePicker、AttributeInspector 等。使用一个 Editor 类就可以完成这些类合成在一起的工作，带来很大的便利性，当然同时会失去一些灵活性。

使用 Editor 组件可以实现的常用编辑操作如下。

（1）选择要素模板，创建新的要素。

（2）点选要素，编辑要素。

（3）整体移动要素。

（4）按下 Shift 键，移动线要素。

（5）鼠标指针捕捉到要素，添加节点。

（6）右键删除节点，键盘 Delete 键删除节点。

（7）Ctrl + Z 撤销编辑，Ctrl + Y 重做编辑。

下面通过一个示例介绍如何使用 Editor 类。图 12-11 示例程序的操作方法是：在右侧的要素模板（FeatureTemplate）中选择一个要素类型，然后在地图上点击绘制新的要素；或者直接在地图上点击要素，选中要素以后，整体移动要素，移动单个节点等。

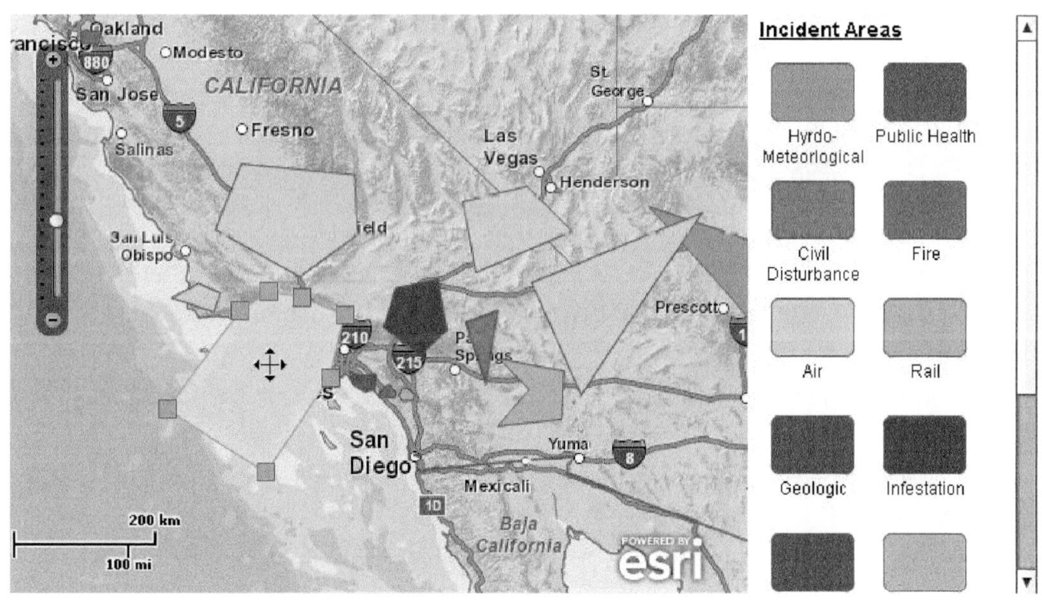

图 12-11　使用 Editor 组件编辑图层

小提示：

在 ArcMap 10 中创建要素需要使用要素模板，要素模板定义了创建要素需要的信息，详细的资料这里不再赘述，请参考如下地址：

http://help.arcgis.com/en/arcgisdesktop/10.0/help/index.html#/About_feature_templates/001t000003zm000000

chapter12_3.mxml 部分代码,图 12-11 程序使用 Editor 编辑图层

```
<fx:Declarations>
      <esri:GeometryService id="myGeometryService"
url="http://sampleserver3.arcgisonline.com/ArcGIS/rest/services/Geometry/GeometryServer"/>
</fx:Declarations>
<esri:Map id="map">
       <esri:extent>
              <esri:Extent xmin="-13471000" ymin="3834000" xmax="-12878000"
              ymax="4124000">
                     <esri:SpatialReference wkid="102100"/>
                     </esri:Extent>
       </esri:extent>
       esri:ArcGISTiledMapServiceLayer
url="http://server.arcgisonline.com/ArcGIS/rest/services/World_Street_Map/MapServer"/>
      <esri:FeatureLayer id="featurelayer"
                                    mode="snapshot"
url="http://sampleserver3.arcgisonline.com/ArcGIS/rest/services/HomelandSecurity/operations/
FeatureServer/2"/>
</esri:Map>
<esri:Editor  id="myEditor" featureLayers="{[featurelayer]}"
              width="200" height="100%"
              geometryService="{myGeometryService}"
              map="{map}"/>
```

由以上示例代码可以看出，在使用 Editor 组件的过程中，主要涉及为 Editor 的三个属性赋值。

（1）featureLayers：将要编辑的 FeatureLayer 图层数组，Editor 组件使用该属性来提取要素模板。

（2）geometryService：Geometry Service 的 url，Editor 组件使用它来完成切割、合并、简化要素等功能。

（3）map：Editor 组件关联的地图控件，在编辑的过程中要弹出气泡（InfoWindow）需要使用地图控件。

与上一节相比，同样是实现编辑要素的功能，代码量和复杂度都要小很多，原因主要是 Editor 组件把这些复杂的编辑逻辑处理工作已经封装在内部，不需要开发人员处理每一个编辑步骤。

Editor 组件提供了一个工具栏，如图 12-12 所示，通过该工具栏可以完成点击选择、

删除、裁剪、合并要素等操作。该工具条的显示与隐藏可以通过 Editor 组件的属性 toolbarVisible 来控制，工具栏中的工具按钮也有相应的属性控制是否可见，如 toolbarCutVisible、toolbarMergeVisible、toolbarReshapeVisible 等。

图 12-12　Editor 组件的工具栏

第 13 章　ArcObjects API

13.1　ArcObjects 概述

ArcObjects 是一套类库的名称，是整个 ArcGIS 软件体系的核心。常用的 ArcMap、ArcCatalog、ArcGIS Engine 和 ArcGIS Server 等软件都是在 ArcObjects 类库的基础上开发完成的；ArcMap 和 ArcCatalog 是在 ArcObjects 类库的基础上加上了界面控件和调用类库的应用框架。ArcGIS Engine 则是将 ArcObjects 类库再次封装了一些粗粒度的对象，便于快速开发。ArcGIS Server 则是把 ArcObjects 类库放在 Web 上使用，作为服务器端的 GIS 解决方案，具体实现过程是提供了在 Web Server 上调用 ArcObjects 类库的方法，并且考虑到服务器端大量请求的负载均衡，分布式软件部署，类库在多台机器之间相互调用。

第 2 章已经介绍了 ArcGIS Server 开发的几种 API，其中就有 ArcObjects API。在这几种可选的开发方式里面，REST API 是 ArcGIS 按照 REST 架构风格封装出来的 GIS 服务接口，客户端可以直接调用，完成常见的一些应用开发，这些服务接口包含了浏览地图、空间查询、属性查询等功能。从接口数量上来看，ArcObjects API 是要远大于 REST API 的，这就说明还有大量的 ArcObjects API 没有在现有的 REST API 中开放出来；从功能的强弱来看，ArcObjects API 相比其他所有 API 具有更强大的功能、更灵活的接口可以调用。所以，在现有的 REST API 无法满足需求的时候，就需要调用 ArcObjects API 来实现更灵活的功能，这也是本章内容的初衷。

ArcObjects 类库是按照微软的 COM 标准进行封装的，虽然现在看 COM 存在诸多的问题，但是在 20 世纪 90 年代，要想寻找一种技术可以方便软件复用和二次开发，COM 已经算是很好的选择，所以我们不能站在历史的肩膀上，以当下的视角去数落过往的是非。至于什么是 COM、DCOM，怎么封装 COM 组件，本书不做介绍，请查阅微软的官方资料。针对 ArcObjects 类库的开发，在 ArcGIS Desktop 扩展、ArcGIS Engine 和 ArcGIS Server 中都会用到，而且用到的是同一套类库，所以，只要熟悉 ArcObjects 类库，无论在什么地方调用都是相对比较容易的事情。ArcGIS Desktop 10 安装以后，可以在其根目录下的 bin 文件夹找到一个工具 Categories.exe。例如，

C:\Program Files\ArcGIS\Desktop10.0\Bin\Categories.exe

该工具如图 13-1 所示，用于注册或注销 COM 组件，也可以使用该工具快速的查看本地已经安装了哪些 COM 组件。如果自定义了一个 COM 类，就需要在合适的分类下注册。例如，自定义了一个 ArcGIS Desktop 的扩展模块，那么就需要在 ESRI Mx Extensions 分类下面注册。注册和注销的过程可以通过该工具的“Add Object”和“Remove Object”按钮人工完成，也可以在编写代码时，使用 ArcObjects 类库提供的函数自动注册或注销。

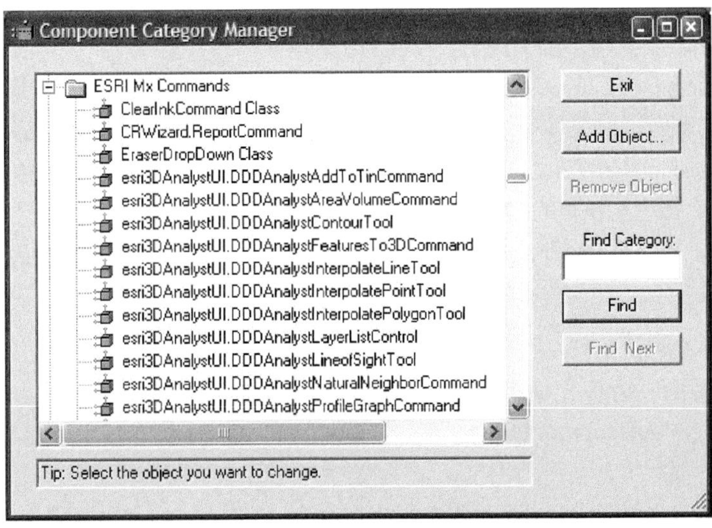

图 13-1 Categories.exe 工具

在 ArcObjects 类库中，所有的函数和属性都是封装在接口中，类没有直接封装函数和属性，变量的声明、成员的调用、参数的传递都要围绕接口展开。这一点在使用 ArcObjects 类库的过程中会逐步体会到，这也是遵循的 COM 规范。每个 ArcObjects 类都实现了一个或多个接口，有时调用同一个类的成员，需要在多个接口之间跳转，表面上增加了代码的复杂度，其实对于 ArcObjects 这么庞大的类库而言，如何去规划设计类的功能以及类之间的关系是非常重要的事情，借助于接口来划分功能边界是一个比较好的选择。

整个 ArcObjects 类库按照功能的逻辑相关性进行的划分，共有 60 多个相对独立的类库，这里列举常用的类库如下。

（1）Carto：封装了地图、图层、渲染器，元素（IElement）等相关的类和接口。

（2）DataSourcesFile：封装了以文件形式存储的各种空间数据对象，如 Shapefile。

（3）DataSourcesGDB：封装了以 Geodatabase 形式存储的各种空间数据读写类，如 File Geodatabase，Personal Geodatabase，SDE Geodatabase 等。

（4）DataSourcesRaster：封装了读写栅格数据的类和接口，如 RasterDataset。

（5）Display：封装了符号、颜色、绘制相关的类和接口，如 RgbColor，ISymbol 等。

（6）Geodatabase：封装了 Geodatabase 中包含的数据模型类和接口，如 IFeatureClass，ITable，IFeature，IRow，IQueryFilter。

（7）Geometry：封装了和几何体相关的类和接口，如 IPoint，IPolyline，IPolygon，ITopologicalOperator，IProximityOperator 等，该类库在操作矢量数据、几何体空间关系分析时经常用到。

（8）SpatialAnalyst：封装了栅格数据的操作类和接口，如两个栅格的地图代数运算，基于 DEM 栅格数据的坡度、坡向分析等。

ArcObjects 类库最频繁的一些操作包括图层控制、打开数据、空间查询和几何体对象之间的空间分析，下面简单列举三个示例。

1）添加图层

使用 MapDocumentClass 类添加 lyr 图层示例如下。这里需要注意该类的名字后面有个 Class 后缀，该后缀是为了区别于 COM 类名称，MapDocumentClass 是用 .NET 框架封装 COM 类 MapDocument 以后的 assembly 类名字，也就是说 MapDocumentClass 是在 MapDocument 类上面加上 .NET 的包装皮，程序执行时，真正的核心代码还是调用的 COM 类 MapDocument 来完成的，MapDocumentClass 只是对 COM 类的一个封装和调用。在 C# 中实例化 ArcObjects 类的对象时，都要用有 Class 后缀的类。

```
// MapDocumentClass 类可以打开 lyr、mxd、pmf 等格式的图层，
// 并且该类可以用在 ArcGIS Desktop、Server 和 Engine 三个产品中
IMapDocument pMapDocument = new MapDocumentClass();
// 打开图层文件
pMapDocument. Open("D:\\roads. lyr", "");
// 打开 lyr 文件后，图层被添加到一个新的地图的第一个图层位置
ILayer layer = pMapDocument. get_Map(0). get_Layer(0);
pMap. AddLayer(layer);
```

2）空间查询

使用 SpatialFilterClass 类完成要素类的空间查询，查询条件既有属性过滤也有空间范围限制。下面的示例查询 point 代表的点附近的要素，并且设置了一个空间范围的容限值 searchTolerance。

```
// 已知的变量是 point 和 featureClass
IEnvelope envelope = point. Envelope;
envelope. Expand(searchTolerance, searchTolerance, false);
String shapeFieldName = featureClass. ShapeFieldName;

ISpatialFilter spatialFilter = new SpatialFilterClass();
spatialFilter. Geometry = envelope;
// 设置查询条件的空间关系为"相交"
spatialFilter. SpatialRel = esriSpatialRelEnum. esriSpatialRelIntersects;
// 调用 Search 方法，开始查询
IFeatureCursor featureCursor = featureClass. Search(spatialFilter, false);
// 通过游标对象获取满足条件的要素
IFeature feature = featureCursor. NextFeature();
```

3）拓扑分析

使用 ITopologicalOperator 接口分析两个几何体对象的空间关系，该示例是调用 Intersect 函数计算两个几何体的重叠部分。

```
public IGeometry Intersect(IGeometry oneGeometry, IGeometry otherGeometry)
```

```
{
   ITopologicalOperator iTopoOperator = (ITopologicalOperator)oneGeometry;
   IGeometry outGeometry = iTopoOperator. Intersect(otherGeometry, esriGeometryDimen-
        sion. esriGeometryNoDimension);
     return outGeometry;
}
```

相比之前的版本，ArcGIS 10 在架构上有几个比较大的变化。ArcGIS Desktop 10、ArcGIS Engine 10 和 ArcGIS Server 10 在同一台机器上安装时，分别是安装在独立的文件夹中，在安装补丁包时，也可以单独为某一个软件安装，而不影响其他的软件。ArcGIS 10 的安装完成以后的路径类似下面的文件夹，由此也可以很明显地看出和 9. x 版本的区别：

C:\Program Files\ArcGIS\Desktop10. 0

C:\Program Files\ArcGIS\Engine10. 0

C:\Program Files\ArcGIS\Server10. 0

ArcGIS Desktop 9.x 的定制和扩展是通过实现 ArcObjects 指定的接口，如 ICommand，并且注册 COM 才能正常使用。在 ArcGIS Desktop 10. 0 中提供了一种新的方式来定制和扩展，即 Addin，Addin 的实现原理是依靠 .Net 的反射机制，在指定的文件夹下面寻找 .Net assembly，该方法可以摆脱注册表的束缚，不需要把定制的类注册为 COM 组件。

小提示：

据 ESRI 的官方声明，ArcGIS 10 是最后一个支持 VBA 的版本，以后的版本将无法使用 VBA 对 ArcGIS Desktop 进行定制，而且在 ArcGIS Desktop 10. 0 中默认也不能使用 VBA，必须要有单独的 vba 许可才能使用，ESRI 推荐的解决方法是使用 python、C#等代替。

13. 2　ArcObjects 的数据访问

数据是 GIS 的基础，访问数据也是进行任何复杂的空间分析及空间可视化表达的前提，数据的重要性怎么夸大都不过分。本节专门介绍如何使用 ArcObjects 类库访问八种常见的数据格式。ArcGIS 支持多种数据格式，对不同的数据格式支持的程度也有很大差异，访问的方式也各有区别。八种数据格式包括 Shapefile、Coverage、Personal Geodatabase、Enterprise Geodatabase、Raster、Tin、OleDB、Cad（*. dxf）。

在通过 ArcGIS 访问数据之前，需要首先明确一下什么是“工作空间”（Workspace）。在 ArcGIS 中工作空间指存放数据的位置，ArcGIS 访问数据的机制是先打开数据对应的工作空间，然后用工作空间访问数据。对于不同的数据格式，工作空间的具体情况也是不一样的，下面分别进行阐述。

Shapefile 是 ArcView 软件的原生数据格式，以文件的形式在磁盘上进行存储空间数据和属性数据。下面的示例代码是打开位于 D:\Data 文件夹下的文件名为 Cities 的 Shapefile 要素类。对于 Shapefile 来说工作空间就是它所在的文件夹，打开工作空间需要使用对应的工作空间工厂，即 ShapefileWorkspaceFactoryClass，然后再调用 IWorkspaceFactory 的

OpenFromFile 方法就可以得到一个工作空间了，这也是设计模式中工厂方法的体现。工作空间工厂的打开方法返回的是一般意义的工作空间，根据具体数据还需要进行接口转换，因为 Shapefile 是矢量数据，所以把工作空间接口跳转到 IFeatureWorkspace，从而读取其中的要素类，这一点对于接下来的几个数据格式也是同样的打开方式。

```
IWorkspaceFactory pWorkspaceFactory;
pWorkspaceFactory = new ShapefileWorkspaceFactoryClass();
IFeatureWorkspace pFeatWS;
pFeatWS = pWorkspaceFactory. OpenFromFile(@"D:\Data\", 0) as IFeatureWorkspace;
// 打开一个要素类
IFeatureClass pFeatureClass = pFeatWS. OpenFeatureClass("Cities");
```

Coverage 是 ArcInfo workstation 的原生数据格式。该格式是基于文件夹存储的，是因为在 windows 资源管理器下，它的空间信息和属性信息是分别存放在两个文件夹里。coverage 是一个非常成功的早期地理数据模型，二十多年来深受用户欢迎，很多早期的数据都是 coverage 格式的。ESRI 不公开 coverage 的数据格式，但是提供了 coverage 格式转换的一个交换文件（interchange file，即 E00），并公开数据格式。但是 ESRI 为推广其第三代数据模型 geodatabase，从 ArcGIS 8.3 版本开始，屏蔽了对 coverage 的编辑功能。如果需要使用 coverage 格式的数据，可以安装 ArcInfo workstation，或者将 coverage 数据转换为其他可编辑的数据格式。Coverage 是一个集合，它可以包含一个或多个要素类。Coverage 数据的工作空间也是它所在的文件夹；由于 Coverage 可以包含多个要素类，得到工作空间后在打开具体的要素类时可以用“Coverage 名称：要素类名称”，如下面代码中的“basin：polygon”。

```
IWorkspaceFactory pFactory = new ArcInfoWorkspaceFactoryClass();
IWorkspace pWorkspace = pFactory. OpenFromFile(@"D:\ArcTutor\TopologyData", 0);
IFeatureWorkspace pFeatWorkspace = pWorkspace as IFeatureWorkspace;
IFeatureClass pFeatureClass = pFeatWorkspace. OpenFeatureClass("basin:polygon");
```

Geodatabase 作为 ArcGIS 的原生数据格式，体现了第三代地理数据模型的优势。Personal Geodatabase 基于 Microsoft Access 一体化存储空间数据和属性数据。Enterprise Geodatabase 通过大型关系数据库 + ArcSDE 实现，ArcSDE 作为中间件把关系数据库中的普通表转化为空间对象。Personal Geodatabase 数据的工作空间指的是扩展名为 mdb 的文件。以下是打开位于 Montgomery.mdb 中的 Water 要素类的代码。

```
IWorkspaceFactory pFactory = new AccessWorkspaceFactoryClass();
IWorkspace pWorkspace = pFactory. OpenFromFile(@"D:\ArcTutor\Montgomery. mdb", 0);
IFeatureWorkspace pFeatWorkspace = pWorkspace as IFeatureWorkspace;
IFeatureClass pFeatureClass = pFeatWorkspace. OpenFeatureClass("Water")
```

Enterprise Geodatabase 对应的工作空间为数据库连接，关系数据库是 Oracle 时连接参数需要五个，分别是 SERVER、INSTANCE、USER、PASSWORD 和 VERSION。SERV-

ER 指服务器的主机名，INSTANCE 指服务名或端口号，USER 是数据库的用户名，PASSWORD 数据库对应用户的密码，VERSION 指 Enterprise Geodatabase 多版本机制中的某个版本，默认的一个版本是“SDE. DEFAULT”，如果关系数据库是 SQL Server，那么连接参数还需要 Database 参数。下面是打开 Enterprise Geodatabase 中 ControlPoint 点要素类的代码，关系数据库为 Oracle9i。

```
IWorkspaceFactory pWorkspaceFactory = new SdeWorkspaceFactoryClass();
IPropertySet propSet = new PropertySetClass();
propSet. SetProperty("SERVER", "actc");
propSet. SetProperty("INSTANCE", "5151");
propSet. SetProperty("USER", "apdm");
propSet. SetProperty("PASSWORD", "apdm");
propSet. SetProperty("VERSION", "SDE. DEFAULT");
IWorkspace pWorkspace = pWorkspaceFactory. Open(propSet, 0);
IFeatureWorkspace pFeatWS = pWorkspace as IFeatureWorkspace;
IFeatureClass pFeatureClass =  pFeatWS. OpenFeatureClass("ControlPoint");
```

TIN 全称不规则三角网，也叫不规则三角表面，采用一系列不规则的三角点来建立表面。例如，每一个采样点有一对坐标（x，y）和一个表面值（z），这些点被一组互不重叠的三角形的边所连接，从而构成一个表面。TIN 数据是空间分析和三维分析重要的数据格式，以文件的形式在磁盘上存储。TIN 的工作空间是所在的文件夹，下面代码是打开 D:\ArcTutor\3DAnalyst 文件夹下名称为 mal 的 TIN。

```
IWorkspaceFactory pWSFact = new TinWorkspaceFactoryClass();
IWorkspace pWS = pWSFact. OpenFromFile(@"D:\ArcTutor\3DAnalyst\", 0);
ITinWorkspace pTinWS = pWS as ITinWorkspace;
ITin pTin = pTinWS. OpenTin("mal");
```

ArcGIS 中最常用的文件型栅格数据格式有 GRID 和 TIFF，这两种栅格数据的工作空间也是所在的文件夹。打开栅格数据需要使用栅格工作空间工厂（RasterWorkspaceFactory），然后再使用 IRasterWorkspace 接口的打开栅格数据集方法即可打开一个栅格数据集。在打开栅格数据集时，如果是 ESRI GRID，那么 OpenRasterDataset（）方法的参数为栅格要素集的名称，如果是 TIFF 格式，那么该方法的参数为全文件名，即要加上 tif 扩展名，如 OpenRasterDataset（"hillshade. tif"）。下面代码为打开 GRID 格式的栅格数据。

```
IWorkspaceFactory rasterWSF = new RasterWorkspaceFactoryClass();
IRasterWorkspace rasterWS = rasterWSF. OpenFromFile(@"D:\grid", 0) as IRasterWork-
    space;
IRasterDataset rasterDataset =  rasterWS. OpenRasterDataset("ca_hillshade");
```

通过 ArcObjects 可以直接访问 CAD 数据，访问 CAD 数据的方式与 Coverage 类似，但是注意要使用 CAD 的工作空间工厂，以下是打开一个 dxf 的 CAD 数据，在打开要素类时使用“cad 文件名：要素类名称”，注意 cad 文件名要包含扩展名，否则会报错。以下代码是打开位于 D:\ArcTutor\EditingFeatures 文件夹下的 buildings. dxf 中的多边形要素类。

```
IWorkspaceFactory pCadwf = new CadWorkspaceFactoryClass();
IWorkspace pWS = pCadwf. OpenFromFile(@"D:\ArcTutor\EditingFeatures", 0);
IFeatureWorkspace pCadFWS = pWS as IFeatureWorkspace;
IFeatureClass pFeatClass = pCadFWS. OpenFeatureClass("buildings. dxf:polygon");
```

ArcGIS 可以直接读取一般关系表中的数据，为数据的共享提供了极大的便利，对于一些业务上的非空间数据，通过使用 OLE 方式可以很方便地实现数据访问，业务数据可以位于各种关系数据库中，以下代码是访问位于 Microsoft Access 中的 Custom 表，当然也可以访问 Oralce 或 SQL Server 中的数据，只要变化以下连接字符串（CONNECTSTRING）就可以了。

```
// 创建一个连接
IPropertySet pPropset;
pPropset = new PropertySetClass();
pPropset. SetProperty("CONNECTSTRING", @"Provider = Microsoft. Jet. OLEDB. 4. 0;
Data Source = E:\Company. mdb;Persist Security Info = False");

// 创建一个新的 OleDB 工作空间并打开
IWorkspaceFactory pWorkspaceFact;
IFeatureWorkspace pFeatWorkspace;
pWorkspaceFact = new OLEDBWorkspaceFactoryClass();
pFeatWorkspace = pWorkspaceFact. Open(pPropset, 0) as IFeatureWorkspace;
ITable pTTable = pFeatWorkspace. OpenTable("Custom");
```

当一个文件夹下有多种格式的数据时，需要使用每种格式对应的工作空间工厂来进行数据访问。例如，在 D:\Data 文件夹下有一个 Shapefile 数据和一个 Coverage 数据，那么就需要用 ShapefileWorkspaceFactoryClass 类和 ArcInfoWorkspaceFactoryClass 类来分别进行数据访问。

13.3 ArcGIS Server ArcObjects API 介绍

在安装 ArcGIS Desktop、ArcGIS Engine 或者 ArcGIS Server 时，ArcObjects 类库作为这三个软件的核心组成部分同时被安装在操作系统中。在 ArcGIS Server 中调用 ArcObjects 类库的具体方式有别于 ArcGIS Desktop 和 ArcGIS Engine。基于 ArcGIS Desktop、ArcGIS Engine 的开发是直接调用本地的 ArcObjects 类库，而 ArcGIS Server 是分布式的服务器软件架构，采用 DCOM 技术来完成不同机器之间的调度和通信，ArcGIS Server 的 ArcObjects API 调用一般是发生在 Web 服务器上，Web 服务器上未必有 ArcObjects 类库，所以在 ArcGIS Server 程序中调用 ArcObjects API 不能直接用 new 关键字来创建对象，而需要用服务器上下文创建对象，实质上是用 ArcObjects 代理类访问远程的真实 ArcObjects 对象。ArcObjects proxy（代理类）包含在 ADF runtime 中，需要安装 ADF runtime 以后才能使用。ArcGIS Server 的系统架构如图 13-2 所示。

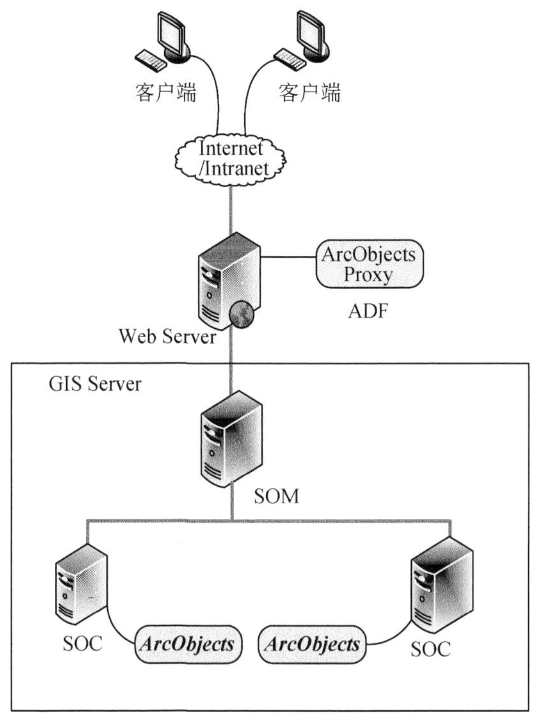

图 13-2　ArcGIS Server 系统架构

在 ArcGIS Server 中调用 ArcObjects API 需要注意两点：使用 ArcObjects proxy 连接到 SOM 和使用 ServerContext 创建 ArcObjects 对象。

在 ArcGIS Server 开发的过程中，调用 ArcObjects proxy 对象的前提是在代码运行的机器环境上要安装 ADF，因为 ADF 中包含 ArcObjects proxy 类库。

在连接 GIS Server 的过程中，实质上连接 ArcSOM.exe 进程，并且需要提供有效的用户名和密码才能成功连接，因为 ArcSOM.exe 的安全权限是通过操作系统的用户组来控制的。如果代码执行的宿主机器和 ArcSOM.exe 位于同一台机器，那么要求连接代码执行用户必须位于 agsusers 或者 agsadmin 用户组中；如果代码执行的宿主机器和 ArcSOM.exe 位于不同的机器，那么这两台机器至少具有一个相同的用户名和密码，而且 ArcSOM.exe 机器的用户也要位于 agsusers 或者 agsadmin 用户组中。

```
// 连接 SOM 的代码：
ESRI. ArcGIS. ADF. Identity identity = new Identity("arcgissom","password","localhost");
ESRI. ArcGIS. ADF. Connection. AGS. AGSServerConnection serverConnection;
serverConnection = new AGSServerConnection("localhost", identity);
serverConnection. Connect();
ESRI. ArcGIS. Server. IServerObjectManager som = serverConnection. ServerObjectManager;
```

在连接到 ArcSOM.exe 进程后，用进程中的上下文对象来创建 ArcObjects 对象，切忌不要很随意地直接用 new 关键字来创建对象，因为在 GIS Server 的体系结构中，ArcObjects 对象是位于 ArcSOC.exe 进程空间内的。一个 ArcSOM.exe 可以管理多台 ArcSOC 机器，并且 ArcSOM.exe 具有负载均衡和任务调度的功能，客户端调用服务器上下文对象（ServerContext）的 CreateObject 函数来创建对象，CreateObject 函数会在根据服务器的整体运行状况，找到一个合适的 ArcSOC.exe 进程空间，创建 ArcObjects 对象，并且把 ArcObjects 对象的代理返回给客户端。真实 ArcObjects 对象与其代理类之间的通信联系是通过 DCOM 来完成的。

下面的代码使用服务器上下文类管理 ArcObjects 对象，该代码一般是运行在 Web 服务器上，之所以在上面强调不能随意使用 new 关键字创建 ArcObjects 对象，是因为 Web 服务器上很可能没有可用的 ArcObjects 类库。能够使用 new 关键字创建的对象，必须要求类库位于本地。一旦确定本地有 ArcObjects 类库，那么就可以使用 new 关键字创建的对象，使用 new 关键字创建的对象存在于本地的进程空间中，而使用 ServerContext. CreateObject( ) 函数创建的对象存在于远程的 ArcSOC.exe 进程空间里，如图 13-2 所示，所以不能对这两者简单的通过等号(=)完成赋值。ServerContext. CreateObject( ) 函数创建对象要求的参数是一个字符串，即“类库 . 类名称”，如下代码所示：

错误示例：不能把远程对象赋值给本地对象的属性。

```
// pRemotePoint 对应的真实 Point 对象存在于远程的 ArcSOC 进程空间中
// pRemotePoint 只是一个存在于本地的代理对象
IPoint pRemotePoint = pServerContext. CreateObject("esriGeometry. Point") as IPoint;
// 在本地有 ArcObjects 类库的情况下,使用 new 创建了本地 Point 对象 pLocalPoint
IPoint pLocalPoint = new PointClass();
// pLocalElement 为本地的一个元素对象
pLocalElement. Geometry = pRemotePoint; // 错误,不能把远程对象赋值给本地对象的属性
```

错误示例：不能把本地对象作为参数传递给远程对象的函数。

```
// pLocalPropertySet 是本地对象,pRemoteWorkspaceFactory 是远程对象
// 不能把本地对象作为参数传递给远程对象的函数,因为两者存在于不同的机器上
pRemoteWorkspace = pRemoteWorkspaceFactory. Open(pLocalPropertySet,0); // 错误
```

正确示例：可以把基本数据类型的属性在本地对象和远程对象直接传递、赋值。

```
pLocalPoint. X = pRemotePoint. X;          // 正确
pLocalPoint. Y = pRemotePoint. Y;          // 正确
```

13.4 通过基于 SOAP 的 Web 服务调用 ArcObjects API

ArcGIS Server 提供了多种服务类型，如地图服务，GP 服务，Geodata 服务等。这些服务都是在安装和配置 GIS Server 的过程中自动添加到 Web 服务器上的，通过调用这些

服务可以完成绝大多数的项目需求，如地图浏览，属性查询等。但是仍然有少数情况，需要在 Web 服务器上定制一个服务来满足特殊的需求。

本节主要介绍如何在 Visual Studio 2008 中，创建 Web 服务，调用 ArcObjects API。

1）创建网站

在 Visual Studio 2008 中，选择菜单："文件"→"新建"→"网站"，选择 ASP.NET 网站作为模板，网站的位置选择 HTTP 方式，具体地址输入"http://localhost/webgis"，如图 13-3 所示，点击"确定"。

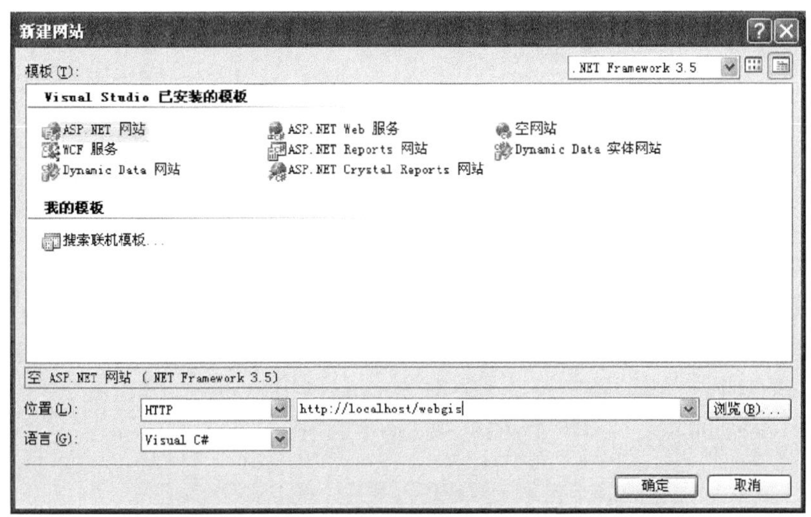

图 13-3　创建网站

2）创建 Web 服务

选择菜单："网站"→"添加新项"，在如图 13-4 所示的对话框中，选择"Web 服

图 13-4　创建 Web 服务

务”，名称输入“CustomService. asmx”，点击“添加”。创建 Web 服务后的解决方案如图 13-5 所示。

图 13-5　解决方案

3）添加类库引用

右键点击网站，在环境菜单中选择“Add ArcGIS Reference”，在弹出的对话框（图 13-6）中展开 Server（core），添加如下的类库：ESRI. ArcGIS. ADF. Connection. Core，ESRI. ArcGIS. ADF. Connection. Local，ESRI. ArcGIS. ADF. Core，ESRI. ArcGIS. Carto，ESRI. ArcGIS. Geodatabase，ESRI. ArcGIS. Server 和 ESRI. ArcGIS. System。

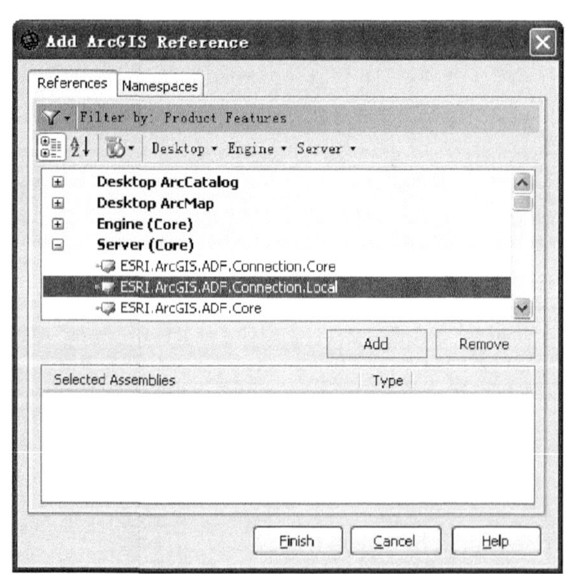

图 13-6　添加 ArcGIS 引用

4）编写 Web 服务中的函数

双击“App_Code”文件夹中的 CustomService. cs，在代码中可以看到 HelloWorld 函数，在类 CustomService 中添加函数 GetProvinceNames，代码如下所示。该函数的作用是针对 World 地图服务中的第一个图层 cities 要素类，查询一个国家的行政区的所有单一值列表，函数需要接收一个参数“country”国家名称，然后查询该 cities 要素类中字段 CNTRY_NAME 值，并且把结果中单一值列表作为函数返回值。之所以编写该函数，是因为 GIS Server 的几种服务没有提供类似的功能。

```
// 在类的顶部加入下面的 using 语句
using ESRI. ArcGIS. Server;
using ESRI. ArcGIS. ADF;
using ESRI. ArcGIS. Carto;
using ESRI. ArcGIS. Geodatabase;
using System. Collections;
using ESRI. ArcGIS. ADF. Connection. AGS;

// 在 CustomService 类的内部加入下面的函数
[WebMethod]
public ArrayList GetProvinceNames(string country)
{
  string user = "som"; // 用户 som 必须隶属于 agsadmin 用户组
  string password = "som";
  string domain = "localhost";// 域名称,如果是本地用户就以主机名代替
  string hostname = "localhost";
  ArrayList results = new ArrayList();
  IServerContext serverContext = null;
  try
  {
    using (ComReleaser comReleaser = new ComReleaser())
    {
      Identity identity = new Identity(user, password, domain);
      AGSServerConnection agsConnnection = new AGSServerConnection(hostname, i-
        dentity);
      agsConnnection. Connect();
      IServerObjectManager som = agsConnnection. ServerObject Manager;
      comReleaser. ManageLifetime(som);

      // World 是已经发布的地图服务的名称
      serverContext = som. CreateServerContext("World", "MapServer");
      IMapServer ms = (IMapServer)serverContext. ServerObject;
      IMapServerObjects mapObjs = ms as IMapServerObjects;
      IMap map = mapObjs. get_Map(ms. DefaultMapName);
      ILayer layer = map. get_Layer(0); // cities 图层
      IFeatureLayer flayer = layer as IFeatureLayer;
```

```
        IFeatureClass featClass = flayer. FeatureClass;

        IQueryFilter qf = new QueryFilterClass();
        qf. WhereClause = "CNTRY_NAME = '" + country + "'";
        ICursor cursor = (ICursor)featClass. Search(qf, false);
        IDataStatistics dataStatistics = new DataStatisticsClass();
        dataStatistics. Field = "ADMIN_NAME";
        dataStatistics. Cursor = cursor;
        System. Collections. IEnumerator enumerator = dataStatistics. UniqueValues;
        enumerator. Reset();

        while(enumerator. MoveNext())
        {
            string countryname = enumerator. Current. ToString();
            results. Add(countryname);
        }
        serverContext. ReleaseContext();
        }
    }
    catch
    {
        serverContext. ReleaseContext();
    }
    return results;
}
```

5）编译、测试

选择菜单："生成" → "生成解决方案"，如果左下角的状态栏显示"生成成功"。打开 IE 浏览器，输入地址"http://localhost/webgis/CustomService. asmx"，按回车键，如图 13-7 所示，点击"GetProvinceNames"链接，在图 13-8 所示的文本框中输入"China"，点击"调用"按钮，结果如图 13-9 所示。

小提示：

ArcGIS 10 的有些类库发生了变化，在把应用系统从 9. x 版本升级到 10 时，需要注意：

ESRI. ArcGIS. ADF→ESRI. ArcGIS. ADF. Local

ESRI. ArcGIS. ADF. Connection→ESRI. ArcGIS. ADF. Connection. Local

Flex 提供了几种方法与服务器端通信，其中 WebService 对象封装了对 SOAP 协议的支持，既可以解析 SOAP 消息，也可以封装 SOAP 消息。在 Flex 中可以使用 WebService 对象与服务器端基于 SOAP 的服务进行通信。下面使用 WebService 对象与本节刚刚创建

图 13-7　运行 Web 服务

图 13-8　Web 服务的输入参数

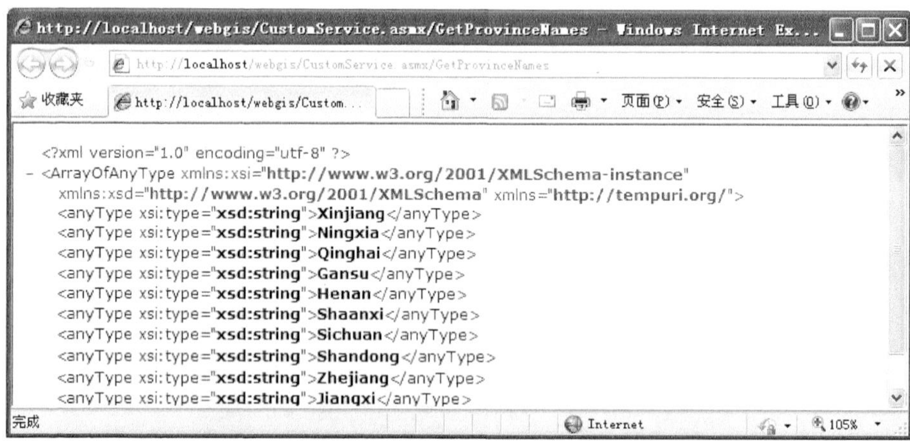

图 13-9　Web 服务的输出结果

的 CustomService 服务进行通信，调用服务中的 GetProvinceNames 功能，并且把返回的结果作为 ComboBox 的数据源

```
private var server:WebService;
private function init():void
{
    server = new WebService();
    server. showBusyCursor = true;
    server. wsdl = "http://localhost/webgis/CustomService. asmx? wsdl";
    server. loadWSDL();
    server. addEventListener(ResultEvent. RESULT, callback);

    function callback(evt:ResultEvent):void
    {
        // 返回结果是一个数组,直接绑定到 ComboBox 的数据源
        cmbProvinces. dataProvider = evt. result as ArrayCollection;
    }
}

protected function onClick(event:MouseEvent):void
{
    // 发起请求,并且携带参数,参数的个数、数据类型都要与服务器端一致
    server. GetProvinceNames(txtQuery. text); //txtQuery 为文本框控件
}
```

13.5　通过 WCF 服务调用 ArcObjects API

WCF 全称为 Windows Communication Foundation，是一个统一的应用程序开发框架，用于创建面向服务、分布式的应用程序。在 WCF 框架下，更容易开发基于 SOA 的分布式应用系统。Visual Studio 2005 中并没有包含 WCF，Visual Studio 2008 内置了对 WCF 服务模板的支持，用户可以根据向导在 Visual Studio 2008 开发环境中比较容易地创建一个 WCF 服务。

本节主要介绍如何在 Visual Studio 2008 中，创建 WCF 服务，调用 ArcObjects API。

1）创建网站

在 13.4 节创建的 WEBGIS 网站中，选择菜单："网站" → "添加新项"，在如图 13-10 所示的对话框中，选择"启用了 AJAX 的 WCF 服务"，名称输入"WcfService.svc"，点击"添加"。

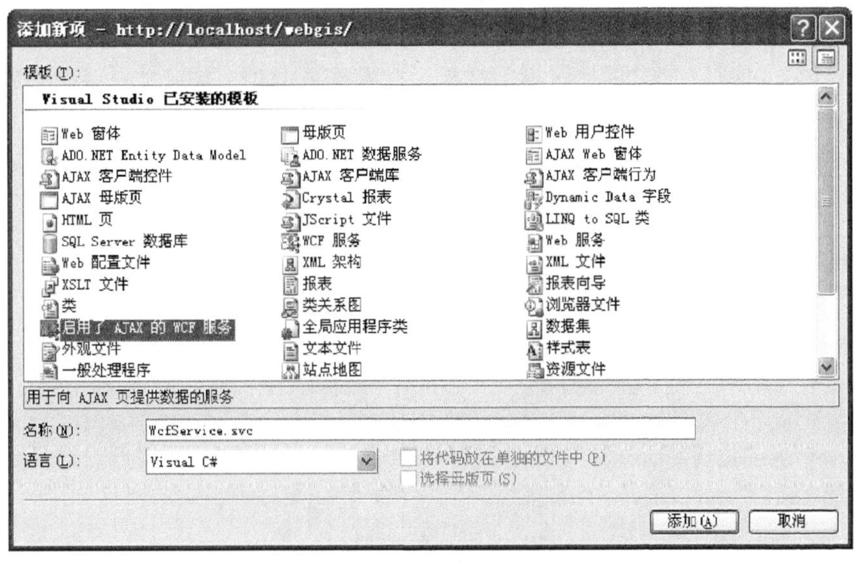

图 13-10　创建 WCF 服务

2）在 WcfService.cs 中编写功能函数

双击"App_Code"文件夹中的 WcfService.cs，在代码中可以看到已经有一个 DoWork 函数，在类 WcfService 中添加函数 GetProvinceNames，格式如下所示，函数的内容和 13.4 节一样，目的是使用 WCF 服务实现同样的功能。OperationContract 标识用于定义 WCF 服务中提供给外部访问的方法，WebGet 标识用于定义方法可以由 Web 编程模型调用，即使是不带有附加客户端框架的 Web 浏览器。

```
[WebGet]
[OperationContract]
public ArrayList GetProvinceNames(string country)
{
```

```
    // 同 13.3 节函数代码
    ……
}
```

3）编译、测试

选择菜单："生成"→"生成解决方案"，如果左下角的状态栏显示"生成成功"。打开 IE 浏览器，输入地址"http://localhost/webgis/WcfService.svc/GetProvinceNames?country=China"，按回车键，返回一个文件，保存到本地，使用记事本打开，结果是一个 json 格式的字符串，只有一个属性 d，如下：

{"d":["Xinjiang","Guangxi","Xizang","NeiMongol","Ningxia","Qinghai","Gansu","Henan","Shaanxi","Sichuan","Guizhou","Yunnan", "Liaoning","Shandong","Fujian","Taiwan","Jiangsu","Anhui", "Shanghai","Hubei","Zhejiang","Jiangxi","Hunan","Guangdong","Beijing","Hebei","Tianjin", "Shanxi", "Jilin","Hong Kong", "Macau", "Heilongjiang"]}

在 Flex 中与 WCF 通信需要使用 HTTPService 对象，HTTPService 对象基于 HTTP 协议与服务器端进行通信，该对象提供了 send（）方法向指定的 URL 地址发出 HTTP 请求，服务器端也是以 HTTP 的协议返回结果；在发送请求时，send 方法还可以携带多个参数，并且可以设置 HTTP 通信的方式是 GET 或者 POST。下面的示例使用 HTTPService 对象与本节刚刚创建的 WcfService.svc 服务进行通信，调用服务中的 GetProvinceNames 功能，并且把返回的结果作为 ComboBox 的数据源。

```
private var service:HTTPService;
private function init():void
{
    service = new HTTPService();
    service.url = "http://localhost/webgis/WcfService.svc/GetProvinceNames";
    service.useProxy = false;
    service.addEventListener(ResultEvent.RESULT,onResultHandler);
    function onResultHandler(evt:ResultEvent):void
    {
        // evt.result 为服务器返回的 json 格式的字符串
        // 返回的 Json 字符串整个就是一个键名为"d"的 JSON 键/值对
// 如果属性值有复杂类型数据,会有类型提示:一个键名为"_type"的 JSON 键/值对
        var obj:Object = JSON.decode(evt.result.toString());
        cmbProvinces.dataProvider = new ArrayCollection(obj.d as Array);
    }
}

protected function onClick(event:MouseEvent):void
{
    var para:Object = new Object();
```

```
    para. country = txtQuery. text; // txtQuery 为文本框控件
    // 把参数 para 发送给服务器
    service. send(para);
}
```

13.6　扩展 ArcGIS Server

ArcGIS Server 提供了多种 GIS 服务供客户端调用，这些服务基本上可以满足绝大多数需求，但是有时也会遇到一些特殊情况需要调用 ArcObjects 类库来扩展 ArcGIS Server 的功能，就类似于本章的前面几节中提到的方法，但是使用这些方法存在一个问题是，在客户端和服务器端之间远程函数调用性能损失太大，性能损失的原因是两台机器之间的远程函数调用与同一个进程内的函数调用性能会差几个数量级，这就像是在同一个集体内部协调一个事情远比在两个集体之间协调事务快速的多。基于提升性能的考虑，可以直接在 GIS Server 层面进行定制和扩展，相比在 13.4 节中介绍的在 Web Server 层面定制服务（Web Service 调用 ArcObjects），前者在开发和部署的复杂度上都要大很多。

针对 GIS Server 进行定制和扩展主要有两种具体的实现方法。

1）在 GIS Server 中封装粗粒度的 COM 功能类（utility COM）

该扩展方式类似于 ArcGIS Desktop 和 ArcGIS Engine 开发，调用 ArcObjects 类库的 API，封装新的 COM 组件，并且把新的 COM 组件注册到 SOC 机器的操作系统中，Web 服务中的代码通过服务器上下文（ServerContext）远程调用这些 COM 类、初始化类的对象、调用类的功能函数。之所以要把新的 COM 组件注册到操作系统中，是因为 ADF 中的服务器上下文（ServerContext）访问的是 GIS Server（SOC 机器）上的 COM 组件，消息传递和远程创建对象的机制采用的是 DCOM 协议。与 13.3 节、13.4 节中介绍的直接调用 ArcObjects 细粒接口相比，该扩展方式发起远程调用的次数大大减少。COM 功能类的一般调用习惯是简单的几行代码：创建对象、调用函数、返回结果。远程调用次数的减少会大大提高代码的执行速度，缩短响应时间。COM 功能类虽然比 13.3 节、13.4 节的方法执行效率高，但是也存在一些问题，因为每次客户端的请求都需要创建 COM 功能类的对象，如果 COM 功能类的初始化成本太高，每次创建对象都需要占用大量的硬件资源，那么就要考虑将创建的对象保留下来，下次客户端请求时继续使用，这种缓存对象思路就是 Server Object Extension（SOE）的运作原理。

2）创建 Server Object Extension（SOE）

SOE 也是一个 COM 类（.NET 或者 C ++ 开发）。GIS 服务本身具有池化能力，SOE 是把扩展的功能绑定到 GIS 服务上，它和服务的生命周期保持同步，当服务实例创建的时候，SOE 包含的类也被实例化，其初始化的过程只会发生一次，不会反复地创建对象、占用大量硬件资源。SOE 对象不需要开发人员在客户端使用代码显示的创建，SOE 的对象是由 GIS Server 在服务启动的时候创建的，客户端只需要使用该对象，不需要关注对象的创建与释放，也正因为 SOE 对象的生命周期和创建方式的特点，决定了不能在空的服务器上下文中（Empty Server Context）使用 SOE。COM 功能类的调用必须要有 ADF 的 Runtime

和代理类，因为需要使用服务器上下文中（Server Context）来访问 COM 类；而 SOE 提供了 SOAP 和 REST 的访问接口，可以在没有 ArcObjects 和 SOE 的代理类的情况下使用。

使用 COM 功能类扩展 ArcGIS Server 的功能需要三个步骤。

第一步，创建 COM 类，示例代码（C#）如下：

ServerUtil. cs

```
/* 面积求和的接口 */
public interface IAreaSum
{
      double sumArea(ref IFeatureClass pFClass, ref IQueryFilter pQFilter);
}
/* 创建 COM 类,实现了面积求和接口 IAreaSum */
namespace AreaSumSOE
{
   [AutomationProxy(true), ClassInterface(ClassInterfaceType. AutoDual)]
   public class ServerUtil: ServicedComponent, IAreaSum
   {
         public ServerUtil(){}
         public double sumArea(ref IFeatureClass pFClass, ref IQueryFilter pQFilter)
         {
               double dArea =0;

               // Ensure these are polygon features.
               if (pFClass. ShapeType ! = esriGeometryType. esriGeometryPolygon)
                     return dArea;

               IFeature pFeature = null;
               IArea pArea = null;
               IFeatureCursor pFeatureCursor = pFClass. Search(pQFilter, true);
               while ((pFeature = pFeatureCursor. NextFeature()) ! = null)
               {
                     pArea = pFeature. Shape as IArea;
                     dArea + = pArea. Area;
               }
               return dArea;
         }
   }
}
```

第二步，注册到所有的 SOC、SOM 机器上。

```
regasm /tlb:MyObject. tlb /codebase MyObject. dll
```

第三步，使用服务器上下文调用 COM 类。

```
/* 实例化 COM 类,调用计算面积的函数 */
IAreaSum totarea = ctx. CreateObject("ServerUtil. ServerUtil")as IAreaSum;
double dTotalArea = totarea. sumArea(ref featureclass, ref queryfilter);
```

使用 SOE 扩展 ArcGIS Server 的功能需要五个必要的步骤。

第一步，创建 COM 类，实现 IServerObjectExtension 接口。

SOE 的实现代码

```
public interface IAreaSum
{
    double sumArea(ref IQueryFilter pQFilter);
}

namespace AreaSumSOE
{
    [AutomationProxy(true), ClassInterface(ClassInterfaceType. AutoDual)]
    public class AreaSumSOE: ServicedComponent, IServerObjectExtension,IAreaSum
    {
        private IServerObjectHelper m_SOH;
        private ILog m_log;
        private ILayer m_layer;

        public AreaSumSOE(){
        }
        // IServerObjectExtension implementation.
        public void Init(IServerObjectHelper pSOH)
        {
            m_SOH = pSOH;
        }

        public void Shutdown()
        {
            m_SOH = null;
            m_log = null;
            m_layer = null;
        }
```

```
        // IAreaSum 接口的实现
        public double sumArea(ref IQueryFilter pQFilter)
        {
            double dArea = 0;
            try
            {
                IFeatureLayer fl = m_layer as IFeatureLayer;
                IFeatureClass pFClass = fl. FeatureClass;

                // Ensure these are polygon features.
                if (pFClass. ShapeType ! = esriGeometryType. esriGeometryPolygon)
                    return dArea;

                // Loop through features and total their areas.
                IFeature pFeature = null;
                IArea pArea = null;
                IFeatureCursor pFeatureCursor = pFClass. Search(pQFilter, true);
                while((pFeature = pFeatureCursor. NextFeature())! = null)
                {
                    pArea = pFeature. Shape as IArea;
                    dArea + = pArea. Area;
                }
            }
            catch (Exception ex)
            {
            m_log. AddMessage(1, 8000,
                "AreaSumSOE error: Error calculating area: " + ex. Message);
            }
            return dArea;
        }
    }
}
```

第二步，把 COM 类注册到所有的 SOC、SOM 机器上。

使用下面的命令行注册 COM 组件，命令执行完成后会显示“成功注册了类型”，同时会生成一个 tlb 文件。

```
regasm /tlb: AreaSumSOE. tlb /codebase AreaSumSOE. dll
```

第三步，使用 IServerObjectAdmin2 接口的 AddExtensionType 方法把 SOE 注册到一个

具体的 GIS 服务类型（如地图服务）。示例代码如下：

把 SOE 注册到地图服务

```
IGISServerConnection conn = new GISServerConnectionClass();
conn. Connect("localhost");
IServerObjectAdmin2 soa = conn. ServerObjectAdmin as IServerObjectAdmin2;
IServerObjectExtensionType soet = soa. CreateExtensionType();
soet. CLSID = "AreaSumSOE. AreaSumSOE";
soet. Description = "custom server object ext";
soet. Name = "AreaSumExtension";
soa. AddExtensionType("MapServer", soet); // 调用注册扩展函数
```

代码执行以后，在 ArcGIS Server 的安装目录下，找到 ServerTypesExt. dat 文件，路径如下：

C:\Program Files\ArcGIS\Server10. 0\server\system\ ServerTypesExt. dat

ServerTypesExt. dat 是一个 XML 文件，内容如下所示：

```
<types>
    <ServerObjectType>
        <Name>MapServer</Name>
        <ExtensionTypes>
            <ExtensionType>
                <Name>SimpleSOE_CSharp</Name>
                <DisplayName>Simple SOE CSharp</DisplayName>
                <CLSID>SimpleSOE_CSharp. UtilSOE_CSharp</CLSID>
                <Description>Simple Server Object Extension CSharp</Description
                    >
                <Properties>
                </Properties>
                <Info>
                </Info>
            </ExtensionType>
        </ExtensionTypes>
    </ServerObjectType>
</types>
```

第四步，创建一个包含 SOE 的服务。以地图服务为例，在创建服务以后，把服务停止，打开属性对话框，在 Capabilities 标签中，选中 SOE 的复选框，如图 13-11 所示。

第五步，调用 SOE。一旦包含 SOE 的服务启动以后，就可以通过代码访问 SOE 的功能了。下面示例代码是通过 MapServer 访问 SOE 的功能函数。

```
// map 的类型是 MapServer
IServerObjectExtensionManager extmgr = map as IServerObjectExtensionManager;
IServerObjectExtension SOExt = extmgr. FindExtensionByName("AreaSumExtension");
IAreaSum asum = SOExt as IAreaSum;
double dTotalArea = asum. TotalAreas(ref sf);
```

在安装 ArcObjects 开发包之后，SOE 的示例代码可以在如下路径找到：
C:\Program Files\ArcGIS\DeveloperKit10. 0\Samples\ArcObjectsNet\ServerSimpleSOE

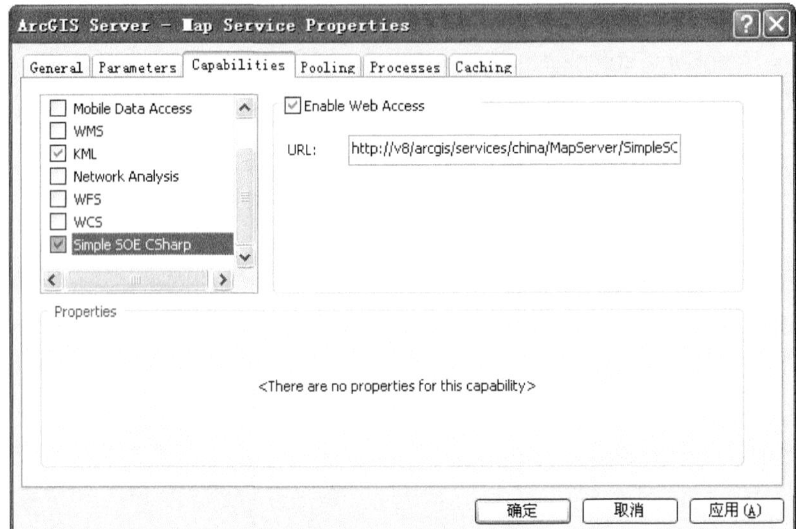

图 13-11　启用扩展功能

第 14 章　扩展 Flex Viewer

14. 1　Flex Viewer 介绍

Flex Viewer 是 ESRI 公司设计的一套 WebGIS 应用程序开发框架，目前的版本是 2. x，2. x 版本基于 Flex 4 开发，1. x 版本基于 Flex 3 开发，本书主要关注 2. x 版本。Flex Viewer 2. x 版本的程序界面如图 14-1 所示，在界面布局上与 1. x 版本相比有较大的变化。

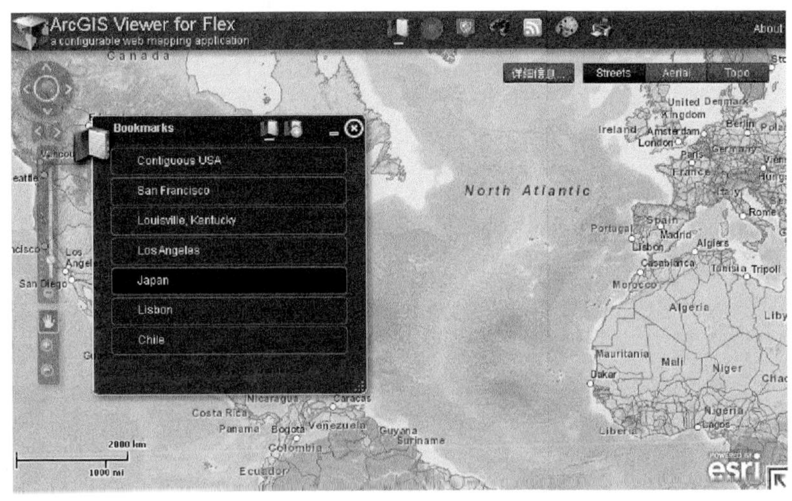

图 14-1　Flex Viewer 2. x 界面

可以把 Flex Viewer 当做一个应用程序模板，在开发具体的业务系统时，只需要在该程序的基础上定制功能模块就可以快速地完成一个界面友好、美观的应用系统。Flex Viewer 程序包含了大量的代码、图片资源、皮肤、样式表等文件，如图 14-2 所示。

Flex Viewer 采用模块化的方式来搭建整个应用程序，设计了一套接口来负责模块之间的通信，包含的代码量比较大，这样就给开发人员阅读代码增加了一定的难度，所以并不是每个项目都适合用 Flex Viewer 进行开发。在使用 Flex Viewer 开发程序之前，首先需要花费一定的时间学习该框架，在理解该框架的基础上，才能够定制具体的功能模块。一般情况下，Flex Viewer 比较适合用于功能点较多、业务逻辑比较复杂的应用系统，并且要求开发人员了解一些应用程序架构和 Flex 模块化等方面的技术。

Flex Viewer 最核心的技术体现在它的模块化应用程序架构上，所谓模块化架构也可以理解为插件式的程序架构。整个 Flex Viewer 是一个应用程序框架，该框架设计了一

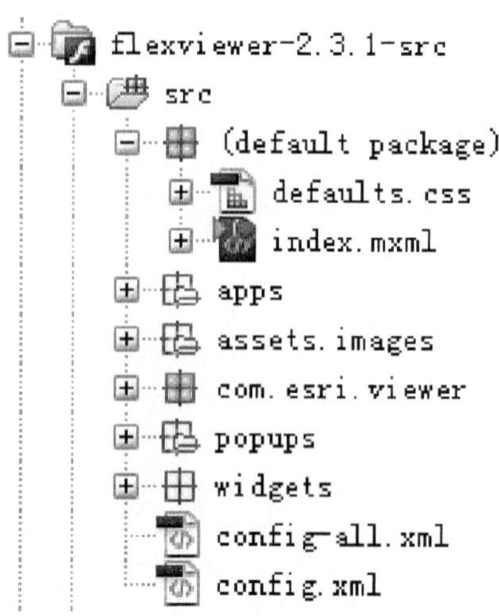

图 14-2 Flex Viewer 2.x 代码及资源文件

套模块的接口标准，负责协调各个模块之间的通信，控制程序的页面布局，以配置文件的形式来把需要的功能模块组织起来，可以在不重新编译整个程序的情况下，添加、删除功能模块。关于在 Flex 中如何使用模块的具体内容将在下一节详细介绍。

在开始使用 Flex Viewer 之前，首先需要从 ESRI 的官方网站下载其源代码，地址如下：

http://help.arcgis.com/en/webapps/flexviewer/index.html

14.2 模　　块

模块（Module）技术是 Adobe 为了解决 Flex 应用程序文件较大、加载较慢而设计的一种解决方案，主要思路是把整个应用程序分割成几个独立的 swf 文件，配合延迟策略按需加载，尽可能保证主程序在初始化时的加载时间较短。Flex 中的模块和 Windows 应用程序的动态链接库（DLL）非常相似，都是把程序分割为多个独立的文件，支持动态加载。

模块经过编译以后，以独立的 swf 文件的形式存在，它不能脱离主程序而运行，必须由某个主程序调用；类似于 DLL 不能独立运行，需要在 exe 的进程中调用。当主程序不再需要某个模块时，可以卸载该模块，释放模块所占用的内存和其他的资源。在 Flex 程序中使用模块技术主要有如下三个优点，即减小主程序 swf 文件的体积、缩短程序初始化时的加载时间和降低程序代码的耦合性。

在程序中使用模块一般分为两个步骤：①先创建模块，把模块编译成独立的 swf 文件；②在主程序中调用模块，与模块进行通信。

Flex 提供了一个模块类（mx.modules.Module），可以通过继承该类来创建自己的模块，具体的步骤可以用 ActionScript 或者 MXML 两种形式来实现。下面介绍如何以 MXML 标签的形式来创建一个模块。

本书的示例代码在 src 文件夹下创建了一个名称为 modules 的包（package），在该包下面创建一个名称为 FirstModule 的模块，具体步骤如下。

第一，右键点击 modules 包，选择“New”→“MXML Module”，如图 14-3 所示。

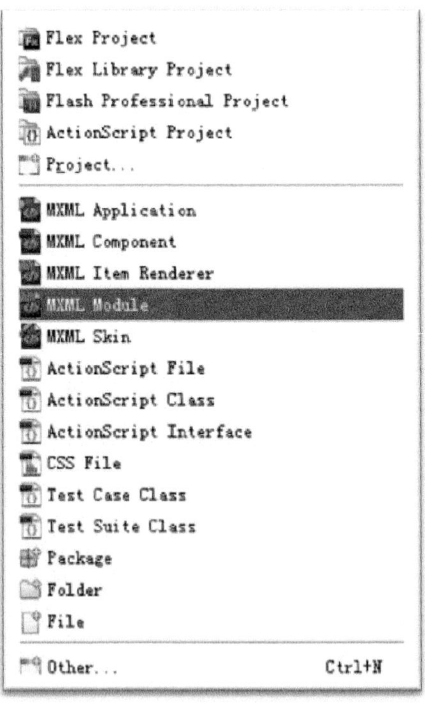

图 14-3　Flash Builder 中的环境菜单

第二，在弹出的对话框中，输入模块的名称，如图 14-4 所示。其中“Optimize for application”选项应该选择调用该模块的主程序，编译器在编译模块的过程中会专门针对该主程序做一些优化设置。

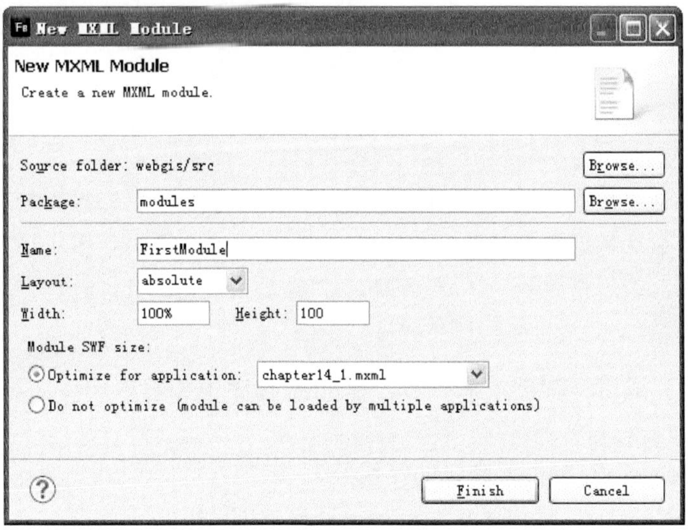

图 14-4　新建 Module 对话框

第三，点击“Finish”按钮后，在代码编辑器中可以看到新建模块的代码。本示例在模块中加入一个 Text 文本标签，如下代码所示：

```
<?xml version="1.0" encoding="utf-8"?>
<mx:Module xmlns:fx="http://ns.adobe.com/mxml/2009"
           xmlns:s="library://ns.adobe.com/flex/spark"
           xmlns:mx="library://ns.adobe.com/flex/mx"
           layout="absolute" width="100%" height="100">
    <fx:Declarations>
    </fx:Declarations>
    <mx:Text id="content" text="first module" horizontalCenter="0" verticalCenter="0"/>
</mx:Module>
```

第四，在项目的属性对话框中，选择“Flex Modules”标签，在右侧的列表中是当前项目中所有的模块列表，只有出现在该列表中，在编译项目时才会把模块单独编译成一个 swf 文件。如果列表中没有模块，那么需要使用“Add”按钮添加模块，如图 14-5 所示。

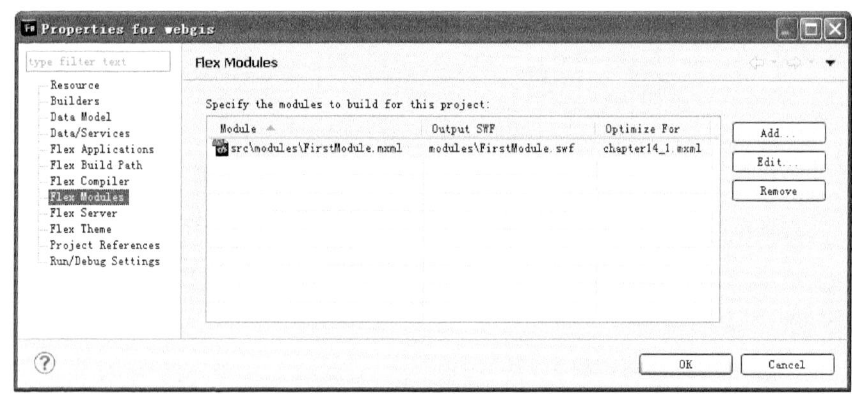

图 14-5　项目的属性对话框

小提示：

通过右键菜单“New”→“MXML Module”创建的模块会自动在项目的属性对话框中注册该模块，如果是通过直接复制代码或者其他的方式创建的 Module，那么需要专门在属性对话框中人工注册模块。人工注册的步骤是：使用图 14-5 中“Add”按钮选择模块对应的文件。

在模块创建完成后，就进入下一步：在 Flex 程序中加载模块。加载模块的方法有两种。

（1）ModuleLoader：提供了高级的模块处理 API。

（2）ModuleManager：提供了更底层的处理模块的 API。

下面主要介绍如何使用 ModuleManager 加载模块。代码的核心部分如下所示：

chapter14_1. mxml 部分代码

```
private var ctlInfo:IModuleInfo; // 该变量必须声明为类变量,不能声明为方法的局部变量
protected function app_init(event:FlexEvent):void
{
    ctlInfo = ModuleManager. getModule("modules/FirstModule. swf");
    ctlInfo. addEventListener(ModuleEvent. READY, moduleReadyHandler);
    ctlInfo. addEventListener(ModuleEvent. ERROR, moduleErrorHandler);
    ctlInfo. load(null, null, null, moduleContainer. moduleFactory);
}
private function moduleReadyHandler(event:ModuleEvent):void
{
    var moduleInfo:IModuleInfo = event. module;
    var visualElement:IVisualElement = moduleInfo. factory. create() as IVisualElement;
    if (visualElement)
    {
        moduleContainer. addElement(visualElement);//把模块添加在程序的某个容器中
    }
}
private function moduleErrorHandler(event:ModuleEvent):void
{
    this. cursorManager. removeBusyCursor();
}
```

小提示:

在使用 ModuleManager 加载模块时，Flex 有个小 bug，上面的示例代码中 ctlInfo 变量如果在 app_init 函数内声明为局部变量，那么加载模块的 READY 事件不能正常触发，必须声明为类级别变量。来自 Adobe 官方文档的解释如下：“References to IModuleInfo must be maintained to keep the event listeneres alive. If the IModuleInfo is defined in function local scope the event listeners may get garbage collected”。

如果有多个模块同时需要加载时，很容易犯下面的错误：

chapter14_2. mxml 部分代码

```
private var ctlInfo:IModuleInfo;
protected function application1_creationCompleteHandler(event:FlexEvent):void
{
    var moduleUrls:Array = ["modules/FirstModule. swf","modules/SecondModule. swf"];
    // 加载多个模块时的错误方法
```

```
    for(var i:int =0;i < moduleUrls. length;i + + )
    {
        ctlInfo = ModuleManager. getModule(moduleUrls[i]);
        ctlInfo. addEventListener(ModuleEvent. READY, moduleReadyHandler);
        ctlInfo. addEventListener(ModuleEvent. ERROR, moduleErrorHandler);
        ctlInfo. load(null, null, null, moduleContainer. moduleFactory);
    }
}
function moduleReadyHandler(event:ModuleEvent):void
{
    var moduleInfo:IModuleInfo = event. module;
    var visualElement:IVisualElement = moduleInfo. factory. create() as IVisualElement;
    if (visualElement)
    {
        moduleContainer. addElement(visualElement);
    }
}
function moduleErrorHandler(event:ModuleEvent):void
{
    this. cursorManager. removeBusyCursor();
}
```

加载模块是一个异步的过程，作者推荐使用顺序加载的方法，即在一个模块加载完成后，再开始加载下一个模块。示例代码如下所示：

chapter14_3. mxml 部分代码

```
private var ctlInfo:IModuleInfo;
private var moduleUrls:Array =["modules/SecondModule. swf","modules/FirstModule. swf"];
protected function app_init(event:FlexEvent):void
{
    loadModule();
}

private function loadModule():void
{
    if(moduleUrls. length = =0) // 如果数组中所有模块地址都已经取出,标志着加载完成
        return;
    ctlInfo = ModuleManager. getModule(moduleUrls. pop()); //取出下一个模块的 URL
    ctlInfo. addEventListener(ModuleEvent. READY, moduleReadyHandler);
    ctlInfo. addEventListener(ModuleEvent. ERROR, moduleErrorHandler);
```

```
        ctlInfo. load(null, null, null, moduleContainer. moduleFactory);
}
function moduleReadyHandler(event:ModuleEvent):void
{
        var moduleInfo:IModuleInfo = event. module;
        var visualElement:IVisualElement = moduleInfo. factory. create() as IVisualElement;
        if (visualElement)
        {
                moduleContainer. addElement(visualElement);
        }
        loadModule(); // 一个模块加载完成后,开始加载下一个模块
}
function moduleErrorHandler(event:ModuleEvent):void
{
        this. cursorManager. removeBusyCursor();
}
```

14.3　Flex Viewer 程序架构

相对而言，Flex Viewer 是一个小型的应用框架，专门针对地图相关的 Web 应用系统而设计，框架的复杂程度相对较小，本节从框架的主要类库组成、框架的初始化顺序、界面组成等方面展开介绍。

从 ESRI 官方网站下载 Flex Viewer 的程序源代码以后，解压后得到一个 Flex 工程，该工程主要由如下几类文件组成（表 14-1）。

表 14-1　Flex Viewer 源代码包含的文件类型

文件类型	扩展名	说明
MXML	.mxml	用于界面组件布局的标签形式的语言
ActionScript	.as	由 Adobe 公司开发的脚本语言
XML	.xml	可扩展标记语言，用于存储系统的配置信息
Style sheet	.css	样式表，定义程序界面效果
类库	.swc	ArcGIS 的 Flex 类库

Flex Viewer 框架的主程序文件是 index. mxml，该框架涉及的类库都由 ViewerContainer 组织在一起，对该框架的介绍也要从 ViewerContainer 开始。WebGIS 系统一般会涉及的常见功能模块包括程序配置信息管理、地图管理、界面 UI 管理、各业务模块的管理和模块之间的通信等。Flex Viewer 框架设计了五个类来分别对应这几个功能模块，如图 14-6 所示，每个类承担的主要任务如下。

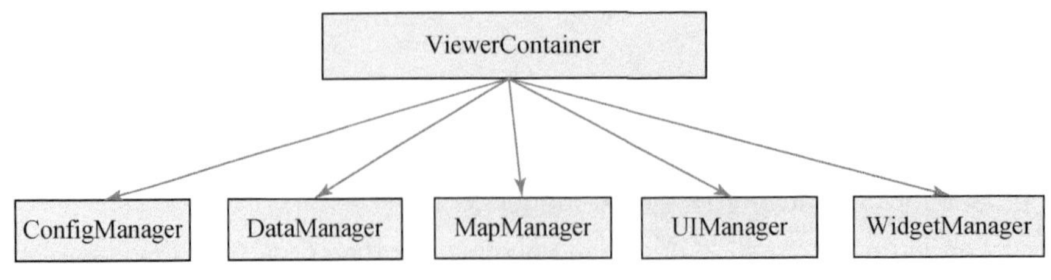

图 14-6　Flex Viewer 程序的主要组成模块

（1）ConfigManager：配置信息管理器，负责加载配置文件，并且把配置参数传递给其他管理器。

（2）DataManager：数据管理器，负责各个模块之间的数据交换和共享。

（3）MapManager：地图管理器，负责初始化地图控件、加载图层，根据配置参数设置地图控件的各种属性。

（4）UIManager：界面管理器，负责设置程序界面的效果，根据配置参数设置程序的颜色、风格等。

（5）WidgetManager：插件管理器，负责动态加载程序的各种插件，处理插件与地图的交互；该类是学习 Flex Viewer 框架最核心，也是最复杂的技术难点。

Flex Viewer 框架的初始化过程如图 14-7 所示，首先是 ConfigManager 从服务器端加

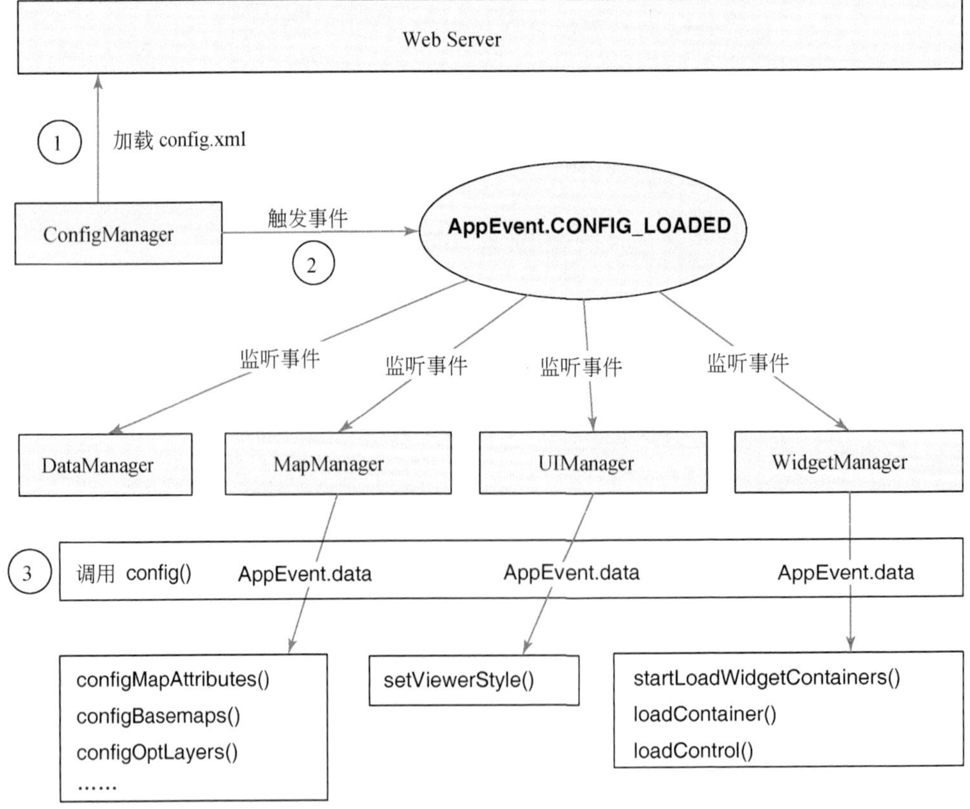

图 14-7　Flex Viewer 程序的初始化过程

载 config. xml 配置文件，该文件中包含了程序的各种参数信息，如地图的初始化范围、界面的颜色、程序的标题、程序的 logo、插件的配置信息等。一旦该配置文件加载成功，ConfigManager 类把配置文件解析、封装，并且进一步将数据嵌入 AppEvent 事件对象，由 AppEvent 事件对象携带配置参数，立刻触发 AppEvent. CONFIG_LOADED 事件。由于其他四个管理器类（DataManager、MapManager、UIManager、WidgetManager）都监听 AppEvent. CONFIG_LOADED 事件，在该事件被 ConfigManager 触发之后，其他四个管理器类分别调用各自的事件处理函数（config 函数）进行程序初始化。

目前版本，DataManager 类的 config 函数没有任何代码，开发人员可以根据具体项目的需要添加适当的代码。UIManager 和 MapManager 类的 config 函数主要负责创建地图控件，设置地图的各种属性，如地图的初始化范围、地图控件距离容器的上下左右边缘的距离、lods、缩放滑动条、比例尺条、logo、创建导航工具、绘制工具、注册绘制工具的 drawEnd 事件、加载图层等，其主要代码摘要如下：

```
private function config(event:AppEvent):void
{
    configData = event. data as ConfigData; // config. xml 文件包含的配置参数
    ……
    navTool = new NavigationTool(); // 创建导航工具
    navTool. map = map;

    drawTool = new DrawTool(); // 创建绘制工具
    drawTool. map = map;
    drawTool. addEventListener(DrawEvent. DRAW_END, onDrawEnd);
    ……
    configMapAttributes(); // 设置地图控件的位置,extent, zoomSliderVisible,lods,
                           // scaleBarVisible, logoVisible 等
    configBasemaps(); // 加载背景图层
    configOptLayers(); // 加载业务图层
    ……
}
```

WidgetManager 类的 config 函数通过 AppEvent. data 携带的配置参数信息，得到程序的界面组件、业务功能组件信息，再使用 Flex 提供的动态加载模块功能（Module）分别把这些组件加载到程序中。Flex Viewer 2.x 版本是以组件的形式来构建整个程序的，其中组件分为两种类型：界面组件和业务功能组件。其中，界面组件包括 NavigationWidget、OverviewMapWidget、MapSwitcherWidget 和 HeaderControllerWidget；业务功能组件包括 BookmarksWidget、SearchWidget、PrintWidget、QueryWidget、DrawWidget 等。界面组件如图 14-8 所示。

四个界面组件是在程序初始化时全部加载，对于各个业务功能组件，程序是根据 config. xml 配置文件的参数决定是在初始化时加载还是延迟加载。如果 widget 的 preload

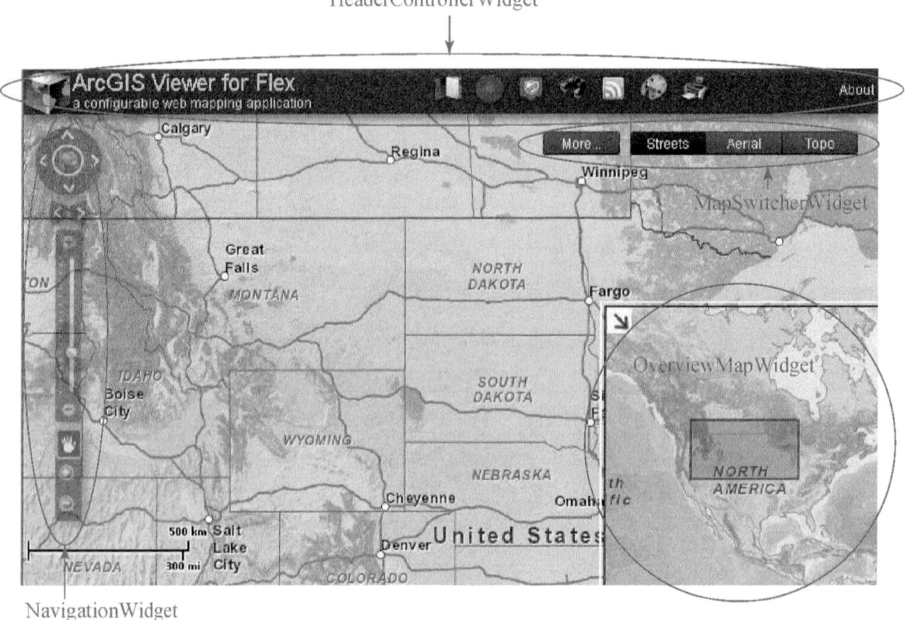

图 14-8　Flex Viewer 界面组件

属性值为 open 或者 minimized，那么在初始化时立即加载。如果 widget 没有 preload 属性，那么该业务组件在初始化时不加载，只有在用户点击对应的菜单时再加载。配置文件示例如下：

```
<widget label = "Legend"
        preload = "open"
        icon = "assets/images/Legend32. png"
        url = "widgets/Legend/LegendWidget. swf"/ >
```

WidgetManager 类加载界面组件和业务功能组件的方法参考 14. 2 节。由于程序中涉及多个组件的加载，而且每个组件加载的过程都是异步完成的，Flex Viewer 按照顺序的方式逐个加载，即在一个组件加载完成的事件（ModuleEvent. READY）处理函数中开始加载下一个组件。加载组件的代码看起来逻辑比较复杂，其实原理和 14. 2 节介绍的内容一样，只要能够把 14. 2 节的示例代码理解透彻，就能明白 WidgetManager 类加载组件的原理，用到的函数如下所示：

- startLoadWidgetContainers
- loadNextContainer
- loadContainer
- startLoadControls
- loadNextControl
- loadControl
- ……

14.4　配置 Flex Viewer

Flex Viewer 框架以组件的方式搭建整个 WebGIS 应用系统，可以在不编写代码的情况下，灵活地配置程序的界面效果、功能组件等。支撑该框架的关键是动态加载模块技术和配置文件，动态加载模块在 14.2 节已经介绍，本节主要介绍如何配置该框架的 config. xml 文件。

config. xml 配置文件包含很多节点信息，这些节点大致可以分为四类：程序的一般属性、程序的界面组件、地图及图层和业务功能组件。

程序的一般属性包括大标题、小标题、logo、字体、颜色等信息，下面详细介绍常用的节点用法。

（1）<title>：界面左上角的大标题。

（2）<subtitle>：界面左上角的小标题。

（3）<logo>：界面左上角的图片地址。

（4）<style>：界面的风格，包含几个子标签，如 <colors>、<alpha>、<font>、<titlefont>等，其中 <colors>标签包含五个颜色值，分别定义为字体颜色、背景色、鼠标滑过时的颜色、选中时的颜色、标题文字的颜色。

（5）<geometryservice>：GeometryService 的 REST 节点地址。

（6）<splashpage>：当程序加载后显示的对话框。

程序的界面组件包括四个，见图 14-8，每个界面组件在 config. xml 文件中对应一个独立的 <widget>节点（不是位于 widgetcontainer 节点中），每个 <widget>节点都有其属性：left、top、config、url 属性。其中，left 和 top 约束组件在容器中的位置，url 是组件对应的 swf 文件地址。这四个组件对应的配置文件节点如下所示：

```
<widget left = "10" top = "50" config = "widgets/Navigation/NavigationWidget. xml"
      url = "widgets/Navigation/NavigationWidget. swf"/ >
<widget right - " - 2" bottom = " - 2" config = "widgets/OverviewMap/OverviewMapWidget. xml"
      url = "widgets/OverviewMap/OverviewMapWidget. swf"/ >
<widget right = "20" top = "55" config = "widgets/MapSwitcher/MapSwitcherWidget. xml"
      url = "widgets/MapSwitcher/MapSwitcherWidget. swf"/ >
<widget left = "0" top = "0" config = "widgets/HeaderController/HeaderControllerWidget. xml"
      url = "widgets/HeaderController/HeaderControllerWidget. swf"/ >
```

地图及图层配置信息在 xml 文件中对应的节点是 <map>。Flex Viewer 框架把地图图层分为两类：基础背景地图（basemaps）和业务操作图层（operationallayers）。系统中可以包含多个基础背景地图和多个业务操作图层，其中基础背景地图同时只能显示一个，通过界面右上角的背景地图按钮（MapSwitcherWidget）来切换不同的背景地图，多个业务操作图层可以同时显示。<map>标签有多个属性，如 initialextent、fullextent、center、level、scale、zoomslidervisible 和 wraparound180 等。<map>标签有三个子节点：<basemaps>、<operationallayers>和 <lods>。<lods>标签是地图的比例尺列表，如下所示：

```
<lods>
    <lod resolution="78271.51696" scale="295828763.79"/>
    <lod resolution="9783.93962" scale="36978595.47"/>
    <lod resolution="1222.99245" scale="4622324.43"/>
    <lod resolution="152.874" scale="577790.55"/>
</lods>
```

<basemaps>标签是系统用到的基础地图，该标签可以包含多个<layer>子标签，每个<layer>标签对应一个地图服务。<layer>标签有 label、type、visible 和 url 等属性。label 的属性值决定在界面上按钮的文本名称；type 是地图服务的类型，可以有多种选项：tiled、dynamic、bing、image 等，url 属性值是地图服务对应的 REST 服务接口的地址，示例节点如下所示：

```
<basemaps>
    <layer label="基础地形图" type="dynamic" visible="true"
        url="http:// localhost/ArcGIS/rest/services/noise/MapServer"/>
</basemaps>
```

<operationallayers>标签是业务操作图层，该标签也可以包含多个<layer>子标签，该子标签和<basemaps>的子标签一样，示例节点如下所示：

```
<operationallayers>
    <layer label="实测等级地图" type="dynamic" visible="true" alpha="1.0"
        url="http:// localhost/ArcGIS/rest/services/GridMonitor/MapServer"/>
    <layer label="预测等级地图" type="dynamic" visible="false" alpha="1.0"
        url="http:// localhost/ArcGIS/rest/services/GridPredict/MapServer"/>
</operationallayers>
```

业务功能组件在 config.xml 文件中对应的节点是<widgetcontainer>，该标签可以看做是一个业务功能组件的容器，该容器中包含了所有的业务功能组件（<widget>），这些功能组件可以按照逻辑相关性分成不同的组（<widgetgroup>）。每一个业务功能组件对应界面上的一个功能面板，这些功能面板的布局方式有四种：horizontal（默认值）、vertical、fixed 和 float（图 14-9）。Flex Viewer 框架根据<widgetcontainer>标签中包含的节点信息在界面上构建程序菜单，<widgetcontainer>的直接子节点都会出现在 HeaderControllerWidget 组件的菜单上。<widgetgroup>包含的子节点<widget>以下拉菜单的形式出现，如图 14-10 所示。

业务功能组件的示例节点如下所示：

```
<widgetcontainer layout="float">
    <widget label="Bookmarks"icon="assets/images/i_bookmark.png"
        config="widgets/Bookmark/BookmarkWidget.xml"
        url="widgets/Bookmark/BookmarkWidget.swf"/>
    <widget label="Draw and Measure" icon="assets/images/i_draw2.png"
```

```
            url = "widgets/Draw/DrawWidget. swf"/ >
        < widgetgroup label = "Locators" >  < !--一级菜单-->
            < widget label = "Find U. S.  address" icon = "assets/images/i_target. png"
                config = "widgets/Locate/LocateWidget_US. xml"
                url = "widgets/Locate/LocateWidget. swf"/ >  < !--二级菜单-->
            < widget label = "Find European addresses"
                icon = "assets/images/i_pin2. png"
                url = "widgets/Locate/LocateWidget. swf"/ >  < !--二级菜单-->
            < /widgetgroup >
< /widgetcontainer >
```

horizontal (default)

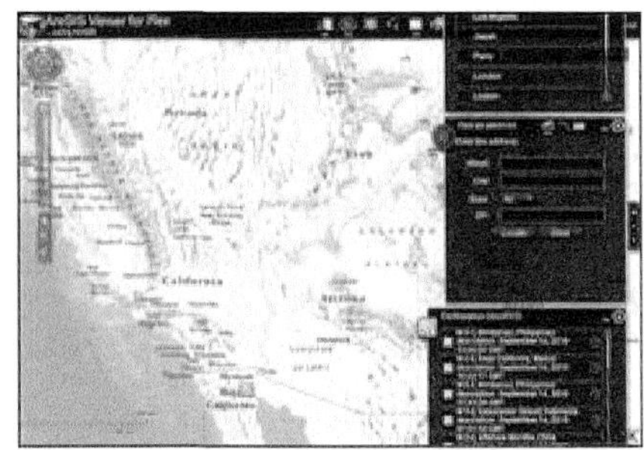

vertical

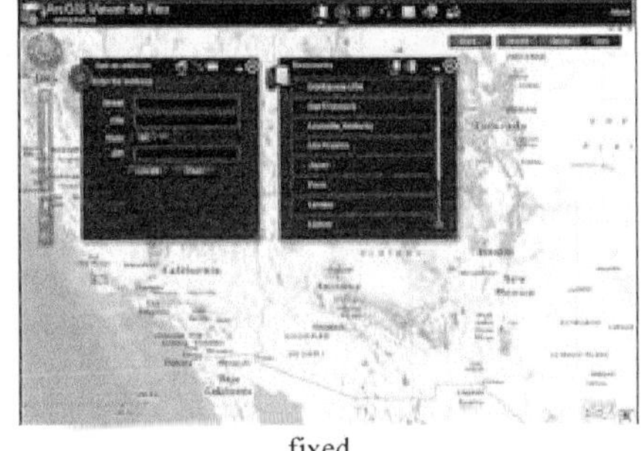

fixed

float

图 14-9　WidgetContainer 的四种布局

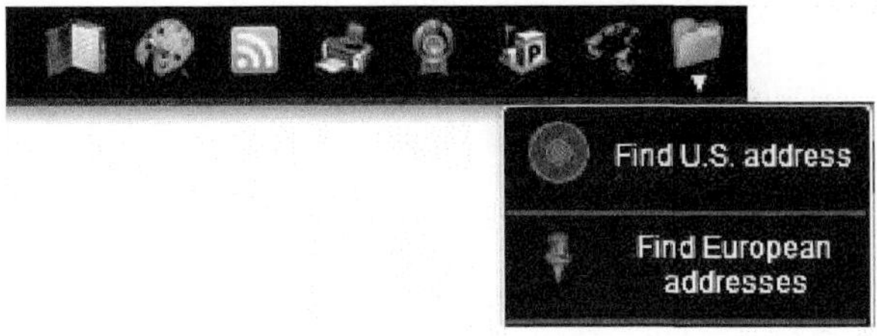

图 14-10　< widget > 和 < widgetgroup > 对应的界面效果

Flex Viewer 的源代码中包含了对多国语言的支持，其中就有对于中文的支持，这些语言特征主要体现在界面的导航工具提示、报错信息、控件的标题等。默认情况下，编译时语言参数是英语（en_US）；在项目的属性对话框中把 en_US 修改为 zh_CN，即可把编译时的语言变更为中文，如图 14-11 所示。

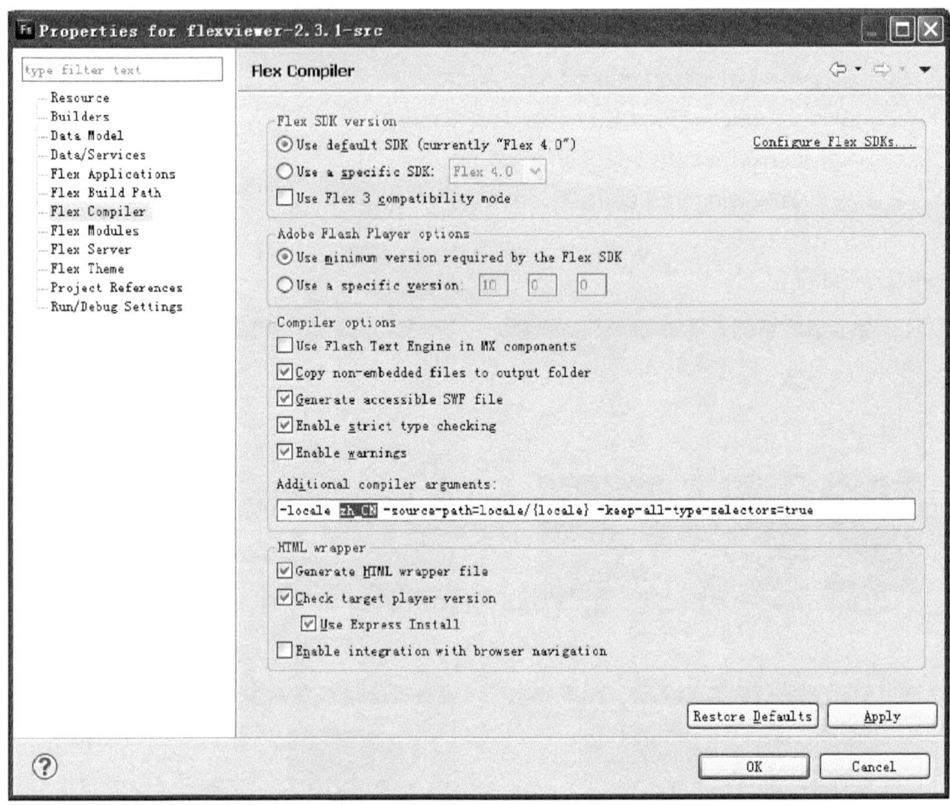

图 14-11　修改程序的编译参数

中文资源内容位于 locale\zh_CN 文件夹中的 ViewerStrings. properties 文件，该文本文件的编码方式是 ISO-8859-1，打开该文件无法看到中文的字符，都是英文字符或者\u 开头的一些字符，每个 \u 开头的文本都对应一个汉字，该文件上不能直接输入中文内容。如果要修改该文件的内容，需要借助于编码工具来完成，作者推荐使用 JDK 中提供的 native2ascii.exe 工具，一般路径如下：

C:\Program Files\Java\jdk1. 6. 0_13\bin\native2ascii.exe

该命令的使用方法如下：

*native2ascii.exe [-reverse]*输入文件 输出文件

以下示例把界面右上角的“详细信息”按钮改为“图层列表”。

第一步，打开 locale\zh_CN\ViewerStrings. properties 文件，摘抄其中一段内容如下：

```
########## MapSwitcher Widget
layerListLabel = \u8be6\u7ec6\u4fe1\u606f…
```

```
########## HeaderController Widget
aboutLabel = \u5173\u4e8e
```

第二步，在命令行下执行：

native2ascii. exe-reverse ViewerStrings. properties zh_CN. txt

得到的文本文件内容如下所示：

```
########## MapSwitcher Widget
layerListLabel = 详细信息…

########## HeaderController Widget
aboutLabel = 关于
```

对比以上两段文本内容可以看出“\u8be6\u7ec6\u4fe1\u606f”对应“详细信息”。

第三步，把 zh_CN. txt 文件中的“详细信息…”修改为“图层列表”，保存后在命令行下执行：

native2ascii.exe zh_CN. txt ViewerStrings. properties

得到的内容如下，可以看出“图层列表”对应“\u56fe\u5c42\u5217\u8868”：

```
########## MapSwitcher Widget
layerListLabel = \u56fe\u5c42\u5217\u8868
########## HeaderController Widget
aboutLabel = \u5173\u4e8e
```

第四步，重新编译程序以后可以看到程序的右上角按钮名称已经变为“图层列表”。

14. 5　开发 Flex Viewer 插件

Flex Viewer 由多个独立的业务插件（Widget）组成，这些插件只有在需要的时候才从服务器端动态加载到客户端，每一个 Widget 都是一个 Flex 模块（Module）。关于 Module 的内容已经在 14. 2 节介绍过，其用途和存在的必要性请查阅 14. 2 节的内容。

开发 Flex Viewer 插件的步骤如下。

第一步，新建一个 MXML Module 或者 MXML Component。

在新建代码文件之前，一般都要根据业务功能的逻辑相关性创建包（package），然后在 package 下面创建代码文件。

在 Flex Viewer 项目的 widgets 包上右键点击，选择“New”→“Package”菜单，在弹出的对话框中，输入 Package 的名称为：widgets. MyPackage。如图 14-12 所示。注意在 widgets 包下面创建的包的名称是“widgets. MyPackage”，如果该名称写“MyPackage”，那么创建的包并没有位于 widgets 文件夹下，而是直接位于根目录下。

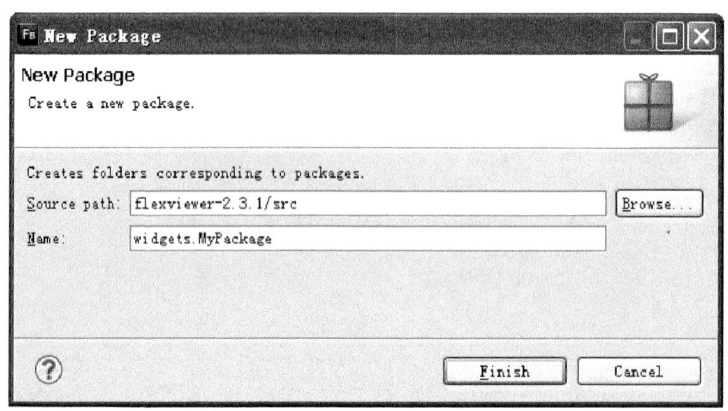

图 14-12　创建包

在新建的 MyPackage 包上右键点击，选择“New”→“MXML Module”或者“New”→“MXML Component”。Flash Builder 对于新建 Module 和 Component 的处理是不同的，具体的区别会在第四步中解释。在弹出的对话框中，输入新建模块的名称为“MyFirstWidget”，如图 14-13 所示，点击“Finish”按钮。

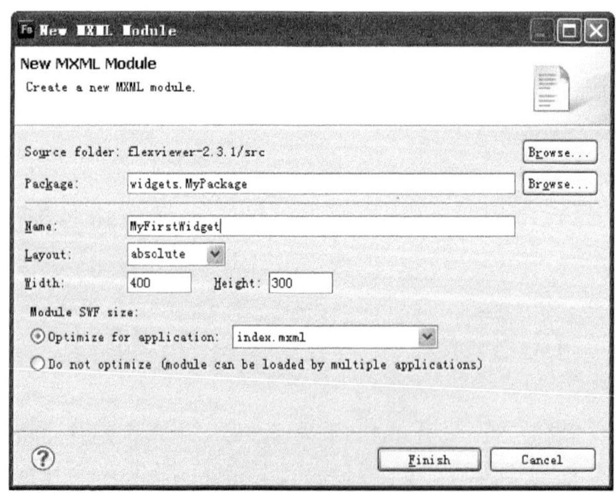

图 14-13　创建模块

小提示：

图 14-13 中的“Optimize for application”选项的作用是，编译器专门针对选中的主程序来编译模块，在编译模块的过程中会把在主程序中定义的类排除在模块之外，如 Flex 框架中的一些类和自定义的类，这样可以减小模块的体积。该模块编译以后就不能

在其他的程序中使用了，因为已经排除的类在其他的程序中可能无法找到，解决的办法是使用模块的源代码针对新的主程序再编译一次。

第二步，继承 BaseWidget。

该步骤是开发 Flex Viewer 的关键。双击 MyFirstWidget. mxml 文件，查看其源代码，其根标签就是父类。开发 Flex Viewer 的插件要求从父类 BaseWidget 继承。比较简便的方法是参考 src/widgets/Samples/HelloWorld/HelloWorldWidget. mxml 中的代码示例，直接全部复制 HelloWorldWidget. mxml 的代码，粘贴到 MyFirstWidget. mxml 中，下面的代码是插件的代码模板，定制插件的过程中使用的界面控件应放在 WidgetTemplate 标签内。

```
<?xml version = "1. 0" encoding = "utf - 8"? >
<viewer:BaseWidget xmlns:fx = "http://ns. adobe. com/mxml/2009"
                   xmlns:s = "library://ns. adobe. com/flex/spark"
                   xmlns:mx = "library://ns. adobe. com/flex/mx"
                   xmlns:esri = "http://www. esri. com/2008/ags"
                   xmlns:viewer = "com. esri. viewer. * ">
    <fx:Script >
        <! [CDATA[

    </fx:Script >
    <viewer:WidgetTemplate id  = "helloWorld" width = "300" height = "300" >
        <viewer:layout >
            <s:VerticalLayout horizontalAlign = "center" verticalAlign = "middle"/ >
        </viewer:layout >
        <! --此处放置定制插件时的各种界面控件-->
    </viewer:WidgetTemplate >
</viewer:BaseWidget >
```

第三步，添加业务功能代码。

插件的界面控件主要放在 WidgetTemplate 标签内，把下面的“按钮”标签添加到 WidgetTemplate 内部，并且为其添加 click 点击事件处理函数 onClick( )。

```
<s:Button label = " Current Scale!!" click = "onClick(event)" / >
protected function onClick(event:MouseEvent):void
{
    mx. controls. Alert. show("地图比例尺 1 : " + map. scale. toString());
}
```

通过 IBaseWidget 接口的属性 map 直接可以获得当前地图控件，该属性是由 Flex Viewer 框架在初始化插件时已经赋值。

第四步，设置 Flex 项目属性对话框中的 Modules 列表。

在 Flex Viewer 项目的属性对话框中，点击左侧的 Flex Modules，在右侧的列表中查看是否有 MyFirstWidget，如图 14-14 所示。如果在第一步选择创建 MXML Module，那么 Flash Builder 会自动把新建的插件添加到该列表中。如果第一步选择创建 MXML Component，那么 Flash Builder 不会自动把新建的插件添加到该列表中，需要开发人员通过点击右侧的“Add”按钮来添加 MyFirstWidget，如图 14-15 所示。

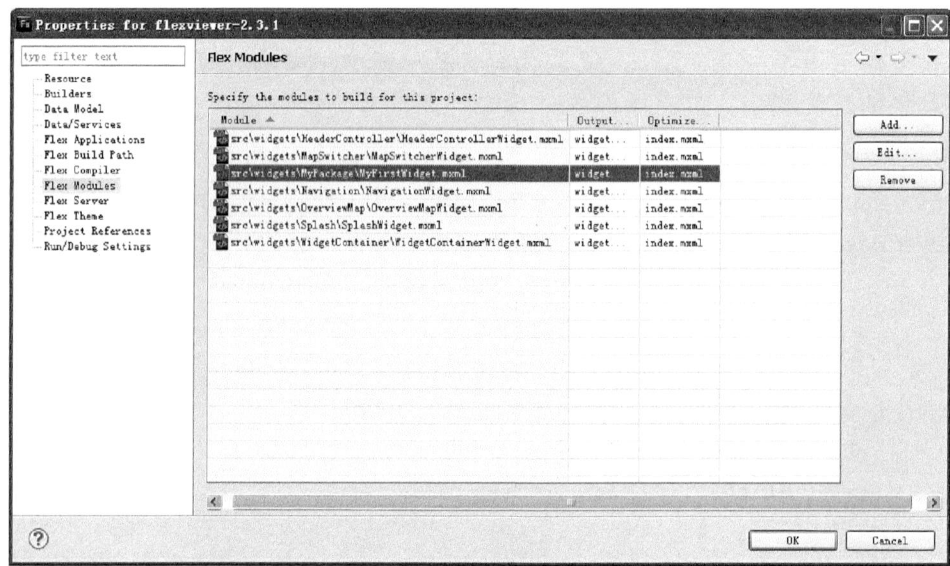

图 14-14 创建模块

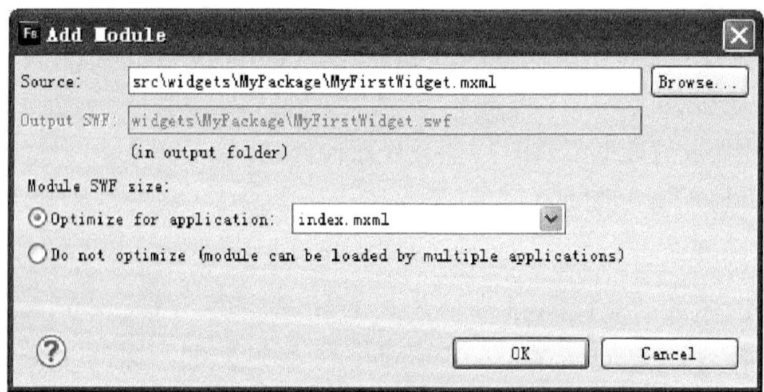

图 14-15 注册模块

第五步，配置 config. xml。

config. xml 是 Flex Viewer 程序的主配置文件，程序要加载的插件都在该文件中配置完成，新建的 widget 需要在 <widgetcontainer> 节点内部添加，如下所示：

```
< widgetcontainer layout = "float" >
        < widget label = "My first widget"
                icon = "assets/images/i_widget. png"
                url = "widgets/MyPackage/MyFirstWidget. swf"/ >
```

```
        ……
        ……
</widgetcontainer>
```

第六步，编译项目。

在 Flash Builder 的菜单“Project”中，点击“Build Project”（编译项目），编译整个程序。在 Flash Builder 右下角的状态栏显示编译完成后，在 bin-debug 文件夹下查看是否生成了 MyFirstWidget. swf。如果没有生成 MyFirstWidget. swf，那么有可能是两种情况导致的：第一，代码有编译时错误，第二，没有注册插件，该问题是因为漏掉了第四个步骤。

MyFirstWidget 运行后的效果如图 14-16 所示，Widget 右上角有一个最小化按钮和关闭按钮，这是从 BaseWidget 继承来的界面效果，点击菜单调出 Widget 时会触发 open 事件，点击关闭按钮时会触发 close 事件，事件监听的方法如下：

图 14-16　MyFirstWidget 运行界面

```
<viewer:WidgetTemplate width="300" height="300"
                       closed="closedHandler(event)"
                       open="openHandler(event)">
……
protected function openHandler(event:Event):void
{
    mx. controls. Alert. show("widget open event!");
}
```

```
protected function closedHandler(event:Event):void
{
    mx. controls. Alert. show("widget close event!");
}
```

要在插件中获取地图中的某个图层，如地震（在 config. xml 文件中配置的信息）可以采用如下代码：

```
private var earthquakesLayer:FeatureLayer;
private function init():void
{
    for each(var layer:Layer in map. layers)
    {
        if(layer. name == "地震")
        {
            earthquakesLayer = layer as FeatureLayer;
            break;
        }
    }
}
```

在最终部署程序时，推荐使用 Release 版本。生成 Release 版本的方法如下。

（1）点击菜单“Project”→“Export Release Build”。

（2）点击“Finish”，如图 14-17。

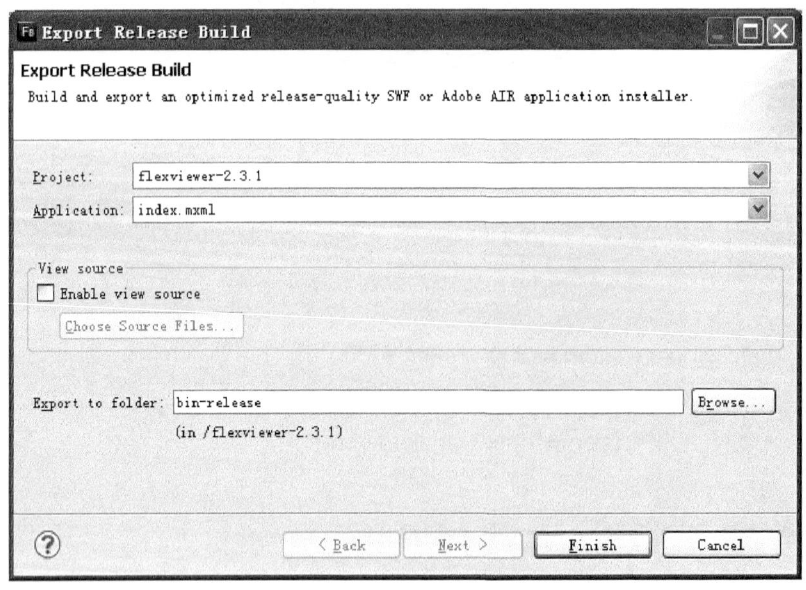

图 14-17　生成 Release 版程序

第 15 章　ArcGIS Flex API 调用 GeoServer

15.1　安装 GeoServer

GeoServer 是按照 OpenGIS Web 服务器规范，在 J2EE 框架下实现的开源项目，利用 GeoServer 可以方便地发布地图数据，允许用户对要素图层进行更新、删除、插入操作，通过 GeoServer 可以比较容易地在用户之间迅速共享空间地理信息。最重要的一点，Geo Server 是开源的，任何用户都可以在 GPL 开源协议允许的场景下随便使用、学习。

GeoServer 作为一个 GIS 服务器，提供了地图渲染、发布地图、配置图层符号、编辑数据等功能，它需要和空间数据库结合起来，借助于 Web Server 把地图发布到网络上，供 Web 用户通过浏览器来访问 GIS 资源。GeoServer 搭建的系统架构如图 15-1 所

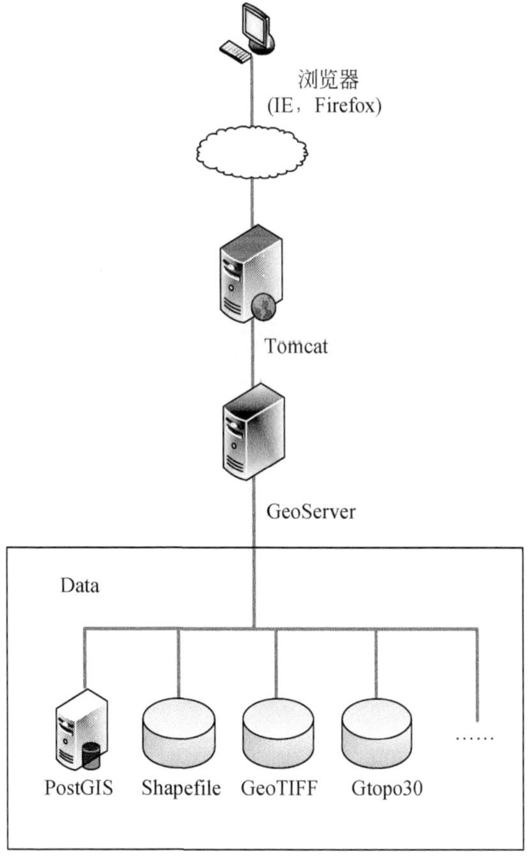

图 15-1　GeoServer 体系架构

示，图中选择 Tomcat 作为 Web Server；空间数据的存储形式有多种选择，可以使用数据库，也可以使用文件。

安装 GeoServer 的步骤包括：①安装 JDK；②安装 Tomcat；③安装 GeoServer。

作者以 JDK 1.6 + Tomcat 5.5 + GeoServer 2.0.1 为例来说明安装的步骤。不同版本的 GeoServer 要求的 JDK 和 Tomcat 版本稍有区别，请查阅 GeoServer 官方网站的文档。

1. 第一步，安装 JDK

从 Oracle 的官方网站下载 JDK 的安装包，直接运行安装即可，作者安装在 C:\ Program Files 目录下面，安装完成后如图 15-2 所示。

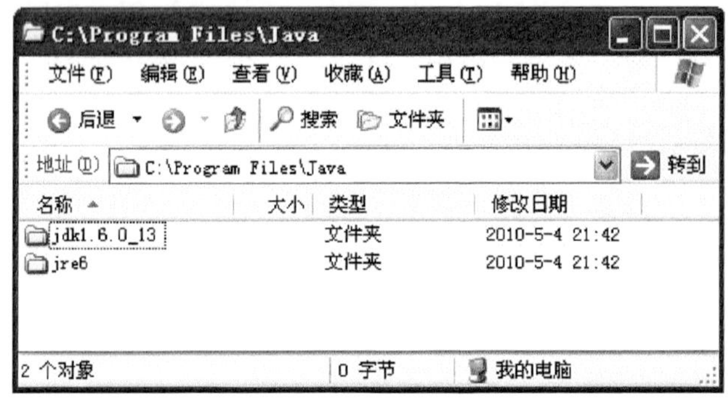

图 15-2　JDK 安装后

2. 第二步，安装 Tomcat

从 apache 官方网站（http://jakarta.apache.org）下载 Tomcat 安装包，直接运行安装，作者安装在 C:\Program Files\Apache Software Foundation 目录下面，如图 15-3 所示。

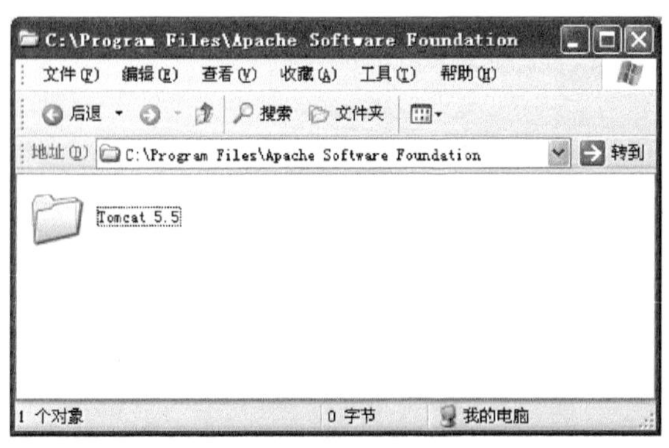

图 15-3　Tomcat 安装后

安装完成后，需要测试 Tomcat 是否能够正常运行。从开始菜单找到 Apache Tomcat 5.5，然后点击 Monitor Tomcat 菜单（图 15-4），双击系统托盘上的 Tomcat 图标，弹出如图 15-5 所示的对话框，点击“Start”按钮，启动服务。然后在浏览器地址栏中输入：

http://localhost:8080

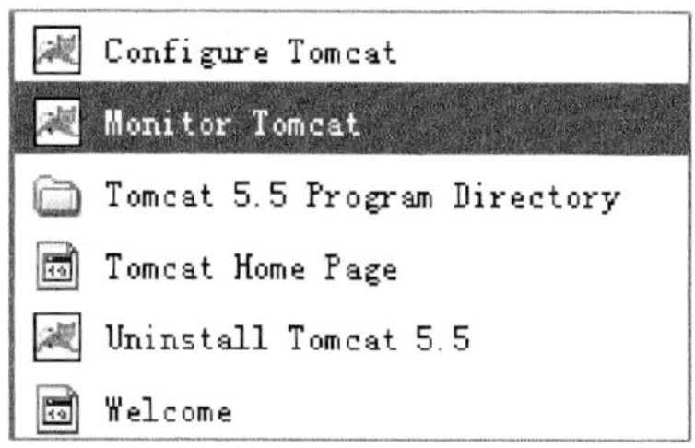

图 15-4　开始菜单中的 Tomcat

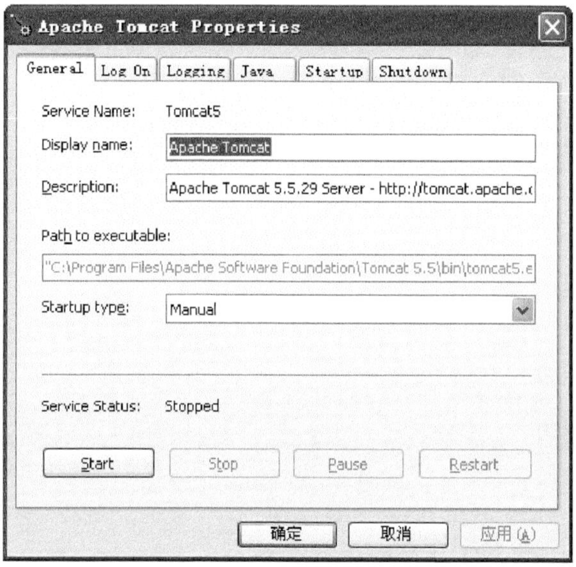

图 15-5　Tomcat 控制面板

如果能看到如图 15-6 所示的界面，Tomcat 即为安装成功。

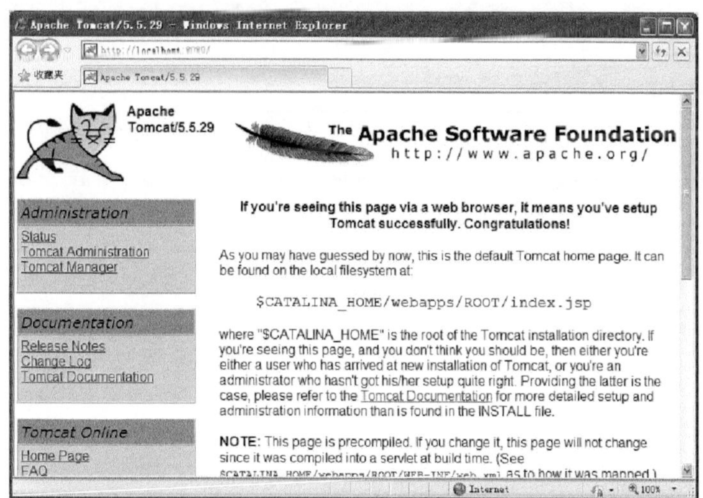

图 15-6　Tomcat 安装后测试

3. 第三步，安装 GeoServer

GeoServer 的安装方式有两种：第一种是使用 exe 格式的安装文件；第二种是使用 war 包，免去了安装过程，较为方便。下面就以第二种方式为例。

从 GeoServer 的官方网站（http://geoserver.org/display/GEOS/Stable）下载 Web Archive 格式的程序文件后，把下载的 war 扩展名文件改为 zip 扩展名，然后在 Tomcat 的安装目录下面，创建一个 geoserver 文件夹，把 zip 文件解压到新建的 geoserver 文件夹中，如图 15-7 所示，至此，GeoServer 安装完成。

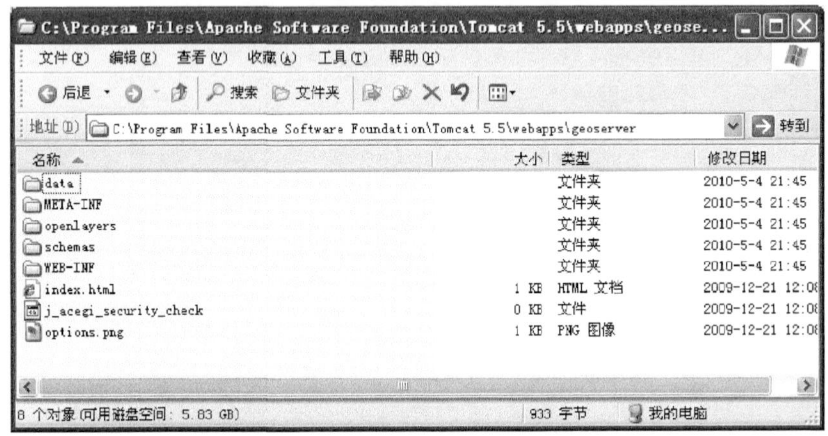

图 15-7 GeoServer 目录

打开浏览器，在地址栏中输入：

http://localhost: 8080/geoserver

验证是否成功安装。看到如图 15-8 所示的界面即为安装成功。

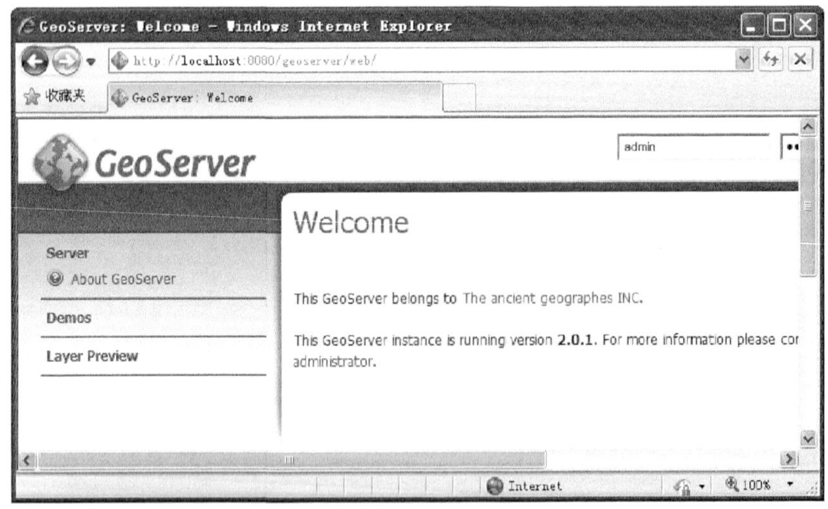

图 15-8 GeoServer 安装后测试

15.2　发布地图服务

在 GeoServer 中发布地图服务之前，必须先以管理员身份登录，GeoServer 安装完以后，默认的管理员用户名是 admin，密码是 geoserver，登录成功后看到如图 15-9 所示界面。

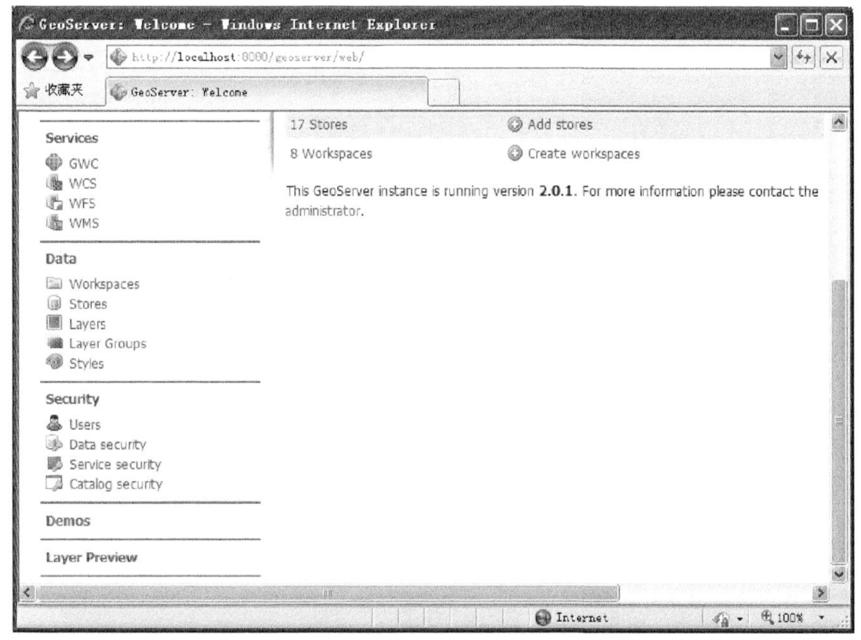

图 15-9　登录 GeoServer

Geoserver 中地图的组织方式和大多数商业软件类似，分为“数据”和“表达”两个层面，如图 15-10 所示。数据是指带有坐标的地理信息要素，表达是指包含了符号渲染信息的图层。

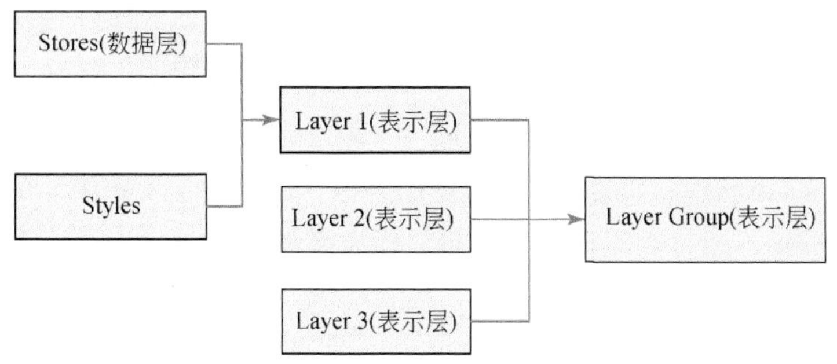

图 15-10　GeoServer 的图层组织关系

在 GeoServer 中发布地图服务主要需要两个步骤：添加数据（Stores）和发布图层（Layers）。

1. 第一步，添加数据

如图 15-11 所示，点击左侧目录中的“Stores”链接，然后在右侧点击“Add new Store”链接。

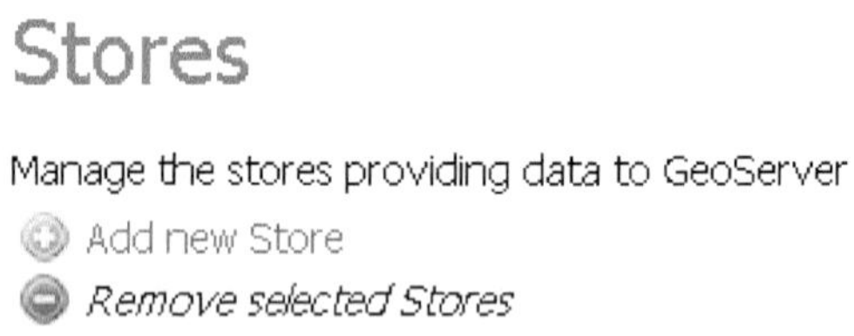

Stores

Manage the stores providing data to GeoServer

Add new Store

Remove selected Stores

图 15-11 Stores 的管理功能

根据待添加数据的格式，点击数据格式链接，这里以 Shapefile 格式的数据为例，在图 15-12 所示的界面中点击“Shapefile”链接。

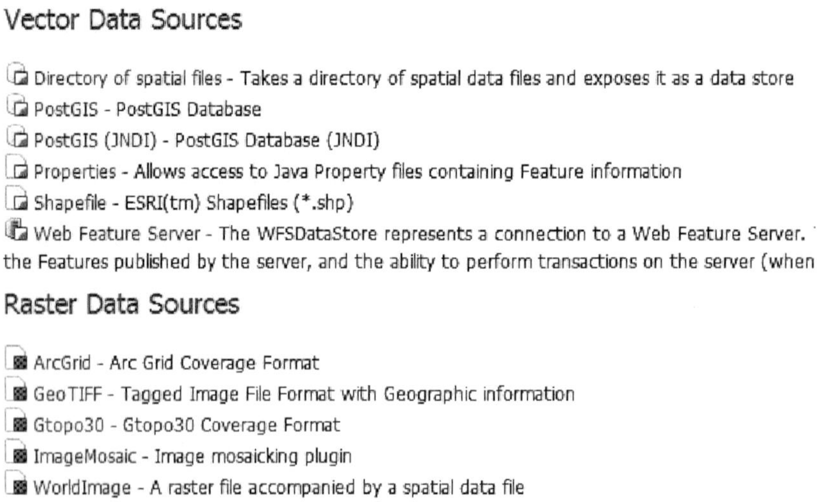

Vector Data Sources

Directory of spatial files - Takes a directory of spatial data files and exposes it as a data store
PostGIS - PostGIS Database
PostGIS (JNDI) - PostGIS Database (JNDI)
Properties - Allows access to Java Property files containing Feature information
Shapefile - ESRI(tm) Shapefiles (*.shp)
Web Feature Server - The WFSDataStore represents a connection to a Web Feature Server.
the Features published by the server, and the ability to perform transactions on the server (when

Raster Data Sources

ArcGrid - Arc Grid Coverage Format
GeoTIFF - Tagged Image File Format with Geographic information
Gtopo30 - Gtopo30 Coverage Format
ImageMosaic - Image mosaicking plugin
WorldImage - A raster file accompanied by a spatial data file

图 15-12 矢量数据和栅格数据的管理功能

在图 15-13 界面中，选择一个工作空间，工作空间的作用类似于数据名称的一个前缀。在 Data Source Name 文本框中输入数据的名称，该名称在发布图层的时候要用到。在 URL 文本框中输入 shapefile 文件的名称。作者在如下的目录中有一个 states. shp 文件，如图 15-14 所示：

C:\Program Files\Apache Software Foundation\Tomcat 5. 5\webapps\geoserver\data\data\shapefiles

那么在 URL 的文本框中输入“file: data/shapefiles/states. shp”。其他的选项接受默认值即可。最后点击“save”按钮，添加数据成功。

New Vector Data Source

Shapefile

ESRI(tm) Shapefiles (*.shp)

Basic Store Info

Workspace *

yunnan

Data Source Name *

states

Description

☑ Enabled

Connection Parameters

URL *

file:data/shapefiles/states.shp

Namespace *

yunnan

☑ create spatial index

charset

ISO-8859-1

☑ memory mapped buffer

图 15-13　向 GeoServer 中添加矢量数据

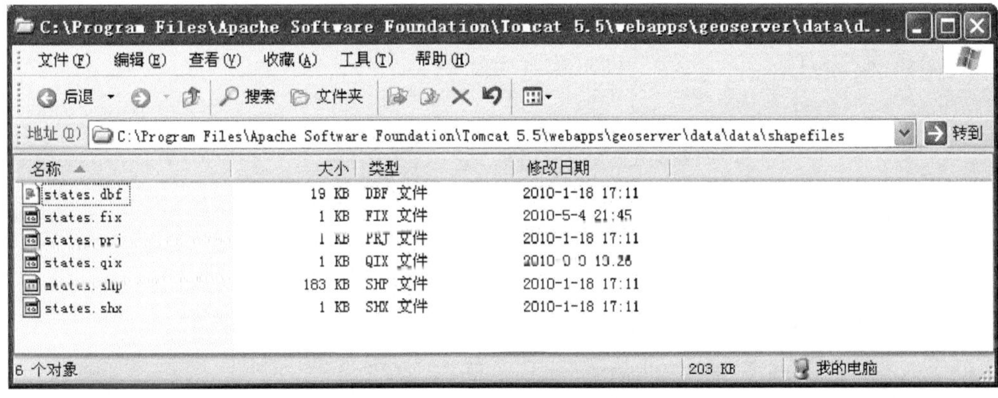

图 15-14　Shapefile 矢量数据的目录

2. 第二步，发布图层

在图 15-9 所示的界面中，在左侧的目录中点击“Layers”链接，在右侧点击“Add a new resource”链接，如图 15-15 所示。

在 Add layer from 下拉框中选择刚刚添加的数据 states，点击“Publish”链接，如图 15-16 所示。

在弹出的页面中，Name 文本框中输入图层的名称，在 Declared SRS 文本框中输入坐标系，如果不清楚坐标系的代码，可以点击“Find”按钮查看坐标系的代码。在 Bounding Boxes 条目下，点击 Compute from data 和 Compute from native bounds 自动计算范围坐标。

Layers

Manage the layers being published by GeoServer

Add a new resource

Remove selected resources

图 15-15　在 GeoServer 中新建、删除图层

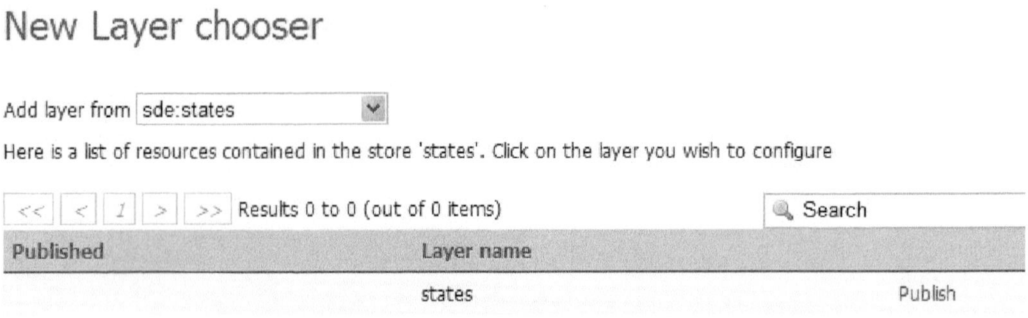

New Layer chooser

Add layer from sde:states

Here is a list of resources contained in the store 'states'. Click on the layer you wish to configure

<< < 1 > >> Results 0 to 0 (out of 0 items)　Search

Published	Layer name	
	states	Publish

图 15-16　选择数据源

然后切换到“Publish”标签，在 Default Style 下拉框中为图层设置符号样式（style）。

最后，点击“save”按钮，发布图层完成。

为了验证图层是否发布成功，在“Layer Preview”页面下，找到刚刚发布的图层，点击对应的“OpenLayers”链接，即可预览该图层。

15.3　配置地图符号

GeoServer 对地图图层的符号描述采用 OGC 的 SLD 标准，SLD 是一个 XML 格式的规范，全称为 Styled Layer Descriptors（图层样式描述规范），SLD 可以描述各种几何类型的图层符号特征，如点的形状、颜色、大小，线的样式、颜色、粗细等。

在 GeoServer 中定义 SLD 的方法如下：在“Styles”页面中，点击“Add a new style”，如图 15-17 所示。

Styles

Manage the Styles published by GeoServer

Add a new style

Removed selected style(s)

图 15-17　Style 管理

为新建的 style 输入名称和样式描述，style 的名称在以后发布图层时使用，样式描

述可以在文本框中直接编辑 xml，如图 15-18 所示，也可以导入一个 sld 文件，样式描述的示例如下：

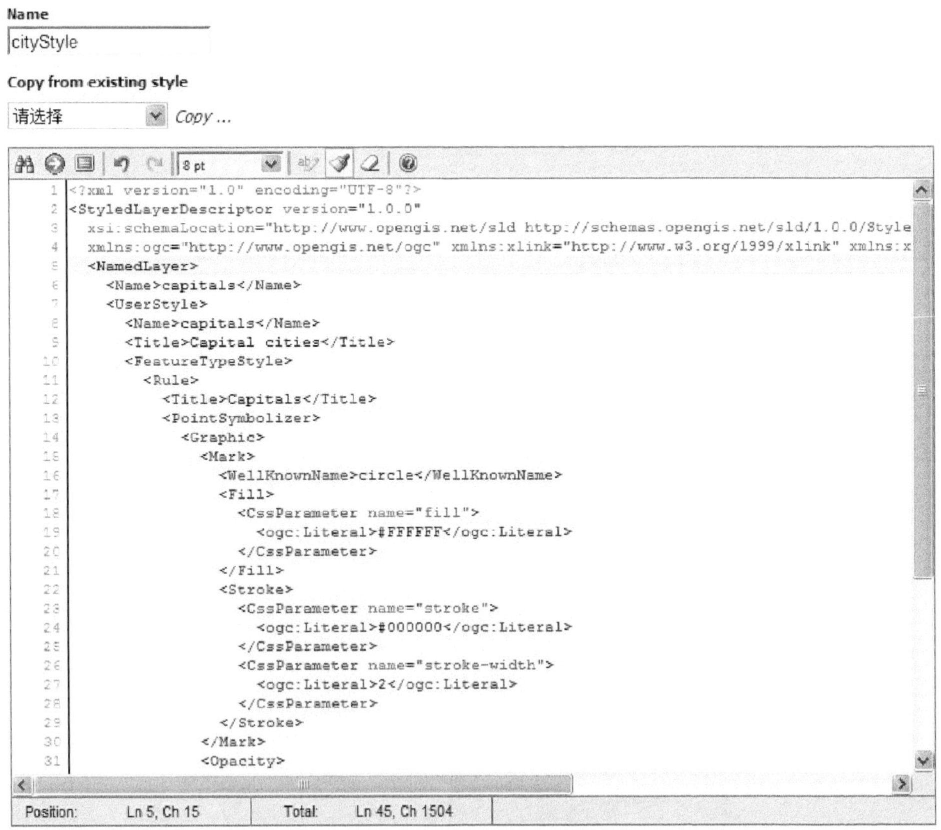

图 15-18　Style 编辑器

```
<?xml version = "1. 0" encoding = "UTF - 8"? >
<StyledLayerDescriptor version = "1. 0. 0"
    xsi:schemaLocation = "http://www. opengis. net/sld
http://schemas. opengis. net/sld/1. 0. 0/StyledLayerDescriptor. xsd"
xmlns = "http://www. opengis. net/sld"
   xmlns:ogc = "http://www. opengis. net/ogc" xmlns:xlink = "http://www. w3. org/1999/xlink"
xmlns:xsi = "http://www. w3. org/2001/XMLSchema - instance" >
    <NamedLayer>
        <Name>capitals</Name>
        <UserStyle>
            <Name>capitals</Name>
            <Title>Capital cities</Title>
            <FeatureTypeStyle>
                <Rule>
```

```
                <Title>Capitals</Title>
                <PointSymbolizer>
                    <Graphic>
                        <Mark>
                            <WellKnownName>circle</WellKnownName>
                            <Fill>
                                <CssParameter name="fill">
                                    <ogc:Literal>#FFFFFF</ogc:Literal>
                                </CssParameter>
                            </Fill>
                            <Stroke>
                                <CssParameter name="stroke">
                                    <ogc:Literal>#000000</ogc:Literal>
                                </CssParameter>
                                <CssParameter name="stroke-width">
                                    <ogc:Literal>2</ogc:Literal>
                                </CssParameter>
                            </Stroke>
                        </Mark>
                        <Opacity>
                            <ogc:Literal>1.0</ogc:Literal>
                        </Opacity>
                        <Size>
                            <ogc:Literal>6</ogc:Literal>
                        </Size>
                    </Graphic>
                </PointSymbolizer>
            </Rule>
        </FeatureTypeStyle>
    </UserStyle>
  </NamedLayer>
</StyledLayerDescriptor>
```

如果对 SLD 规范比较熟悉，可以直接编辑其中的节点，修改颜色、大小、标注字段等信息，最后点击"Submit"按钮完成创建样式的过程。这种直接编辑 XML 的方式无法达到所见即所得的效果，这里推荐使用 uDig 软件来制作样式。

uDig 是一个基于 Java 语言的开源软件，基本上具备了常用的 GIS 功能，如打开空间数据、渲染地图、编辑矢量数据、空间数据格式转换等。在 uDig 中可以编辑图层的样式，一旦达到理想效果后，可以把样式信息复制到 GeoServer 中。之所以可以这样操作，是因为 uDig 对图层的样式描述也是遵循 OGC 的 SLD 规范的，uDig 软件如图 15-19 所示。

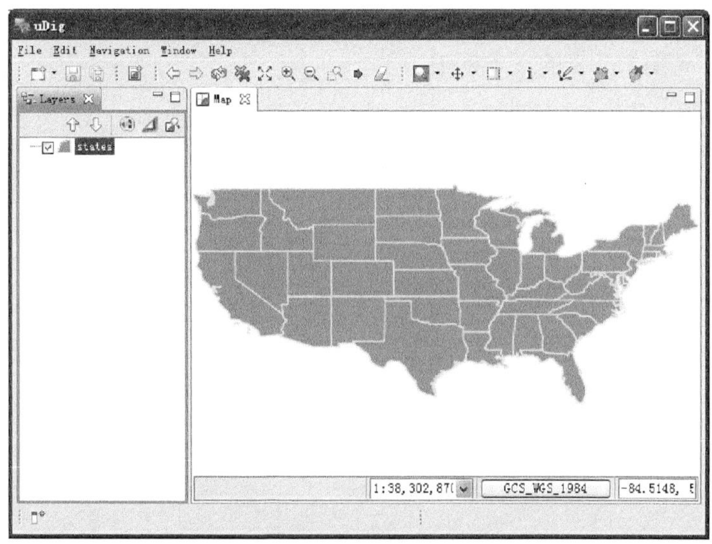

图 15-19 uDig 的界面

uDig 为每个图层设置了一个默认的图层样式，可以通过右键菜单“Change Style”来更改图层的样式，如图 15-20 所示。

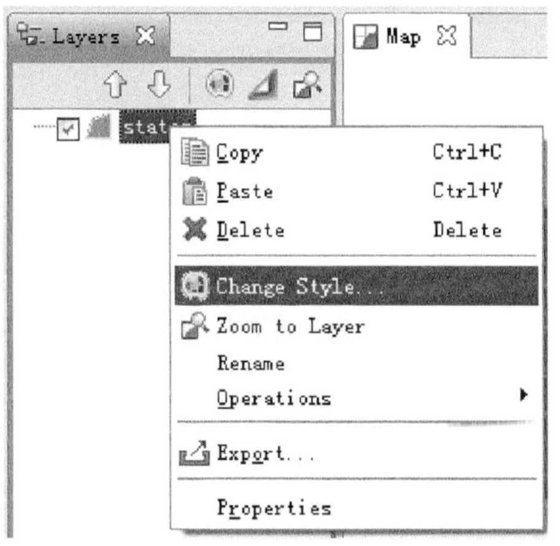

图 15-20 在 uDig 中编辑符号

在“Style Editor”对话框中，可以为图层指定简单渲染样式（图 15-21）和复杂的专题图样式（图 15-22）。简单渲染样式把图层中所有的要素都按照同一个样式风格渲染，图 15-23 所示；复杂的专题图样式可以根据要素的属性值设置对应的样式，如可以根据人口数量把整个图层的要素划分成五个区间，每个区间用不同的颜色渲染，如图 15-24 所示。另外，还可以为要素添加文字标注、设置图层的可见比例尺。标注的数据来自图层的属性字段，可见比例尺可以起到地图综合的作用；给不同比例尺的数据图层加上可见比例尺区间，可以有效地增加地图渲染效率、提高地图制图效果。

在“Style Editor”中把图层样式设置完成后，点击“Apply”按钮可以查看样式的真实效果。在图层的样式达到要求后，可以点击“Export”按钮把当前的图层样式导出为一个 sld 扩展名的文件，在 GeoServer 中直接导入即可，或者直接把图 15-25 中文本框中的 XML 复制到图 15-18 的文本框中。

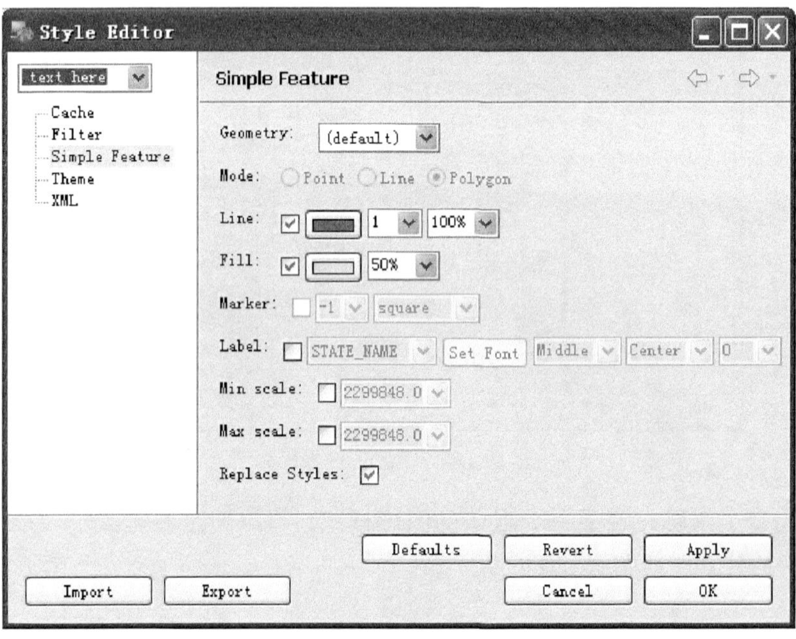

图 15-21　uDig 中的样式编辑器—Simple Feature

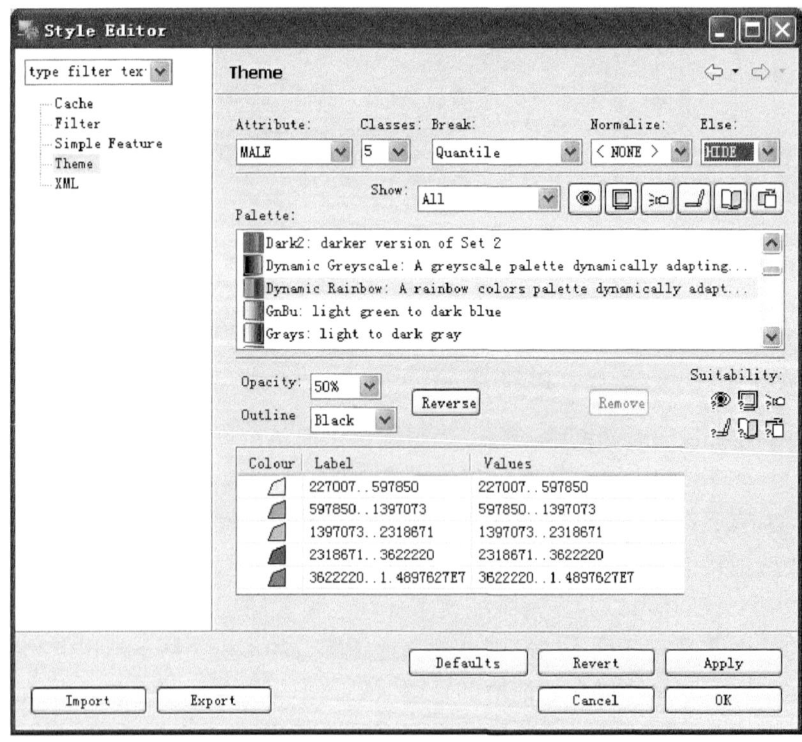

图 15-22　uDig 中的样式编辑器—Theme

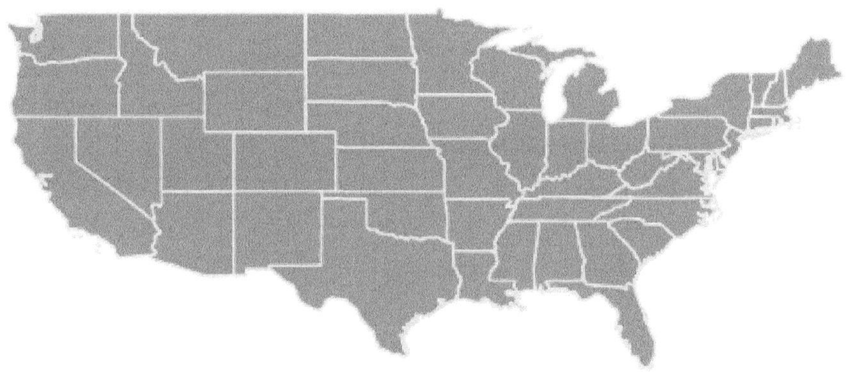

图 15-23　在 uDig 中使用 Simple Feature

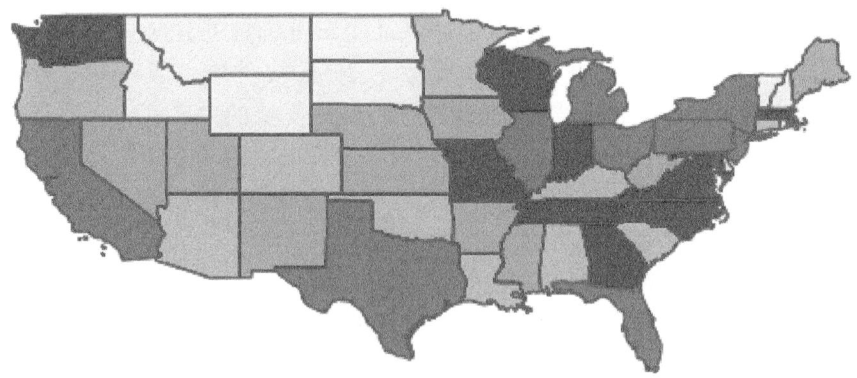

图 15-24　在 uDig 中使用 Theme

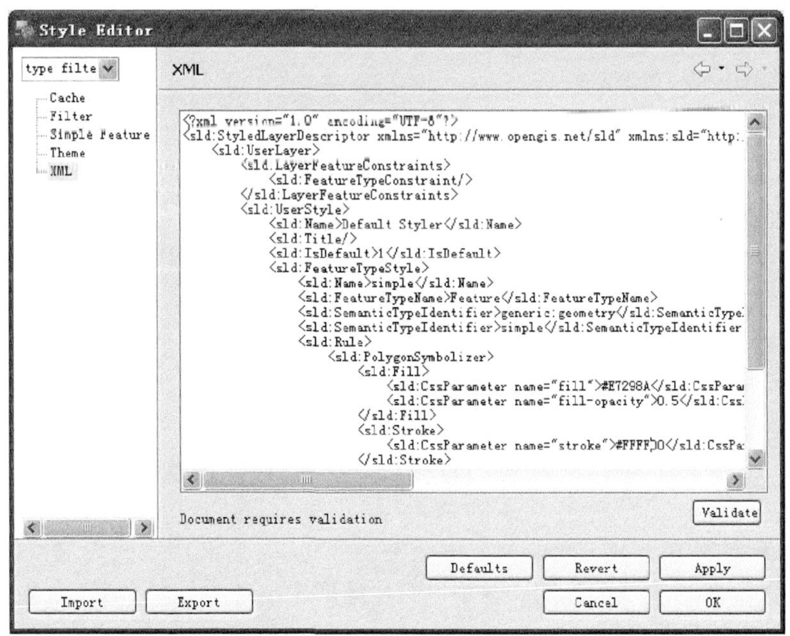

图 15-25　样式的 XML 格式

15.4 OGC 标准介绍

OGC 全称是 Open Geospatial Consortium（开放地理空间信息联盟），是一个非营利性国际组织，成立于 1994 年（邢超和李斌，2010）。OGC 的目标是通过制定一系列的标准把分布式计算、Web、中间件技术等主流 IT 技术应用于地理信息领域，并且为各种商业或者开源应用平台提供一个互操作的接口，能够更方便达到数据共享、信息交互的目的。

目前 OGC 已经发布了 30 多个标准，其中应用较多的有 WMS（Web Map Service）、WFS（Web Feature Service）、WCS（Web Coverage Service）、SLD（Styled Layer Descriptor）和 KML（Keyhole Markup Language）。

WMS 是一个标准规范，该规范约束了如何通过 Internet 来提供地图图片的具体内容细节。目前按照 WMS 规范提供地图服务的开源软件有 GeoServer，MapServer，MapGuide。各大商业 GIS 软件也支持 WMS 标准，虽然支持的力度不一，但是仍然可以作为整合多个商业 GIS 平台时的解决方案。目前国家非常重视的空间数据共享存在比较多的困难，其中之一就是因为各个政府部门已经建设完成的系统软件多种多样，而各个商业软件之间的兼容性是永远无法解决的问题，在这种情形下，大多数解决方案都会考虑以 OGC 的规范为参考标准，各个单位都向 OGC 靠拢。

WFS 标准主要用于约束如何通过 Web 获取地理要素矢量数据，而且可以达到平台的无关性。WFS 标准定义了如何完成如下的一些操作。

（1）空间条件或者属性条件查询要素。

（2）创建新的要素。

（3）删除要素。

（4）更新要素。

WCS 标准主要用于约束如何通过 Web 获取栅格（Raster）数据。KML 最初是 Google Earth 的数据格式，后来交由 OGC 委员会负责维护。SLD 是一个图层样式规范，在上一节已经提到过。

OGC 的每个标准都包括了详细的技术规范，详细的规范内容在这里就不再一一赘述，请参考 OGC 的官方网站和维基百科：

http://www. opengeospatial. org/

http://en. wikipedia. org/wiki/Open_Geospatial_Consortium

15.5 使用 Flex 调用 WMS

WMS 的全称为 Web Map Service（网络地图服务），它利用空间矢量数据或者栅格数据生成地图，WMS 生成的地图一般是以图片的形式出现的，如 png，jpeg，gif 等，也可以以矢量图形的形式提供，如 svg。

OGC 为 WMS 定义了三种常用的操作：GetMap，GetFeatureinfo，GetCapabilities

（表 15-1）。

表 15-1　WMS 的常用操作

WMS 服务的功能	说明
GetMap	根据请求的参数列表，返回一个地图图片
GetFeatureinfo	根据请求的坐标位置，返回查询到的要素的属性信息。可以单次返回多个图层的信息，类似于 ArcMap 中的 Identify 功能，它的参数是屏幕坐标、当前视图范围等
GetCapabilities	返回服务级元数据

WMS 还定义了一些其他操作，如 DescribeLayer，GetLegendGraphic，GetStyles 和 SetSytles。

本节重点介绍 GetMap 功能。GetMap 是所有的 WebGIS 软件需要支持的最基本的功能，也是使用最频繁的操作。GetMap 请求的参数信息见表 15-2。

表 15-2　GetMap 的参数

参数名	参数值示例	参数说明
service	WMS	表示该服务为 WMS 服务
version	1. 0. 1	WMS 服务版本
request	GetMap	WMS 服务请求接口类型，GetMap 表示请求地图图片
layers	beijing：road	WMS 所请求的地图图层，一次可以请求多个图层，多个图层名称之间用逗号隔开。例如，layers = beijing：road，beijing：building，Beijing：river，表示此 WMS 服务请求是由三个地图图层叠加组合而成的
styles		一个或多个图层样式列表，多个样式名称之间需要用逗号隔开
bbox	105. 2，28. 1，110. 5，32. 2	请求的地图图层范围，即地图边框的左下角和右上角坐标，坐标单位和 SRS 参数一致，格式为 xmin，ymin，xmax，ymax，如 110. 5，23，126. 8，30. 6
width	512	请求的地图图片的宽度，单位是像素
height	512	请求的地图图片的高度，单位是像素
srs	EPSG：4326	坐标系，如 EPSG：4326，或者 EPSG：4269
format	image/png	地图图层的输出格式，如 image/png、image/jpeg 或者 image/svg + xml
exceptions	Application/vnd. ogc. inimage	报告异常使用的格式，如 application/vnd. ogc. se_ xml 或者 application/vnd. ogc. inimage

调用的示例如下：

```
http://localhost:8080/geoserver/wms? WIDTH = 780&SRS = EPSG:4326&LAYERS = topp:
  states&HEIGHT =330&STYLES = &FORMAT = image/png&SERVICE = WMS& VERSION
  =1. 1. 1&REQUEST = GetMap&EXCEPTIONS = application/vnd. ogc. se_inimage&BBOX
  = - 139. 848,18. 549, - 51. 852,55. 778
```

在 Flex 中访问 WMS 服务的 GetMap 功能，需要按照上面的参数列表构建请求。ArcGIS Flex API 提供了扩展图层对象的接口，下面的示例代码创建了一个自定义的类 WMSDynamicLayer，该类继承自 DynamicMapServiceLayer，在实现自定义图层类的过程中，主要是重写父类的 loadMapImage 方法，在地图浏览的过程中，ArcGIS Flex API 中的 Map 类会调用所有图层的 loadMapImage 方法，从而获取地图的操作。在整个类的实现过程中，主要涉及 Flex 框架的三个类：Loader、URLRequest 和 URLVariables。其中 URLVariables 用于管理请求的所有参数，URLRequest 用于管理请求的服务地址以及携带的参数，Loader 负责向服务器发出请求，并且接收服务器返回的地图结果。

WMSDynamicLayer. as

```
package ogc
{
    import com. esri. ags. geometry. Extent;
    import com. esri. ags. layers. DynamicMapServiceLayer;
    import flash. display. Loader;
    import flash. net. URLRequest;
    import flash. net. URLVariables;
    public class WMSDynamicLayer extends DynamicMapServiceLayer
    {
        // Inspectable 是为了能在以 MXML 标签的形式调用的时候自动识别出属性
        // url 属性是为了辅助 loadMapImage 函数请求地图,可以在外部设置服务的地址
        [Inspectable]
        public function set url(value:String):void
        {
            // 示例 http://localhost:8080/geoserver/wms
            _urlRequest = new URLRequest(value);
            _urlRequest. data = _params;
        }

        // 该属性是为了辅助 loadMapImage 函数请求地图,可以在外部设置请求的图层名称
        [Inspectable]
        public function set layerName(value:String):void
        {
            _ params. layers = value;
        }
        public function WMSDynamicLayer()
        {
            super();
            setLoaded(true); // Map will only use loaded layers
```

```
                // init constant parameter values
                _ params = new URLVariables();
                _ params. request = "GetMap";
                _ params. transparent = true;
                _ params. format = "image/png";
                _ params. exceptions = "application/vnd. ogc. se_inimage";
                _ params. version = "1. 1. 1";
                _ params. styles = ""; // each layer needs a matching style
            }

            private var_ params:URLVariables;
            private var_ urlRequest:URLRequest;

            // 该函数是自定义图层类的关键
            override protected function loadMapImage(loader:Loader):void
            {
                _ params. bbox = map. extent. xmin + "," + map. extent. ymin + "," + map.
                    extent. xmax +  "," + map. extent. ymax;
                _ params. srs = "EPSG:4326";
                _ params. width = map. width;
                _ params. height = map. height;
                loader. load(_urlRequest); // 发出请求
            }
        }
}
```

使用自定义图层类的方法和其他图层一致，代码示例如下：

```
<esri:Map>
      <ogc:WMSDynamicLayer
            url = "http://localhost:8080/geoserver/wms" layerName = "china:diversitydata" />
</esri:Map>
```

WMS 的 GetLegendGraphic 操作提供了获取地图图例的功能，使用方法如下：

```
<mx:Image id = "legend" source = "{legendURL}"/>
<fx:Script>
   <![CDATA[
         [Bindable]
      private var legendURL:String =
"http://localhost: 8080/geoserver/wms? REQUEST = GetLegendGraphic&FORMAT = image/
```

```
png&WIDTH =55&HEIGHT =20&LAYER = china:diversitydata";
        // 参数列表中的关键是 LAYER,用于指定获取哪个图层的图例
        // FORMAT 参数用于指定返回图片的格式,如 image/jpeg,image/png,
        // 或者 image/svg + xml 等
        ]] >
</fx:Script >
```

15.6 使用 Flex 调用 WFS

WFS 的全称为 Web Feature Service（网络要素服务），它通过 Web 为客户端提供矢量要素数据，该服务返回的是地图背后的真实地理数据，这些地理数据包括了要素的几何坐标和属性信息，返回的要素数据的默认格式是 GML，也可以指定以其他格式返回要素数据。

OGC 为 WFS 定义了三种常用的操作：GetFeature，GetCapabilities 和 DescribeFeatureType（表 15-3）。

表 15-3 WFS 的常用操作

WFS 服务的功能	说明
GetFeature	可根据查询条件返回一个符合 GML 规范的数据。GetFeature 是 WFS 服务最重要的功能
DescribeFeatureType	返回要素的结构，以便客户端进行查询和其他操作
GetCapabilities	返回服务级元数据

WFS 还支持事务，即 WFS-T，它不仅能提供查询要素的功能，同时支持要素的在线编辑和事务处理。本节主要介绍 GetFeature 功能的使用。

最简单的 GetFeature 查询如下：

http://www. example. com/wfs?service = wfs&version = 1. 1. 0&request = GetFeature&typeName = namespace:featuretype

该示例是以 GET 方式请求，WFS 也支持以 POST 方式发出请求。具体运用的时候只需要把上面示例的 namespace：featuretype 替换为具体的命名空间和要素图层即可。一般不推荐使用上面的请求，因为该请求会返回要素图层中的所有要素，会产生很大的数据量，对服务器和网络都会造成比较大的负载压力，所以最好在 GetFeature 请求中加入限制条件，如 featureID =8，maxFeatures =50 等。GetFeature 也支持复杂条件查询，如何构造复杂条件，本节不做一一介绍，请查阅下面的官方文档：

http://portal. opengeospatial. org/files/?artifact_id =8340

GetFeature 常用的一个约束条件是 bbox，该条件可以把查询范围限制在一个矩形的空间范围内，GET 方式请求的示例如下：

http://localhost: 8080/geoserver/wfs?SERVICE = WFS&VERSION = 1. 0. 0&REQUEST = GetFeature&SRS = EPSG:4326&TYPENAME = yunnan:planthopper&bbox =102. 75,23. 12,

102.75,23.12&outputFormat = json

bbox 参数的格式为 bbox = xmin，ymin，xmax，ymax，即矩形范围的左下角坐标和右上角坐标。在该示例中还有一个参数是 outputFormat，该参数可以使用的格式见表 15-4，在 Flex 中为了能够比较容易解析，建议使用 json 格式。

表 15-4　输出格式

输出格式	示例	说明
GML2	outputFormat = GML2	WFS 1.0.0 的默认格式
GML3	outputFormat = GML3	WFS 1.1.0 的默认格式
Shapefile	outputFormat = shape – zip	Zip 压缩的 shapefile 格式
JSON	outputFormat = json	格式化的文本，发布客户端解析
CSV	outputFormat = csv	格式化的文本

在 Flex 中访问 WFS 服务的 GetFeature 功能，需要按照参数列表构建请求。下面的示例代码创建了一个自定义的类 WFSProxy，该类主要的作用是把 GetFeature 操作需要的参数转化为 GET 请求，并且指定回调函数处理返回的数据集。在整个类的实现过程中，主要涉及 Flex 框架的三个类：Loader、URLRequest 和 URLVariables。其中 URLVariables 用于管理请求的所有参数，URLRequest 用于管理请求的服务地址以及携带的参数，Loader 负责向服务器发出请求，并且接收服务器返回的地图结果。

WFSProxy.as

```
package ogc
{
    import flash.events.Event;
    import flash.events.IOErrorEvent;
    import flash.net.URLLoader;
    import flash.net.URLRequest;
    import flash.net.URLVariables;

    public class WFSProxy
    {
        public function WFSProxy
        (url:String,layerName:String,srs:Number,callbackFun:Function)
        {
            _loader = new URLLoader();
            _loader.addEventListener(Event.COMPLETE, callbackFun);
            _loader.addEventListener(IOErrorEvent.IO_ERROR, errorHandler);

            _params = new URLVariables();
            _params.typename = layerName;
```

```
            _params. srs = "EPSG:" + srs. toString();
            _urlRequest = new URLRequest(url);
        }

        private function errorHandler (event:IOErrorEvent):void
        {
            trace("ioErrorHandler: " + event);
        }

        private var _params:URLVariables;
        private var _urlRequest:URLRequest;
        private var _loader:URLLoader;

        // 该函数由外部代码调用
        public function query(bbox:String):void
        {
            _params. bbox = bbox; //xmin + ymin + xmax + ymax;
            _params. outputFormat = "json";
            _params. request = "GetFeature";
            _params. service = "WFS";
            _params. version = "1. 0. 0";
            _urlRequest. data = _params;
            _loader. load(_urlRequest); // 发出请求
        }
    }
}
```

下面代码使用 WFSProxy 类进行点击查询，在鼠标点击地图事件中，获取点击位置的地理坐标 MapPoint，然后设置了 10 个像素的容限值，构建了一个小矩形进行空间查询，把查询结果显示在 DataGrid 控件中。

chapter15_2. mxml

```
private var wfsURL:String = "http://localhost:8080/geoserver/wfs";
private var wfsproxy:WFSProxy =
new WFSProxy(wfsURL,"sf:roads",26713,identifyComplete);

protected function map_clickHandler(evt:MapMouseEvent):void
{
    var point:MapPoint = evt. mapPoint;
```

```
    // tolerance 为单个像素对应的地理空间上的距离
    var tolerance:Number = map. extent. width/map. width;
    var left:Number = point. x-tolerance*5; //向左扩展 5 个像素
    var right:Number = point. x + tolerance *5; //向右扩展 5 个像素
    var top:Number = point. y + tolerance *5; //向上扩展 5 个像素
    var bottom:Number = point. y-tolerance*5; //向下扩展 5 个像素

    var bbox:String = left + "," + bottom + "," + right + "," + top;
    wfsproxy. query(bbox);
}

private function identifyComplete (event:Event):void
{
    var loader:URLLoader = URLLoader(event. target);

    // JSON 类位于 com. esri. serialization. json 包,其静态函数 decode 把
    // json 格式的字符串解析为对象
    var featureSet:Object = JSON. decode(loader. data);
    var features:Array = featureSet. features as Array;
    if(features ! = null && features. length > 0)
    {
        var feature:Object = features[0];
        var property:Object = feature. properties;
        var result:Array = [ ];

        // cat 和 str1 都是要素的属性字段
        result. push({"name":"cat","value":property. cat});
        result. push({"name":"str1","value":property. str1});

        dg. dataProvider = result; //dg 为 DataGrid 控件
        trace("completeHandler: " + result);
    }
}
```

主要参考文献

陈述彭，鲁学军，周成虎．1999．地理信息系统导论．北京：科学出版社

邢超，李斌．2010．ArcGIS学习指南——ArcToolBox．北京：科学出版社

董鹏飞，肖娜．2009．Adobe Flex大师之路．北京：电子工业出版社

Kennedy H. 2001. Dictionary of GIS Terminology. Redlands：Esri Press

延伸阅读

http://edn.esri.com

http://www.higis.cn

http://www.gissky.net

http://www.giser.net

http://blog.csdn.net/warrenwyf

http://www.esrichina-bj.cn

http://www.opengeospatial.org

http://www.geocommons.com

http://www.openstreetmap.org

http://www.fiddler2.com

http://www.adobe.com/cn/devnet/flash/quickstart/creating_class_as3

http://www.developer.com/lang/jscript/article.php/3631066

http://help.arcgis.com/en/arcgisserver/10.0/apis/rest/index.html

http://help.arcgis.com/en/webapi/flex/index.html

http://help.arcgis.com/en/webapps/flexviewer/index.html

http://hnaser.blogspot.com/2009/08/6-ways-to-optimize-arcgis-server.html